江苏省医药类院校信息技术系列课程规划教材

Visual Basic
程序设计教程

主 编　海 滨　关 媛
副主编　刘新昱　杨 帆　张洁玉

南京大学出版社

图书在版编目(CIP)数据

Visual Basic 程序设计教程 / 海滨，关媛主编. ——
南京：南京大学出版社，2014.8(2017.12 重印)
江苏省医药类院校信息技术系类课程规划教材
ISBN 978 - 7 - 305 - 13885 - 0

Ⅰ. ①V… Ⅱ. ①海… ②关… Ⅲ. ①BASIC 语言 - 程
序设计 - 教材 Ⅳ. ①TP312

中国版本图书馆 CIP 数据核字(2014)第 192086 号

出版发行　南京大学出版社
社　　址　南京市汉口路 22 号　　　　邮　编　210093
出版人　金鑫荣

丛 书 名　江苏省医药类院校信息技术系列课程规划教材
书　　名　**Visual Basic 程序设计教程**
主　　编　海 滨　关 媛
责任编辑　钟亭亭　蔡文彬　　　　编辑热线　025 - 83597482

照　　排　南京南琳图文制作有限公司
印　　刷　南京人文印务有限公司
开　　本　787×1092　1/16　印张 16.5　字数 398 千字
版　　次　2014 年 8 月第 1 版　　2017 年 12 月第 5 次印刷
ISBN 978 - 7 - 305 - 13885 - 0
定　　价　33.00 元

网址：http://www.njupco.com
官方微博：http://weibo.com/njupco
官方微信号：njupress
销售咨询热线：(025) 83594756

前　言

短短的半个多世纪，随着计算机的出现和普及整个世界已被改变了，我们许多固有的生活模式也被颠覆了。由于计算机技术在各个领域和我们的日常生活高度融合，使其已成为了人们工作和生活中不可分割的一部分，掌握基本的计算机应用和程序设计的思想理念及技术方法是信息时代现代化人才的必备素质。希望我们编写出版的这套程序设计教材能够给广大的大专院校师生在"教和学"的过程中起到较好的帮助作用。

Visual Basic 仍是目前流行的面向对象的编程语言之一，它不仅功能强大，而且具有易懂、易学、易用的特点。Visual Basic 比较适合作为编程的入门语言来学习。

本书理论部分为 10 章，系统阐述了 Visual Basic 的编程原理和使用技巧，书中通过大量的实例介绍 Visual Basic 的使用方法，不仅能够使学生学到计算机程序设计方面的知识，还能在书中看到计算机编程在生活、管理、科研中的实际应用。

本书内容涵盖了新修订的《江苏省高等学校非计算机专业学生计算机知识和应用能力等级考试大纲》规定的二级 Visual Basic 考试要求的全部内容。本书建议理论教学学时数为 54 课时，上机实习操作为 54 课时。

参加本书编写工作的都是重点高校中有着多年丰富一线教学经验的老师，第 1 章、第 5 章由海滨编写，第 2 章、第 8 章由杨帆编写，第 3 章、第 9 章由张洁玉编写，第 4 章、第 7 章由刘新昱编写，第 6 章、第 10 章由关媛编写。本书还配套出版了实验教材。由于各种因素，书中难免出现错误和不妥之处，敬请读者不吝指正。

编　者
2014 年 7 月 15 日

目　录

第1章　Visual Basic 程序设计概述

Visual Basic 程序设计语言是目前流行的利用图形用户界面,应用面向对象的方法去开发应用程序的语言,具有功能强大,便于使用的特点。Visual Basic 既可以为专业资深人员实现其他编程语言,也可为初学者提供完善的软件开发环境。现在,许多大型的商品化软件也都是采用 Visual Basic 平台开发的。学习和掌握计算机编程思想和技术,已成为现代社会信息技术人才的必备素质。

1.1　Visual Basic 简介

Visual Basic 起源于 Basic 语言,其历史可以追溯到半个世纪前。Visual Basic 有许多鲜明的特点,正是这些特点使得 Visual Basic 受到了人们的广泛欢迎。首先简单介绍 Visual Basic 的发展以及 Visual Basic 6.0(以下简称 VB 6.0 或 VB)的特点。

1.1.1　Visual Basic 的发展与特点

由于操作系统从字符型到图形界面的演变和发展,使得 Basic 语言逐步进化成了今天的 Visual Basic。

1. VB 的发展

Basic 语言是 20 世纪 60 年代美国 Dartmouth 学院的两位教授共同设计的计算机程序设计语言,其含义是"初学者通用的符号指令代码"(Beginners All-purpose Symbolic Instruction Code)。它简单易学、人机对话方便、程序运行调试方便,因此,很快得到了广泛的应用。20 世纪 80 年代,随着结构化程序设计的需要,新版本的 Basic 语言增加了新的数据类型和程序控制结构,其中较有影响的有 True Basic、Quick Basic 和 Turbo Basic 等。

1988 年,Microsoft 公司推出了 Windows 操作系统,以其为代表的图形用户界面 GUI (Graphic User Interface)在微机上引发了一场革命。在图形用户界面中,用户只要通过鼠标的点击和拖动便可以轻松地完成各种操作,不必键入复杂的命令,因而深受用户的欢迎。但对程序员来说,开发一个基于 Windows 环境的应用程序工作量非常大。可视化程序设计语言正是在这种背景下应运而生。可视化程序设计语言除了提供常规的编程功能外,还提供一套可视化的设计工具,便于程序员建立图形对象,巧妙地把 Windows 编程的复杂性"封装"起来。

1991 年 Microsoft 公司推出的 Visual Basic 语言是以结构化 Basic 语言为基础,以事件驱动为运行机制。它的诞生标志着软件设计和开发的一个新时代的开始。在以后的几年里,Visual Basic 经历了 1.0 版、2.0 版、……、6.0 版几次升级,它的功能也更加强大,更加完善,最新版本为 Visual Basic.net。本教材介绍的内容是以 Visual Basic 6.0 为蓝本。

2. VB 的特点

VB 是开发和创建在 Windows 操作平台下具有图形用户界面应用程序的强有力的工具之一,不仅易于学习、掌握,它的可视化(Visual)特性还为应用程序的界面设计提供了更迅速便捷的途径。VB 程序中不需大量代码去描述界面元素的外观和位置,只要把预先建立的可视对象拖放到窗体上运行即可。VB 6.0 同时还提供了包括编辑、测试和程序调试等各种开发工具的集成开发环境(Integrated Development Environment,IDE)。

VB 包含了数百条语句、函数及关键词,其中很多和 Windows GUI 有直接关系。专业人员可以用 VB 实现其他任何 Windows 编程语言的功能,而初学者只要掌握几个简单语句就可以建立自己的应用程序。

VB 是 Microsoft Office 系列应用程序通用的程序设计语言。Microsoft 公司的 Office 系列,如 Word、Excel、PowerPoint 和 Access 数据库中都可以使用 VB 编程,也就是 VBA (Visual Basic Application)。所以学习和掌握 VB 可以充分发挥 Office 系列软件的各项高级功能。

VB 全面支持 Windows 系统的 OLE(Object Linking and Embedding,对象的链接和嵌入)技术,因而可在不同的应用程序之间快速地传递数据,并自动地利用其他应用程序所支持的各种功能。

VB 为开发 Windows 应用程序不仅提供了全新的、相对简单的方式,而且应用了面向对象的程序设计方法(Object-Oriented Programming,OOP)。

VB 除了能够便捷地开发一般的应用程序,还有强大的数据库功能。VB 中利用数据控件可以访问多种数据库系统,如 Microsoft Access、Microsoft FoxPro 和 Paradox 等也可访问 Microsoft Excel、Lotus 1-2-3 等多种电子表格。VB 6.0 新增了功能强大、使用方便的 ActiveX 数据对象(ActiveX Data Objects,ADO)技术,包括了现有的 ODBC 开放数据库连接(Open Database Connectivity,ODBC)。ActiveX 数据对象是 Microsoft 提出的应用程序接口(Application Program Interface,API),用以实现访问关系或非关系数据库中的数据,ODBC 是微软公司开放服务结构(Windows Open Services Architecture,WOSA)中有关数据库的一个组成部分,它建立了一组规范,并提供了一组对数据库访问的标准 API。ODBC 占用内存少,访问速度快。

Active 技术是 VB 的一大特色,发展了原有的 OLE 技术,它使开发人员摆脱了特定语言的束缚,可方便地使用其他应用程序提供的功能。使用 VB 能够开发将声音、图像、动画、字处理、电子表格和 Web 等集于一体的应用软件。

网络功能是 VB 6.0 最重要的新特性之一,它提供了 DHTML(Dynamic HTML)设计工具。这种技术可使 Web 页面设计者动态地创建和编辑页面,使用户在 VB 6.0 中开发多功能的网络应用软件。

VB 提供了多种向导,如应用程序向导、安装向导、数据对象向导和数据窗体向导,还提供了互联网信息服务(Internet Information Server,IIS)应用程序和动态超文本标记语言(Dynamic Hyper Text Markup Language,DHTML)等。通过它们可以快捷地创建不同类型、不同功能的应用程序。

VB 6.0 具备完备的 Help 联机帮助功能。与 Windows 环境下的软件一样,在 VB 6.0 中,利用帮助菜单和【F1】功能键,用户可随时方便地得到所需的帮助信息。VB 6.0 帮助窗口中显示了有关的示例代码,通过复制、粘贴操作可获取大量的示例代码,为用户的学习和使用提供了捷径。

1.1.2   对象、属性、方法和事件

面向对象的程序设计思想是对现实世界的模型化,而现实世界则是由若干个动作主体构成的。计算机程序本身作为主体又由若干个简单的动作体组成。比如,一辆汽车是一个动作

主体,汽车又是由诸如发动机、传动系统、转向系统、刹车系统、车轮等动作体组合而成的。组成汽车的一个个部件,都有自己的动作特性、工作规律和运动方式,通过对这些动作体的具体描述,进而确定整个汽车的工作特性和规律,这种程序设计思想就是所谓的"面向对象的程序设计思想"。显然,面向对象的程序设计思想是对现实世界的一种精确的反映。

1. 对象及类

"对象"(Object)用来广义地指任何物体)。在 VB 6.0 中,动作体的逻辑模型称为"对象",对象就是人们可控制的某种东西。

"类"(Class)是对象的抽象。将对象的具体特点忽略而只保留所有对象的共性,就是所谓的类。比如,不管是哪种球,只要是球形的物体,我们就可称之为"球类";如果忽略掉每个人的个性和特征甚至别,高级动物的我们就是同一类别——"人类";又如我们在说"汽车"时,并不是专指某个特定品牌的汽车,而是指一切装有内燃式发动机、传动装置、转向装置、车轮等的可运载人或物的交通工具。而某一辆具体的汽车,则是"汽车"的一个实例,也就是一个对象。

Windows 下的应用程序界面都是以窗口的形式出现的,窗口就是代表屏幕上某个矩形区域的对象。在 VB 中,把这种窗口的界面称为"窗体"。在窗体上,可以设置用于和用户交互的各种部件,如文本框(TextBox)、标签(Label)、命令按钮(CommandButton)、选项按钮(OptionButton)和列表框(ListBox)等,这些部件统称为"控件"。应用程序的每个窗体和窗体上的各种控件都是 VB 的对象。

2. 属性

"属性"(Property)用来描述对象的特性。对象类定义了类的一般属性,如汽车轮胎的一般属性包括由橡胶制成、中空充气等。就具体的对象而言,除要继承对象类规定的各种属性(称为继承性)之外,还具有它的特殊属性。例如,轮胎直径的大小、厚度、胎面的花纹等。规定了对象的特殊属性,也就真正将这个对象"实例化"了。再看球类中的气球,气球的一般属性是用有弹性的,由橡胶制成,可以充气膨胀。具体的某一个气球对象就有自己的属性(特点)了,如绿色的氢气球,绿色和氢气是这个气球对象的属性。

VB 程序中的对象都有许多属性,它们是用来描述和反映对象特征的参数。例如,控件的名称(Name)、标题(Caption)、字体(FontName)、可见性(Visible)等属性决定了对象展现给用户的界面具有什么样的外观及功能。不同的对象会有不同的属性,若要详细了解各对象的属性可查阅帮助系统。比如,窗体的属性就有窗体名称(Name)、窗体标题(Caption)、边框显示方式(BorderStyle)、可见性(Visible)、大小和位置等。通过为窗体设置具体的属性值,就可获得所需要的窗体外观效果。

3. 方法

"方法"(Method)指对象可以主动执行的动作或行为。面向对象的程序设计语言提供了一种特殊的过程和函数(被称为方法),人们可以通过"方法"使对象以指定的方式去执行某种动作或改变行为。比如,通过"转向"方法使方向盘这个对象旋转,从而使车轮转往规定的方向。对于前面描述的气球这个对象,它会飞上天,"飞"这个行为就是方法。

在 VB 6.0 中,方法就是指具体的程序代码,可以通过这些代码来控制对象的行为。

4. 事件

"事件"(Event)是指对象可以识别的动作。人们可以"踩刹车"来使运行中的汽车停车,"踩刹车"这个动作就是事件;人们还可以"用针戳"气球使它爆炸,"用针戳"这个动作就是事件。

　　VB 程序中每个窗体或控件对象都具有若干可改变其行为或实现某个特定动作(操作)的方法。例如,窗体有名称、大小、式样等具体的特点,这些特点就是窗体对象的属性;窗体可以被"显示(Show)"或被"隐藏(Hide)","显示"和"隐藏"都是控制窗体对象的方法;窗体可以被单击(Click)或双击(DblClick),这两个窗体对象能识别的动作就是事件。VB 中每个对象都有自己相应的属性、事件和方法。

1.2　Visual Basic 集成开发环境

　　VB 6.0 的集成环境与 Micrsoft 家族中的软件产品的外观类似,不仅能为我们提供功能齐全使用方便的集成开发环境,安装也十分便捷。

　　在 VB 集成开发环境中,用户可设计界面、编写代码和调试程序,把应用程序编译成可执行文件,直至把应用程序制作成安装盘,以便能够在脱离 VB 系统的 Windows 环境中运行。

1.2.1　Visual Basic 的安装和启动

　　VB 6.0 是 Windows X 以上的一个应用程序,对软、硬件没有特殊要求。VB 6.0 有三种版本,即学习版(Learning)、专业版(Professional) 和企业版(Enterprise)。

- 学习版(Learning) :基本版本
- 专业版(Professional) :具有整套的开发工具
- 企业版(Enterprise) :最高版本,能够开发强大的应用程序

　　使用企业版时,系统对硬盘的要求约为 140 MB,除此以外,为了安装帮助系统 MSDN 还需要约 67 MB 空间。也可以选用 Visual Studio(Visual C＋＋、Visual FoxPro、Visual J＋＋、Visual InterDev)产品中的 VB。

1. 安装

　　运行 VB 6.0 系统安装盘,一般都执行 VB 自动安装程序进行安装,也可以通过执行 VB 6.0 子目录下的"Setup. exe"来安装,在安装程序的提示下进行安装。初学者可采用"典型安装"。

2. 启动与退出

　　VB 的启动与大多应用软件一样,从【开始】菜单的【程序】中点击 Micrsoft Visual Basic 6.0 启动 VB;若在桌面上创建 VB 快捷方式后,双击图标启动 VB。

　　退出 VB 的方法也和一般的应用软件相同,此处不再赘述。

1.2.2　Visual Basic 的界面构成

　　启动 VB 后就能见到 VB 集成环境,如图 1-2-1 所示。通常可以选择【标准 EXE】建立新工程,也可以在【现存】选项卡中打开已有的工程文件,或在【最新】选项卡中列出的近期使用过的工程中选择一个工程文件打开。

　　打开工程后,就能见到 VB 集成环境了,如图 1-2-2 所示。界面上主要有:

1. 标题栏

　　标题栏中的标题为"工程 1 - Microsoft Visual Basic [设计]",说明此时集成开发环境处于"设计"状态。VB 有三种工作状态,分别是设计、运行和中断状态。

- 设计状态:可进行用户界面的设计和代码的编制,来完成应用程序的开发。
- 运行状态:运行应用程序,这时不可编辑代码,也不可编辑界面。

● 中断状态：应用程序运行暂时中断，这时可编辑代码，但不可编辑界面。按【F5】键或单击【继续】按钮程序继续运行，单击【结束】按钮停止程序的运行。在此模式会弹出"立即"窗口，在窗口内可输入简短命令，并立即执行。

同 Windows 界面一样，标题栏的最左端是窗口控制菜单框，标题栏的右端是最大化按钮与最小化按钮。

2. 菜单栏

VB 6.0 菜单栏中包括 13 个下拉式菜单，均为程序开发过程中需要的命令。

（1）文件（File）：用于创建、打开、保存、显示最近的工程和窗体以及生成可执行文件的命令。

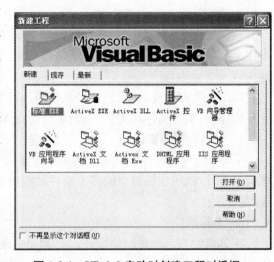

图 1-2-1　VB 6.0 启动时创建工程对话框

（2）编辑（Edit）：用于程序源代码的编辑。

（3）视图（View）：用于集成开发环境下程序源代码、控件的查看。

（4）工程（Project）：用于控件、模块和窗体等对象的处理。

（5）格式（Format）：用于窗体控件的对齐等格式化的命令。

3. 工具栏

工具栏可以迅速地访问常用的菜单命令。除了标准工具栏外，还有编辑、窗体编辑器、调试等专用的工具栏。要显示或隐藏工具栏，可以选择【视图】菜单的【工具栏】命令或用鼠标在标准工具栏处单击右键选取所需的工具栏。

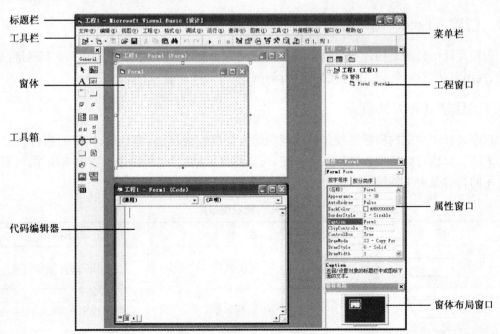

图 1-2-2　VB 集成开发环境

4. 窗体

窗体是 VB 应用程序的主要构成部分，是系统默认的对象。窗体是容器，用户可以通过在窗体上摆放控制部件设计与用户的交互界面。一个工程可以由多个窗体组成（一个应用程序至少有一个窗体）。

除了一般窗体外，还有一种多文档窗体（Muhiple Document Interface，MDI），它可以包含子窗体，每个子窗体均为独立，但是只能在 MDI 框架中出现。

5. 代码编辑器窗口

VB 的代码编辑器窗口用来实现对象所执行的功能。在代码编辑器窗口中选定对象和其相应的事件，就可在该对象的特定事件过程中添加代码，也可以在代码编辑器窗口书写自定义过程。

6. 工具箱

工具箱中有一些常用的控件，如文本框、命令按钮等。由于控件中事先已经被封装好了代码，因此它们都具有一定的基本功能，用户可以直接用这些控件进行界面设计。

7. 工程窗口

在工程资源管理器窗口中，可以看到当前工程中的各个模块。也可以在该窗口提供的快捷菜单中添加或移除模块。

8. 属性窗口

在属性窗口中可以对选定对象的属性进行设置（有些对象的属性在设计状态不可见，也无法设置，只能用代码操作，这种属性称为运行态属性）。

9. 窗体布局窗口

用鼠标拖动窗体布局窗口中的小窗体可以控制工程运行时窗体在屏幕中出现的实际位置。

1.3 创建 Visual Basic 应用程序

程序设计的目的是用计算机语言解决实际问题。创建 VB 应用程序的一般步骤是：分析问题、找出方法、设计界面、添加代码、运行调试。

1.3.1 程序设计方法简介

程序设计中关键的问题是找出解决问题的方法也称为算法，即利用计算机进行解题的步骤和方法。算法可以采用多种形式来描述，可以用文字描述，也可以用流程图来描述。流程图中所用的符号见表 1-3-1。

表 1-3-1 流程图组件

图　形	名　称	表示操作
	起止框	流程图的开始和结束
	输入/输出框	描述输入/输出数据
	执行框	各种可执行语句

(续表)

图　形	名　称	表示操作
◇	判断框	按条件走不同的路径
▯	特定过程框	一个定义的过程
➡	指向线	连接框图并标明执行方向
⬡	连接点	标明流程图的连接点

　　使用流程图描述在 N 个大于 0 的数据组成的数据集合中查找最大值的算法过程,如图 1-3-1 所示。

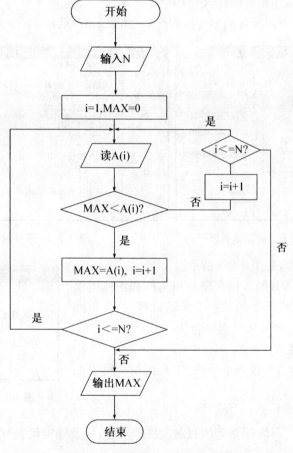

图 1-3-1　查找最大值算法流程图

从图 1-3-1 中我们可以看出算法的一般特点:

● 确定性:每一个步骤都不会存在歧义。

● 可行性:每一个步骤都可以实现和有效执行,并有确定结果。

● 有穷性:算法的步骤必须是有限的,可以使用计算机在较短的时间内执行完毕。

● 输入/输出性:一个算法可以从外部获取数据(0 - N 个);一个算法必须至少有 1 个结果输出。

在图 1-3-1 中还包含了程序设计的三种基本结构:

- 顺序结构:按照代码的顺序依次执行。
- 分支结构:根据判断条件选择执行路径。
- 循环结构:一段反复被执行的代码。

程序设计通常采用自顶向下,逐步细化的层次结构。这种结构有利于实现程序的模块化,便于移植和大规模的开发。VB 具有丰富的数据类型,众多的内部函数,同时具备模块化、结构化的程序设计机制。VB 程序结构清晰简洁,具有明显的结构化程序设计语言的特点。

1.3.2 建立 Visual Basic 应用程序

【引例】将摄氏温度转换成华氏温度。已知摄氏温度 c,将其转化为华氏温度 f,转换公式为:$f = c * 9 / 5 + 32$。

在设计状态下的窗体界面设计,如图 1-3-2 所示。

代码窗口中,针对不同控件的事件过程代码,如图 1-3-3 所示。

图 1-3-2　设计状态下的窗体界面

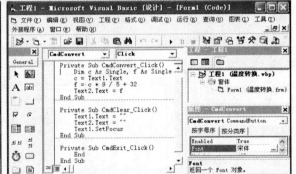

图 1-3-3　事件过程代码

程序运行结果界面,如图 1-3-4 所示。

由引例可以看出,VB 的应用程序是由窗体和窗体模块共同构成的,窗体模块代码中的基本单元是过程,一个不同控件的事件过程用来控制对象的具体行为。

1. VB 工程的组成

VB 中的工程是由各个模块组成的,工程的组成可以如图 1-3-5 表示。

（1）工程

VB 的工程包含了窗体、模块等所有的文件和对象,以及环境设置方面的信息。工程需要专门保存,工程文件的后缀为".vbp"。

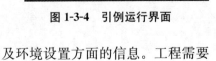

图 1-3-4　引例运行界面

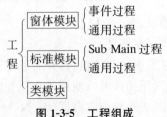

图 1-3-5　工程组成

（2）模块

模块中主要包括声明和过程。

① 窗体模块：包含了窗体及控件的属性设置、不同级别的变量和外部过程的声明、窗体及其所含对象的事件过程和用户自定义过程。VB 6.0 中的窗体模块要单独保存成窗体文件，文件的后缀是".frm"，若有多窗体则必须分别逐个保存。

② 标准模块：主要用来设计一些与窗体控件无关的自定义过程、先于窗体运行的 Sub Main 过程以及特殊声明部分，有些过程和特别声明的变量能够被其他模块引用。另外 VB 6.0 中个别声明语句只能放在标准模块中，详见书中具体用例。标准模块会在应用程序运行时自动装入计算机内存中。标准模块也要单独保存成模块文件，文件的后缀为".bas"。

③ 类模块：用于创建用户自定义的类和对象，其文件后缀为".cls"，类模块的内容本教材不涉及，想要了解这方面的知识，请参考其他资料。

④ 其他类型文件：

VB 6.0 运行时，系统可能会自动生成一些其他类型的文件。

● 窗体的二进制文件。当窗体上控件的数据含有二进制属性（例如图片等），窗体文件保存时，系统自动产生同名的窗体二进制文件，扩展名为".frx"。

● 资源文件。包含着不必重新编辑代码就可以改变的位图、字符串和其他数据，其扩展名为".res"。

● Active X 控件文件。其用途是创建交互式的 Internet 应用程序，该文件中的控件可以添加到工具箱中，并可在窗体中使用，文件扩展名为".ocx"。

（3）过程

过程是 VB 程序的基本单元，主要分为事件过程和通用过程。过程里摆放的就是程序代码。

① 事件过程：是由对象的事件构成，它是针对某一对象的过程，并与该对象的一个事件相联系。VB 中往往一个对象有许多不同的事件过程。就对象而言，事件就是发生在该对象上的事情（或消息）。在 VB 中，系统预先定义好了一系列的事件。例如，单击（Click）、双击（DblClick）、改变（Change）、聚焦（GotFocus）和键盘按下（KeyPress）等。事件的触发就是当在对象上发生了事件后，应用程序就要处理这个事件，执行该事件过程中的代码。事件过程的形式如下：

```
Sub 对象名_事件（[参数列表]）
    ……
    事件过程代码
    ……
End Sub
```

如，引例中单击 CmdExit 命令按钮使工程结束，则对应的事件过程如下：

```
Private Sub CmdExit_Click()
    End
End Sub
```

② 通用过程：是自定义过程，分为子程序过程（Sub…End Sub）和函数过程（Function…End Function），详见第 6 章。

2. 事件驱动的编程机制

事件驱动是非常适合图形用户界面的编程方式,在图形用户界面的应用程序中,动作即事件掌握着程序的运行流向。如可单击按钮,执行对应的 Command1_Click()事件过程,也可通过按键触发相应对象的 Keypress 事件来执行该事件过程。每个事件的触发都能驱动一段程序代码的运行,只要在选中对象的合适事件过程框架中编写相应的可执行代码,就能完成各种需要的功能。

由于不同对象的各个驱动动作(事件)之间不一定有联系,程序执行的流程与代码中过程的书写先后次序无关,只与触发的事件的顺序有关。运用事件驱动原理编写的程序代码较短,可以提高编程效率,也使得程序便于编写和维护。

3. 创建 VB 应用程序的步骤

由引例可以看出,VB 6.0 应用程序主要由界面和代码两部分组成。一般先设计界面,再编写代码。

(1) 设计界面

启动 VB 6.0 程序后,选择【新建工程】,系统会提供一个窗体(Form)对象,然后根据具体的需要可以在窗体上创建其他对象,并在对象的属性窗口进行相关的属性设置。

① 创建对象

● 将鼠标定位在工具箱内要制作控件对象对应的图标上,单击左键进行选择;将鼠标移到窗体上所需的位置处,按住鼠标左键拖曳到所需的大小后释放鼠标;

● 直接在工具箱双击所需的控件图标,则立即在窗体中央出现一个大小为默认值的对象框,可以移动和改变大小。

要对某对象进行操作,只要单击欲操作的对象就可选定该对象,这时选中的对象出现 8 个方向的控制柄。若要同时对多个对象进行操作,则要同时选中多个对象,有两种方法:

● 拖动鼠标指针,将欲选定的对象包围在一个虚线框内即可;

● 先选定一个对象,按【Ctrl】键,再单击其他要选定的控件。

例如,要对多个对象设置相同的字体,只要选定多个对象,再进行字体属性设置,则选定的多个对象就具有相同的字体属性。

做复制对象操作时,先选中要复制的对象,单击工具栏的【复制】按钮,再单击【粘贴】按钮,这时会显示是否要创建控件数组的对话框,单击按钮【否】,就复制了标题相同而名称不同的对象。

注意:初学者不要用"复制"和"粘贴"方法来新建控件,因为用这种方法容易建立成控件数组(详见第 5 章),如果不按控件数组的方式编写程序,运行时就会遇到问题,达不到预期的效果。

● 删除对象的操作也非常方便,选中要删除的对象,然后按【Del】键。

② 属性设置

可以通过以下两种方法设置对象的属性:

● 在设计阶段,在属性窗口中直接设置对象的属性;

● 在程序代码中通过赋值实现,其格式为:

　　对象.属性 = 属性值

例如,给一个对象名为 Command1 的命令按钮的 Caption 属性赋值为字符串"确定",程序代码为:

　　Commandl. Caption = "确定"

　　(2) 编写代码

　　VB 应用程序主要由模块构成,每个模块又由不同的事件过程或自定义过程组成。VB 程序设计的主要工作就是为对象编写事件过程中的程序代码。当用户对一个对象指定一个动作时,可能同时在该对象上发生多个事件。例如,单击一个鼠标,会同时触发 Click、MouseDown 和 MouseUp 事件。编写程序时,并不要求对这些事件都编写代码,只要根据要求选择一个合适的事件过程进行编码即可。

　　(3) 保存程序

　　VB 的文件保存比较特殊,窗体和工程文件都要单独保存(如图 1-3-6、图 1-3-7),如果有标准模块也需要进行保存。用户可以在保存模块和工程文件后观察工程资源管理器窗口中模块及工程的图标后面括号中的内容变化,对比引例中设计窗体(保存前)和代码窗口(保存后)中工程资源管理器窗口,可以发现其中的不同之处。保存文件时不要对文件的后缀".frm"和".vbp"进行编辑和添加(系统会自动处理),只给出文件名部分即可。

　　注意:一个工程中的文件最好用一个文件夹单独存放,移动和复制时要对整个文件夹操作,否则单独复制或移动文件时会发生意想不到的错误。

　　VB 的"文件"菜单中提供了"窗体另存为"和"工程另存为"的功能,主要用于实现对文件重命名(VB 文件不可直接重命名)、文件的复制和移动功能。如果对现有工程进行功能调整和扩充,又要不改变现有工程,也可以用另存为的方法保存一套新的工程。"另存为"时要先另存窗体再另存工程。

　　在 VB 中可以利用文件菜单中的"生成工程.exe"创建可执行文件,该文件可以脱离 VB 环境在 Windows 下直接运行,但是可执行文件不能修改代码,所占的内存空间也大得多。

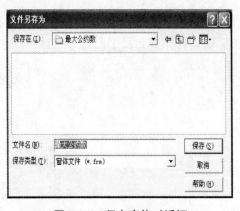

图 1-3-6　保存窗体对话框

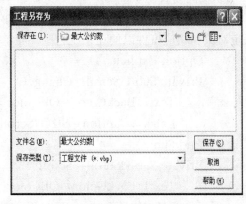

图 1-3-7　保存工程对话框

　　(4) 运行和调试程序

　　当程序运行不能得到正确结果时,可以利用 VB 集成环境中提供的专用程序调试工具栏和调试窗口。这部分内容请参考第 7 章。

　　【例 1－1】　利用滚动条改变文本框的背景颜色。

　　步骤:

　　① 设计窗体

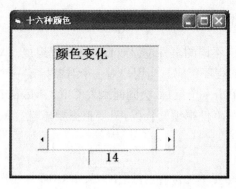 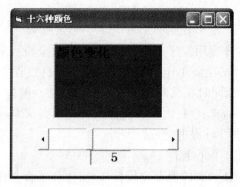

图 1-3-8　参考界面

启动 VB 后,在工具箱中分别选中 TextBox、HScrollBar 和 Label,将他们拖放到窗体上,适当调整大小和位置,参考界面如图 1-3-8 所示。

在属性窗口中对 TextBox 和 HScrollBar 的个别常用的属性进行相应的设置,见表 1-3-2。

表 1-3-2　属性设置表

对象	属性	设置值
TextBox	Text	清空(删除内容)
Label	Caption	清空(删除内容)
HScrollBar	Max	15
	Min	0

② 代码设置

在代码窗口中书写下面的代码。注意事件过程的头尾要在代码窗口中通过下拉菜单选择特定对象和相应事件以便让系统自动产生,为了避免错误最好不要自己书写。

```
Option Explicit
Private Sub HScroll1_Change()
    Text1.BackColor = QBColor(HScroll1.Value)
    Label1.Caption = Str(HScroll1.Value)
End Sub
Private Sub HScroll1_Scroll()
    Text1.BackColor = QBColor(HScroll1.Value)
    Label1.Caption = Str(HScroll1.Value)
End Sub
```

③ 保存、运行文件

分别保存窗体文件(changcolor.frm)和工程文件(changcolor.vbp)。

运行程序,移动滚动条上的滑块或用鼠标点击两端的箭头,均可以看到标签框中的值发生变化,文本框的颜色也会发生变化。请仔细观察不同的动作导致的效果。

【例 1-2】　设计一个计时器。(当单击【计时开始】按钮时,在标签中显示当前时间,并自动记录秒数,直到单击【时间到】按钮停止)

分析:使用标签用来显示时间和秒数,两个命令按钮选用了图形按钮风格。定时器在运行时进行后台计时,因此运行界面上见不到 Timer 控件。参考界面如图 1-3-9 所示。属性设置见表 1-3-3。

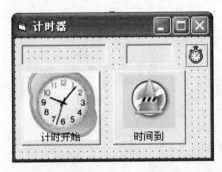

图 1-3-9 计时器设计和运行界面

表 1-3-3 属性设置表

对象	属性	设置值
Form	Caption	计时器
Command1	Caption	计时开始
	Style	1
	Picture	选择一幅小图片文件
Command2	Caption	时间到
	Style	1
	Picture	选择一幅小图片文件
Label1	Caption	清空
	BorderStyle	1
Label2	Caption	清空
	BorderStyle	1
Timer1	Interval	1 000

在代码窗口中添加以下代码:

```
Option Explicit
    Dim t As Integer   '声明变量
Private Sub Command1_Click()
    t = 0
    Timer1.Enabled = True
End Sub
Private Sub Command2_Click()
    Timer1.Enabled = False
    Label1.Caption = Time
    Label2.Caption = t & """"        '用""""显示双引号作为秒的单位符号
```

```
    End Sub
    Private Sub Timer1_Timer()
        t = t + 1                          '累计时间,单位为秒
        Label1. Caption = Time
        Label2. Caption = t & """
    End Sub
```

请观察运行效果。

说明:程序中单引号后面的文字是注释内容。

VB 程序的执行步骤总结如下:

① 启动应用程序,装载和显示窗体;

② 窗体(或窗体上的控件)等待事件的发生;

③ 事件发生时,执行对应的事件过程;

④ 重复执行步骤②和③。

如此周而复始地执行,直到遇到 End 结束语句结束程序的运行或单击【结束】按钮强行停止程序的运行。

通过上面的两个例子,可以看出 VB 是一个快速的编程工具。初学者只需要掌握基本控件的主要属性设置方法和填写少量的代码,就能够实现一些很有用的功能。相信大家通过后面的学习一定能够对 VB 控件具有的属性、事件和方法——"对象三要素"有系统的认识,并且逐步掌握 VB 的编程原理,在自己的专业领域中充分发挥 VB 的作用。

习　题

1. 简要叙述 VB 的特点。

2. 你是怎样理解 VB 中对象、属性和方法的呢? 请举例加以说明。

3. VB 有几个版本,你现在使用的是哪一个版本?

4. VB 6.0 集成环境有多个窗口,你能说出哪几个窗口的名称和其主要的功能是什么?

5. 简要说明 VB 工程的组成。

6. 叙述建立一个完整的 VB 应用程序的过程。

第 2 章　界面设计

　　界面是软件与用户交互的最直接的层，界面的好坏决定用户对软件的第一印象。而且设计良好的界面能够给用户带来轻松愉悦的感受，甚至能够引导用户自己完成相应的操作，起到向导的作用。相反，若界面设计的不合理，导致用户对软件功能的使用不方便，那么即使软件本身的功能很强大，也可能因为用户糟糕的使用体验而被弃用。

2.1　窗体

　　VB 应用程序的界面设计主要由窗体及各类控件进行，而窗体又是各种控件的容器，所以窗体可以说是 VB 最重要的对象。以下着重介绍窗体的基本属性、方法和事件。

1. 属性

　　窗体的属性决定了窗体的外观和操作。窗体的大部分属性可以在"属性"窗口设置，也可以在代码中设置。表 2-1-1 列出了窗体的一些基本属性及其说明。

表 2-1-1　窗体的基本属性及说明

属性名	描述
Name（名称）	所创建窗体的名称
Caption	窗体的标题，即窗体标题栏上显示的内容
Height	窗体的高度
Width	窗体的宽度
Left	窗体的左边界距容器坐标系纵轴的距离
Top	窗体上边界距容器坐标系横轴的距离
BackColor	返回或设置窗体中文本和图形的背景色
ForeColor	返回或设置窗体中文本和图形的前景色
Enabled	决定窗体是否活动
Visible	决定窗体在程序运行时是否可见
Font	用于设置窗体中文本的外观，如字体、字号等
Moveable	决定窗体能否被移动
Picture	返回或设置窗体中的图形

　　（1）Name

　　窗体名称。VB 为应用程序的第一个窗体的默认名称是"Form1"。

　　该属性是每个对象都必不可少的属性。每当创建一个对象，VB 都会自动提供一个默认名称，用户可以在【属性】窗口的【名称】栏进行修改。Name 属性在程序代码中被作为对象的标识名，以识别不同的窗体或控件对象，所以在自行命名对象时，必须遵循一定的规则：对象名称必须以字母或汉字开头，由字母、汉字、数字、下划线组成，长度不超过 255 个字符。

（2）Caption

决定窗体标题栏显示的内容，缺省值为窗体名。特别注意，它和窗体名的用途是不同的。并不是所有的对象都有此属性，比如文本框、图片框、线条等就没有。

（3）Borderstyle

窗体边框风格。其设定值及相关的 VB 内部常量与相应风格，详见表 2-1-2。

表 2-1-2　窗体边框风格设定值及效果

设定值	常量	风格
0	vbBSNone	窗口无外框
1	vbFixedSingle	单线外框，运行时窗口大小不可改变
2	vbSizable	（缺省值）双线外框，运行时可改变窗口大小
3	vbFixedDouble	双线外框，运行时窗口大小不可改变
4	vbFixedToolWindow	包含一个"关闭"按钮，标题栏字体缩小，窗口大小不可改变。
5	vbSizabeToolWindow	包含一个"关闭"按钮，标题栏字体缩小，窗口大小可以改变。

（4）Height、Width、Top 和 Left

Height、Width 决定窗体的高度和宽度，Top、Left 是距窗体左上角的坐标值，决定窗体在屏幕上的位置，屏幕左上角为坐标零点。这四个属性的单位均为特维（Twip），1 个特维相当于 1/567 厘米，特维也称为缇。

（5）BackColor 与 ForeColor

窗体的背景色与前景色。用鼠标单击该属性右侧带有省略号的按钮，可从弹出的调色板上选定颜色。

（6）Enabled

该属性决定窗体是否是活动的。默认值为 True，表示窗体允许用户操作，并能对操作做出响应，当属性值为"False"时，表示窗体无法访问。

（7）Visible

该属性决定控件是否可见。默认值为 True，表示程序运行时窗体可见。当属性值为 False 时，程序运行时窗体不可见，但窗体依然存在。

（8）Font

Font 系列属性用于设置文本的外观。其属性对话框如图 2-1-1 所示。

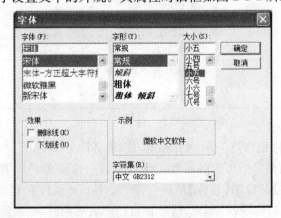

图 2-1-1　Font 属性

（9）Picture

该属性用于设置窗体中要显示的图片。在属性窗口中,可以单击 Picture 设置框右边的省略号,打开一个"加载图片"对话框,选择一个图形文件装入,也可以在代码窗口通过 LoadPicture 函数加载图形文件。

2. 方法

窗体的事件过程代码中可以调用多个方法来实现程序的功能,常用的方法见表 2-1-3。

表 2-1-3　窗体的常用方法

方法名	描述
Hide	隐藏窗体。用法:［窗体名.］Hide
Show	显示窗体。用法:［窗体名.］Show
Print	打印方法。在窗体上显示文字,也可以在打印机上输出。 用法:［窗体名.］Print［表达式列表 1］［;|,］［表达式列表 2］［;|,］…
Move	移动对象。使对象移动,同时也可以改变对象的尺寸。 用法:［窗体名.］Move 左边距［,上边距［,宽度［,高度］］］
Refresh	刷新对象。用法:［窗体名.］Refresh
Cls	清除由其他方法在窗体中显示的文本和图形,用法:［窗体名.］Cls

说明:

（1）Print 方法的作用是在对象上输出信息。形式如下:

［对象名.］Print［表达式列表 1］［;\|,］［表达式列表 2］［;\|,］…

其中

对象:可以是窗体(Form)、图形框(PictureBox)或打印机(Printer)。若省略了对象则在当前窗体上输出。

表达式列表:要输出的数值或字符串表达式,若省略,则输出一个空行,多个表达式之间用逗号、分号分隔,也可出现 Spc 和 Tab 函数。

;(分号):表示紧凑格式输出,光标不换行,定位在上一个显示的字符后,若输出的是数值型信息则前面有符号位(正数符号位为一空格),后面自动加一空格

,(逗号):表示光标不换行,定位在下一个打印区开始位置处,每个打印区长度都以 14 个字符位置为单位。

无";"也无","表示输出后换行。

【例 2－1】　运行程序后,单击窗体后的运行结果如图 2-1-2 所示

```
Private Sub Form_Click()
        Form1. Print 12; 34, 56
        Form1. Print 12;
        Form1. Print 34
        Form1. Print
        Form1. Print 34;
        Form1. Print
        Form1. Print 56
    End Sub
```

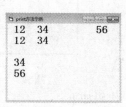

图 2-1-2　Print 方法示例

3. 事件

窗体可以响应的事件也有许多,常用的事件见表 2-1-4:

表 2-1-4

事件名	描述
Click	单击事件
DblClick	双击事件
Load	装载事件,窗体加载进内存时触发此事件
Unload	卸载事件,关闭窗体时会触发 Unload 事件
Resize	窗体改变大小时触发本事件
Activate	活动事件,当窗体变为当前活动窗体时触发本事件
Deactivate	非活动事件,当另一个窗体变为当前活动窗体时触发本事件

【例 2-2】 窗体表示例。设窗体对象名为 F1,窗体标题为"窗体示例";在启动程序时,窗体的高和宽分别变为 5 200 和 7 600;当用户单击窗体时,标题栏显示"单击窗体",并在窗体上以 36 号字显示"欢迎学习 VB!";当用户双击窗体时,标题栏显示"双击窗体",并同时加载一张图片到窗体。程序运行界面如图 2-1-3 所示。

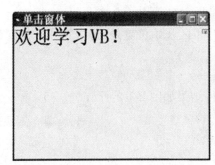

图 2-1-3   窗体示例

代码如下:

```
Private Sub Form_Load()
    F1. Height = 5200
    F1. Width = 7600
End Sub
```

```
Private Sub Form_Click()
    F1. Caption = "单击窗体"
    F1. FontSize = 36
    Print"欢迎学习 VB!"
End Sub
Private Sub Form_DblClick()
    F1. Caption = "双击窗体"
    F1. Picture = LoadPicture(App. Path &"\img\cloud. jpg")
End Sub
```

说明:

① 不论窗体的名称是什么,窗体事件过程的名称都是以"Form 事件名"命名的;

② 当对象是当前窗体时,属性、方法可以省略对象名(当前窗体的名称属性);

③ App. Path 表示与应用程序相同的文件路径;

④ 设置对象属性有两种方法,一种是在设计状态通过属性窗口设置对象的属性,程序运行后这些属性就会体现在窗体的初始状态上,如上例中将窗体标题设为"窗体示例";一种是在程序代码中通过给对象的属性赋值来设置对象属性,程序运行后执行这些代码时相应的属性设置才会生效,如上例中改变窗体的高度、宽度、字号和标题。

2. 2　常用控件

VB 通过控件工具箱提供了和用户进行交互的可视化部件,即控件。程序开发人员可以以最简单的操作在窗体中添加控件来完成界面设计。以下介绍常用控件的属性、方法和事件。

1. 命令按钮(CommandButton)

命令按钮是 VB 最常用的控件之一,用于接收用户的操作命令,以此引发程序相应的处理过程。用户单击某个命令对应的按钮可触发相应的事件过程,通过执行过程内部的代码即能实现程序的相应功能。

(1) 属性

● Name:名称属性。窗体上第一个命令按钮的默认名称是"Command1"。

● Caption:标题属性,对应按钮上显示的文本。此属性是命令按钮的缺省属性。所谓缺省属性就是当给命令按钮赋值时,缺省是给它的 Caption 属性赋值。例如,若将按钮 Command1 上显示的标题设置成"确定",可用代码"Command1 = "确定""来实现。

● Default:默认属性。当该属性值设为 True 时,用户点击回车键,等同于单击该按钮(前提是没有其他按钮得到焦点)。

● Cancel:取消属性。当该属性值设为 True 时,按【Esc】键等同于单击本按钮。

● Style:风格属性,用来设置或返回命令按钮的外观风格。该属性值为 0(默认值)时,为标准按钮风格;为 1 时,为图形按钮风格。

● Picture:图形属性。只有当按钮的 Style 属性值为 1 时,可以用 Picture 属性为其装入一个图形。

● ToolTipText:提示文本属性。设置当鼠标悬停在按钮上时显示的提示性文字。

(2) 方法

● SetFocus:设置焦点。被设置为焦点的按钮内圈将有一个虚线框(如图 2-2-1 所示),按回车键,等同于单击本按钮(无论是否有别的按钮 Default 属性为 True)。

（3）事件

命令按钮最常用的事件是 Click,当鼠标单击命令按钮时发生。

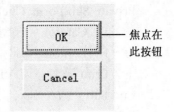

焦点在此按钮

图 2-2-1   SetFocus 方法

2. 标签(Label)

标签主要用于显示比较固定的提示性信息。通常用来对本身不具有 Caption 属性的控件附加说明。例如,可用标签为文本框、列表框等控件添加有关功能的描述性文字,也可用它来标识不同的窗体对象。

（1）属性

● Name

名称属性。窗体上第一个标签的默认名称是"Label1"。

● Caption

标题属性。对应标签上显示的文本。此属性是标签的缺省属性。

● Alignment

对齐属性。对应标签中文本的对齐方式。该属性用来设置控件上文字的对齐方式,可选择的属性值有:

       0 - Left Justify:左对齐(默认值);

       1 - Right Justify:右对齐;

       2 - Center:居中对齐。

● AutoSize

大小自适应属性。用于设置标签的大小是否能自动根据标签中所显示的内容多少进行调整。若该属性值为 False(默认值),则保持标签的大小不变,超出部分文本不予显示;若该属性值为 True,则标签会自动调整大小以能显示 Caption 属性的全部内容。

● BackStyle

背景风格属性。用于设置控件的背景样式是否透明。当属性值为 0 时,标签的背景是透明的;当属性值为 1(默认值)时,标签的背景不透明。标签背景色由 BackColor 属性设置。

（2）方法

● Refresh:刷新。

● Move:移动。

（3）事件

标签通常用来对其他对象做文字说明,虽然它可以接受 Click(单击)、DblClick(双击)等事件,但实际编程中几乎不会用到。

3. 文本框(Textbox)

文本框通常用于在程序运行时输入和输出文本。与标签控件不同的是,文本框中的文本可以在程序运行过程中由用户直接进行编辑修改,除非将文本框的 Locked 属性设为 True,则文本框的 Text 属性会成为只读属性。

（1）属性

● Name

名称属性。窗体上第一个文本框的默认名称是"Text1"。

● Text

文本属性。对应文本框中的文本。此属性是文本框的缺省属性。

● PasswordChar

口令属性。该属性的缺省值为空字符串,即直接显示用户输入的文本;若将该属性设为某个字符(例如 *),则文本框就以设定的字符(如 *)来显示用户输入的文本,但系统仍然可以正确地获取用户实际输入的内容。该属性常用于密码输入框。

● MaxLength

最大长度属性。MaxLength 属性返回或设置在文本框控件中能够输入的最大字符数。MaxLength 属性的取值范围是 0~65535。

● MultiLine

多行属性。MultiLine 属性的默认值为 False,此时文本框中的内容只能在一行显示。将MultiLine 属性设为 True 后,文本框可以输入或输出多行文本。该属性只能通过属性窗口设置,不能通过程序代码改变。

● ScrollBars

滚动条属性。该属性可以取 0、1、2、3 四个值,其含义分别为:

0——文本框中没有滚动条;

1——只有水平滚动条;

2——只有垂直滚动条;

3——同时具有水平和垂直滚动条。

需要注意的是,只有在文本框的 MultiLine 属性设置为 True 时,该属性才有效。

● Alignment

对齐属性。控制文本框中文本的对齐方式。该属性的取值和对齐方式的关系与标签相同。

(2)方法

● Refresh:刷新。

● SetFocus:设置焦点。该方法可将文本框设为焦点(即当前活动文本框),此时光标会在焦点文本框中跳动。

(3)事件

● Change

当文本框中的内容发生变化时,将触发文本框的 Change 事件。程序运行后,在文本框中每键入或删除一个字符,就会引发一次 Change 事件。如果需要程序对文本框中内容的变化随时作出反应,可以针对文本框的 Change 事件过程编写代码。

● LostFocus

当光标离开文本框使其失去焦点时,触发本事件。

● GotFocus

当光标落在文本框中即文本框得到焦点时,触发本事件。

● KeyPress

当光标落在文本框中时,用户单击了 ASCII 码表中某个字符在键盘上的对应按键时触发。KeyPress 事件过程有一个 KeyAscii 参数,该参数可接收到用户通过键盘输入的字符的ASCII 码。

【例 2-3】　文本框应用实例。用户在密码框输入密码(密码必须是纯数字,否则要提示重输），密码输入正确或错误都要给出相应的信息提示。程序的界面如图 2-2-2 所示，参考代码如下：

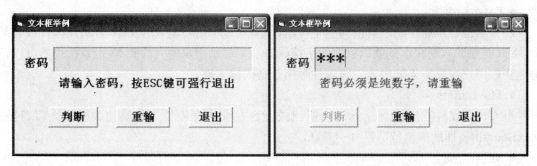

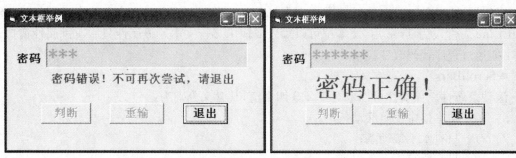

图 2-2-2   运行界面

```
Private Sub Text1_Change()              '每输入一个字符都判断其是否是数字
    If Right(Text1. Text，1) < "0" OrRight(Text1. Text，1) > "9" Then
Label2. ForeColor = vbRed
        Label2. Caption = "密码必须是纯数字,请重输"
        Command1. Enabled = False
        Text1. Locked = True
    End If
End Sub
Private Sub Command1_Click()            '判断密码是否正确
    If Text1. Text = "" Then
        Label2. ForeColor = vbRed
        Label2. Caption = "密码不能为空"
    ElseIf Text1. Text = "123456"Then
        Label2. ForeColor = vbRed
        Label2. FontSize = 36
        Label2. Caption = "密码正确!"
        Text1. Enabled = False
        Command1. Enabled = False
        Command2. Enabled = False
    Else
        Text1. Enabled = False
```

```
            Command1. Enabled = False
            Command2. Enabled = False
            Label2. ForeColor = vbRed
            Label2. Caption = "密码错误！不可再次尝试,请退出"
        End If
    End Sub
    Private Sub Command2_Click()          '清空文本框,准备重输密码
        Text1. Text = ""
        Text1. SetFocus
        Command1. Enabled = True
        Text1. Locked = False
    End Sub
    Private Sub Command3_Click()          '卸载当前窗体,退出程序
        Unload Me
    End Sub
    Private Sub Text1_GotFocus()      '若密码为空,重新输入时此事件过程不可缺少
        Label2. ForeColor = vbBlack
        Label2. Caption = "请输入密码,按 ESC 键可强行退出"
    End Sub
    Private Sub Text1_KeyPress(KeyAscii As Integer)
                                      '输密码时按 ESC 键可强行退出
        If KeyAscii = 27 Then                 'ESC 键的 Ascii 码是 27
            End                   '结束程序,单窗体程序中与 Unload Me 作用相同
        End If
    End Sub
```

4. 列表框(ListBox)和组合框(ComboBox)

列表框(如图 2-2-3 所示)通过列表形式为用户提供选项,当列表项的内容超出列表框的大小时,列表框会自动提供滚动条供用户进行列表项的定位选择。列表框最主要的特点是只能从其中选择,而不能直接修改其中的内容。

图 2-2-3　列表框

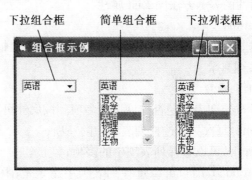

图 2-2-4　组合框

组合框(如图 2-2-4 所示)是组合了文本框和列表框的特性而形成的一种控件。组合框在

其列表框部分理出可供用户选择的选项,当用户选定某项后,该项内容自动装入文本框。组合框有三种不同的风格(Style),体现出不同的类型和行为。

(1) 列表框和组合框共有的主要属性:

● List

列表属性。该属性是一个字符型数组,用来列出列表框或组合框的选项内容。

语法格式为:

　　　　[对象名.]List(列表项序号)

其中,对象名即为列表框的 Name 属性值;列表项序号即为列表项的下标,由上到下依次为 0、1、2、3 等。

例如:S = List1. List(2),该语句的作用是将列表框 L1st1 的第 3 项的内容赋值给 S 变量。

● ListCount

列表项数目。该属性不允许直接进行修改,是由系统自动修改的,属于运行态属性。ListCount 的值表示列表框或组合框中项目的数量。ListCount - 1 和最后一项的序号正好相等。

● ListIndex

列表项索引。该属性只能在程序中设置或引用。ListIndex 的值表示程序运行时被选定的选项的序号。如果未选中任何选项,则 ListIndex 值为 - 1。

● Text

列表项正文。该属性也是运行态属性,属性窗口中是找不到这个属性的。其值为最后选中的列表项的文本,它与 Object。List(Object. ListIndex)的返回值相同。此属性为列表框和组合框的缺省属性。

● Sorted

排序属性。该属性只能在设计状态设置。该属性决定在程序运行期间列表框或组合框的选项是否按字母顺序排列显示。若 Sorted 值为 True,则项目按字母顺序显示;若值为 False(默认值),则按选项加入的先后顺序排列。

(2) 列表框特有的主要属性

● Selected

选择属性。该属性只能在程序中设置或引用。该属性返回或设置列表框控件中的一个项目的选择状态。当某一列表项被选中时,该列表项的 Selected 属性值为 True,否则为 False。Selected 属性的表示方法同 List 属性。

● Columns

列表框显示的列数。取值为 0 时,逐行显示列表框,可能有垂直滚动条;取值大于 0 时,列表项可占多列显示。

● MultiSelect

该属性确定列表框是否允许选择多项。该属性可以设置成以下三种值:

0—None,每次只能选择列表项中的一项;

1—Simple,可以选择列表项中的多项;

2—Extended,用户可以选择列表项中指定范围内的项,其方法是先单击要选择的第一项,然后按住【Shift】键单击选择范围内要选择的最后一项;用户也可以按住【Ctrl】键单击某一项,然后再选择另外一项单击。

若选择了多个表项，ListIndex 和 Text 的属性只表示最后一次的选择值。

（3）组合框特有的主要属性

● Style

风格属性。其取值为 0、1、2，决定了组合框的三种不同类型：

0—下拉组合框（Dropdown Combo），由文本框和下拉列表框组成，既可以输入文本，又可以选择选项；

1—简单组合框（Simple Combo），由文本框和列表框组成，既可以输入文本，又可以选择表项；

2—下拉列表框（Dropdown List），由列表框组成，仅可以选择表项。

从表面上看，当 Style 属性取 0 和 2 时相似，两者的主要区别在于：取 0 时，允许在编辑区输入文本；而取 2 时，只能从下拉列表框中选择项目，不允许输入文本。

（4）方法

● AddItem

添加列表项。语法格式为：

　　　　［Object.］AddItem＜列表项正文＞［,插入位置序号］

若不指定插入位置，则插入到列表末尾。

● RemoveItem

删除列表项。语法格式为：

　　　　［Object.］RemoveItem 删除项序号

● Clear

删除列表中所有项目。

（5）事件

虽然列表框能响应 Click（单击）和 DblClick（双击）事件，但很少使用双击事件。所有类型的组合框都能响应 Click（单击）事件，但是只有简单组合框（Style 属性为 1）才能响应 DblClick 事件。

【例 2 - 4】　以下程序能将两个列表框中的列表项互相移动，参考界面（如图 2-2-5 所示）及代码如下：

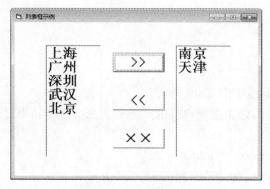

图 2-2-5　列表框示例

```
Private Sub Command1_Click()
    List2.AddItem List1.Text
    List1.RemoveItem List1.ListIndex
```

```
End Sub
Private Sub Command2_Click()
    List1.AddItem List2.List(List2.ListIndex)
    List2.RemoveItem List2.ListIndex
End Sub
Private Sub Command3_Click()
    List1.Clear
    List2.Clear
End Sub
```

5. 单选按钮(OptionButton)、复选框(CheckBox)与框架控件(Frame)

单选按钮用于在一组互斥的选项中选取其一。

复选框用于从一组可选项中同时选中多个选项。

窗体上可以容纳若干个选项组。框架控件可以作为选项组的"容器",把各个选项组区分开来。

(1) 属性

● Caption

标题属性。设置单选按钮或复选框或框架的文本注释内容。此属性是框架的缺省属性。

● Alignment

对齐属性。设置标题和按钮的显示位置。Alignment 属性值为 0(默认值)时,表示控件按钮在左边,标题显示在右边;若 Alignment 属性值为 1 时,表示标题显示在左边,控件按钮在右边。

● Value

该属性是默认属性,表示单选按钮或复选框的状态。

当单选按钮被选中时,Value 取值为 True;未被选中时,取值为 False。

复选框的 Value 属性有三个可能的取值:

　　　　0 - 未选中(默认值);

　　　　1 - 选中;

　　　　2 - 变灰,禁止选择。

此属性是单选按钮和复选框的缺省属性。

(2) 方法

● Move:移动。

● Refresh:刷新。

(3) 事件

单选按钮或复选框都能接受 Click 事件。

【例 2 - 5】 编写程序,能根据所选择的单选和复选按钮将结果显示在文本框中。代码及界面(如图 2-2-6 所示)如下:

```
Private Sub Option1_Click()
    Text1.Text = "我是"& Option1.Caption
End Sub

Private Sub Option2_Click()
    Text1.Text = "我是"& Option2.Caption
```

```
End Sub

Private Sub Command1_Click()
    If Check1. Value = 1 And Check2. Value = 0 Then
        Text2. Text = "我的爱好是"& Check1. Caption
    ElseIf Check1. Value = 0 And Check2. Value = 1 Then
        Text2. Text = "我的爱好是"& Check2. Caption
    ElseIf Check1. Value = 1 And Check2. Value = 1 Then
        Text2. Text = "我的爱好是"& Check1. Caption & Check2. Caption
    Else
        Text2. Text = "我不爱好"& Check1. Caption &"也不爱好"& Check2. Caption
    End If
End Sub
```

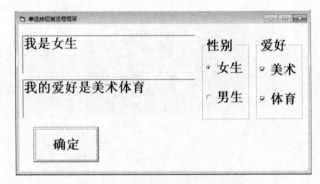

图 2-2-6　单选按钮复选框框架示例

6. 滚动条(ScrollBar)

滚动条分为水平滚动条(HScrollBar)和垂直滚动条(VScrollBar))。两种滚动条除方向不同外,其功能是相同的,都用来滚动内容或用于平滑地选择数据。

(1) 属性

● Max 和 Min

Max 用于设置滚动块处于水平滚动条的最右端或垂直滚动条的最下端时对应的 Value 值。取值范围是 $-32768 \sim 32767$,缺省值为 32767。

Min 用于设置滚动块处于水平滚动条的最左端或垂直滚动条的最上端时对应的 Value 值。取值范围是 $-32768 \sim 32767$,,缺省值为 0。

● Value 值属性

表示滚动块的当前位置值。Value 值随滚动块的位置改变而改变,其值介于 Min 和 Max 之间。此属性是滚动条的缺省属性。

● LargeChange 最大变动值属性

该属性用于返回或设置当用户用鼠标单击滚动区域时,滚动块每次移动的距离,表示 Value 值的改变量。

● SmallChange 最小变动值属性

该属性用于返回或设置当用户用鼠标单击滚动箭头时,滚动块每次移动的距离,表示

Value 值的改变量。为了精确地度量滚动条的值,一般设置 SmallChange 的值为 1。

对 SmallChange 和 LargeChange 两个属性,均可指定 1~32767 之间的整数。缺省值为 1。

（2）方法

● SetFocus 获取焦点

● Refresh 刷新

（3）事件

● Change

当滚动块的位置被改变时引发 Change 事件,也可在代码中修改滚动条的 Value 属性值触发该事件。用于得到滚动条中滚动块最后的值。

● Scroll

当在滚动区域中拖动滚动块时引发 Scroll 事件。用于跟踪滚动条中滚动框的动态变化。

【例 2 - 6】 以下程序利用 3 个水平滚动条（H1,H2 和 H3）配置文本框的背景色。程序界面（如图 2-2-7 所示）及代码如下:

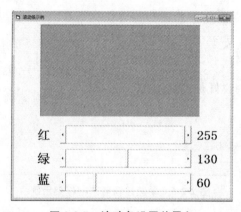

图 2-2-7　滚动条设置前景色

```
Private Sub Form_Load()
        Text1. BackColor = RGB(H1,H2,H3)
        Label4 = H3
        Label5 = H2
        Label6 = H1
    End Sub
    Private Sub H1_Scroll()
        Text1. BackColor = RGB(H1,H2,H3)
        Label6 = H1
    End Sub
    Private Sub H2_Scroll()
        Text1. BackColor = RGB(H1, H2, H3)
        Label5 = H2
    End Sub
    Private Sub H3_Scroll()
        Text1. BackColor = RGB(H1,H2,H3)
```

```
        Label4 = H3
    End Sub
```

7. 图片框(PictureBox)

图片框用于绘制图形,显示各种图片或图像以及文本或数据,还经常被用作其他控件的容器。

(1) 属性

● Picture

本属性用来返回或设置控件中要显示的图片,可以通过属性窗口进行设置。使用图片框可以显示各种不同类型与格式的图形文件,如位图文件、图标文件、矢量图文件等,还包括 JPEG 格式和 GIF 格式的文件。此属性是图片框的缺省属性。

此外,在代码中通常使用 LoadPicture 函数加载图片。它的一般调用形式如下:

LoadPicture([Filename],[Size],[Colordepth],[x,y])

其中,Filename 是要加载的图片文件及其路径名,如果缺省,将清除图像或图片框控件; Size 用于指定加载图片的大小,Colordepth 用于指定图片的颜色深度;x,y 用于指定图片的最佳位置。

如将 C 盘根目录下名为 win.bmp 的图片文件加载到图片框 Pic1 中,使用如下代码:

Pic1.Picture = LoadPicture("C:\win.bmp")

● AutoSize

图片框加载的图片可能会大于图片框设置的大小,此时图片框只能显示图片的局部。如果将图片框的 AutoSize 属性设置为 True,则图片框自动适应图片的大小。

(2) 方法

● Print

该方法的作用是在图像框中输出文本,用法与窗体的 Print 方法一样。

● Cls

该方法用于清除图片框上的文本。

(3) 事件

图片框的常用事件是 Click。

8. 时钟控件(Timer)

一个时钟控件能每隔一定的时间段发生一次 Timer 事件,根据这个特征将程序每隔一定的时间段需要执行的操作放在 Timer 事件过程中,便可被有规律的触发执行。与其他控件不同,添加到窗体上的定时时钟控件,在程序运行时是不可见的。

(1) 主要属性

● Interval

该属性用于设置计时器事件之间的时间间隔,以"ms"为单位,取值范围是 0～65535。若希望每秒产生 n 个事件,则属性 Interval 的值为 1000/n。

● Enabled

该属性用于设置计时器是否起作用。当该属性值为 True 时,计时器将起作用;当该属性值为 False 时,计时器将不起作用,这与 Interval 属性值设置为 0 时效果相同。

(2) 事件

计时器支持 Timer 事件。对于一个含有计时器控件的窗体,每经过一段由属性 Interval 指定的时间间隔(属性窗口中设置的单位为毫秒),就产生一个 Timer 事件。

【例 2－7】 以下程序利用【开始】和【停止】两个按钮来控制汽车图片的移动。程序界面（如图 2-2-8 所示）及代码如下：

```
Private Sub C1_Click()
        Timer1. Enabled = True
    End Sub
    Private Sub C2_Click()
        Timer1. Enabled = False
    End Sub
    Private Sub Timer1_Timer()
        P1. Move P1. Left + 50
    End Sub
```

图 2-2-8　时钟控件示例

2.3　菜单设计

菜单界面是 Windows 应用程序窗口的基本组成部分之一。菜单是一系列命令组成的列表，以特殊的窗口方式显示，其中的每个菜单项对应一条命令或一个子菜单。菜单的主要作用是为程序使用者提供一个方便操控程序功能的运行途径，使用户可以用交互的方式完成操作。菜单的作用类似于按钮，但它只有一个事件——Click 事件。

菜单按使用形式分为下拉式和弹出式两种。下拉式菜单位于窗口的顶部，弹出式菜单是独立于窗体菜单栏而显示在窗体内的浮动菜单。

2.3.1　菜单编辑器的使用

VB 6.0 提供了一个"菜单编辑器"，专门用来制作菜单。在设计状态下，单击【工具|菜单编辑器】命令，可得到如图 2-3-1 所示的菜单编辑器对话框。

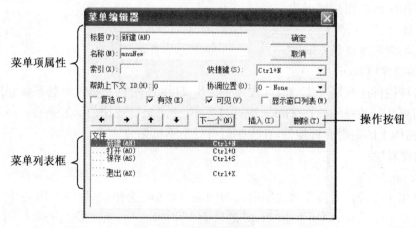

图 2-3-1　菜单编辑器对话框

菜单编辑器分为上、下两部分，上半部分用来设置属性，下半部分是菜单显示区，用来显示用户输入的菜单内容。

● 标题：菜单及菜单项的标题相当于控件的 Caption 属性，设置好的菜单标题会显示在列表框中。

● 名称：菜单及菜单项的名称，相当于控件的 Name 属性。菜单的名称主要用于编程中调用菜单对象,最好用英文名称。

- 索引:用来为用户建立的控件数组设立下标,通常不需要设置用缺省值。
- 快捷键:用来设置菜单项的快捷键。需要注意的是,只能针对子菜单项设置快捷键,顶级菜单不能设置快捷键。
- 帮助上下文:可在该设置框中输入数值,这个值用来在帮助文件中查找相应的帮助主题。
- 协调位置:用来确定菜单或者菜单项是否出现或在什么位置出现。
- 复选:选中此项,则在初次打开菜单时,该菜单项的左边将显示"√"。通常用该属性标识可切换菜单命令的开关状态。
- 有效:用来设置菜单项的操作状态。默认情况下该属性是勾选状态,表明相应的菜单项可对用户事件作出响应。如果该属性未被勾选,则相应的菜单项会"变灰",不能响应用户事件。
- 可见:用来设置菜单或菜单项是否可见。默认情况下该选项是勾选状态,菜单是可见的,否则菜单不可见。
- 显示窗口列表:当该选项被选中时,将显示当前打开的一系列子窗口。用于多文档应用程序。

菜单操作按钮中的上下箭头按钮可用来调整选定菜单项的排列位置,左右箭头按钮可用来调整选定菜单项的级别。在菜单列表框中,下级菜单项标题前会比上一级菜单项多一个"...."标志。VB 允许最多创建四级子菜单。

1. 创建菜单

创建菜单的步骤如下:

(1) 在标题栏输入菜单或菜单项的标题;

(2) 在名称栏输入程序中要引用该菜单项时使用的名称;

(3) 根据程序需要设置该菜单项的快捷键、可见性、菜单级别等属性;

(4) 完成一个菜单项的设置后,单击【下一个】按钮或者【插入】按钮,建立下一个菜单项;

(5) 全部菜单都设置完成后,单击【确定】按钮关闭菜单编辑器。

2. 分隔菜单项

在菜单中可以使用水平线将菜单项分为一些逻辑组。在菜单编辑器中建立菜单分割线的步骤与建立菜单项的步骤类似,在标题栏输入一个连字符"-"即可。

3. 热键与快捷键

若需要通过键盘来访问菜单项,可以为菜单定义热键与快捷键。热键指使用【Alt】键和菜单项标题中的一个字符来打开菜单。建立热键的方法是在菜单标题的某个字符前加上一个"&"符号,在菜单中这一字符会自动加上下划线,表示该字符是一个热键字符。

快捷键与热键类似,只是它不是打开菜单,而是直接执行相应菜单项的操作。要为菜单项指定快捷键,只要打开快捷键(Shortcutkey)下拉式列表框并选择一个键,则菜单项标题的右边会显示快捷键名称。

2.3.2　弹出式菜单

建立弹出式菜单通常分两步进行:首先用菜单编辑器建立菜单,然后用 PopupMenu 方法弹出显示。第一步的操作与前面介绍的基本相同,唯一的区别是,必须把菜单名的"可见"属性设置为 False(子菜单项不要设置为 False)。然后应用 PopupMenu 方法来显示弹出菜单。

PopupMenu 方法的语法格式如下：

     [对象名.]PopupMenu 菜单名[,标志,x,y]

其中,菜单名是必须的,其他参数可选。x、y 参数指定弹出菜单显示的位置。标志参数用于进一步定义弹出菜单的位置和性能,可以采用表 2-3-1 中的数值。

表 2-3-1   弹出菜单的标志参数

分类	常数	值	说明
位置	vbPopupMenuLeftAlign	0	X 位置确定弹出菜单的左边界(默认值)
	vbPopupMenuCenterAlign	4	弹出菜单以 x 为中心
	vbPopupMenuRightAlign	8	X 位置确定弹出菜单的右边界
性能	vbPopupMenuLeftButton	9	只能用鼠标左键触发弹出菜单(默认值)
	vbPopupMenuRightButton	2	能用鼠标左键和右键触发弹出菜单

可以选用位置值和性能值,将其用"或"运算符结合。结合 MouseDown 或 MouseUp 事件过程使用 PopupMenu 方法。

2.4　多窗体界面设计

一般简单的应用程序大多只使用一个窗体界面,称为单窗体程序。但一个大型工程,对应不同的操作,往往需要多个不同的窗体。具有多个窗体界面的程序,每个窗体都可以有自己的界面元素和相应的程序代码,可以完成不同的操作。

2.4.1　多重窗体

多重窗体是指在一个工程中同时存放有多个并列的普通窗体,每个普通窗体都有自己的设计界面和相对应的程序代码,它们各自执行着自己的功能。

1. 添加窗体

用户可以通过菜单栏中的【工程|添加窗体】命令或工具栏上的【添加窗体】按钮来打开【添加窗体】对话框,然后选择【新建】选项卡新建一个窗体;或者选择【现存】选项卡把一个已有的窗体添加到当前工程。

添加已有的窗体到当前工程时,需注意以下两点：

● 加载的窗体不能和工程中已存在的窗体同名。

● 若在该工程内添加进来的现存窗体已在多个工程中共享存在,则当改变加载的窗体时会影响到所有共享窗体的工程。

2. 设置启动对象

如一个工程中有多个窗体,程序运行时首先执行的对象称为启动对象,默认情况下第一个创建的窗体被指定为启动对象,即启动窗体。在 VB 中启动对象既可以是窗体,也可以是 Main 子过程。

用户设置启动对象时可以通过菜单栏中的【工程|工程属性】命令,打开【工程属性】对话框,在【通用】选项卡,【启动对象】下捡列表框中(如图 2-4-1 所示),选择指定的对象做为启动对象。

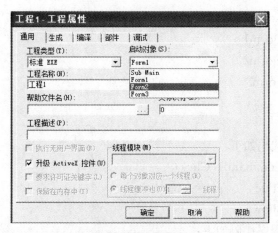

图 2-4-1　工程属性

【例 2-8】　多重窗体的程序示例。如图 2-4-2(a)、(b)、(c)所示，三个窗体 Form1、Form2 和 Form3，分别作为主窗体、输入成绩窗体和计算结果显示窗体。

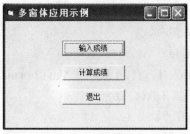

(a)　主窗体

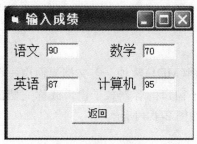

(b)　输入成绩窗体

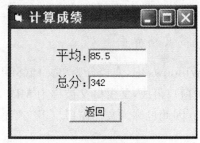

(c)　计算成绩窗体

图 2-4-2　多窗体

窗体 Form1 程序代码如下：

```
Private Sub Command1_Click()
    Form1.Hide
    Form2.Show
End Sub
Private Sub Command2_Click()
    Form1.Hide
    form3.Show
End Sub
End Sub
```

```
Private Sub Command3_Click()
    Unload Form1
    Unload Form2
    Unload form3
    End
End Sub
```

窗体 Form2 程序代码如下：

```
Private Sub Command1_Click()
    Form2. Hide
    Form1. Show
```

窗体 Form3 程序代码如下：

```
Private Sub Command1_Click()
    Unload Me
    Form1. Show
End Sub
Private Sub Form_Load()
    Dim Sum As Single
    Sum = Val(Form2. Text1. Text) + Val(Form2. Text2. Text) + Val(Form2.
Text3. Text) + _Val(Form2. Text4. Text)
    Text1. Text = Sum / 4
    Text2. Text = Sum
End Sub
```

2.4.2 多文档界面

在 Windows 中，文档分为单文档(SDI)和多文档(MDI)两种。多文档界面由一个父窗口和多个子窗口组成，父窗口又被称为 MDI 窗体，是子窗口的容器。子窗口或称文档窗口显示各自文档，因此也称为文档窗口。多文档窗体界面如图 2-4-3 所示。

图 2-4-3 MDI 窗体示例

多文档界面具有如下特性：

● 所有子窗体都显示在 MDI 窗体的工作区内，用户可以移动和缩放子窗体，但子窗体都是被限制在 MDI 窗体中的。

● 子窗体最小化后的图标位于 MDI 窗体的底部，而不是在任务栏上。

● MDI 窗体最小化时，所有的子窗体也同时最小化，只有 MDI 窗体的图标出现在任务栏上。如果父窗口关闭，所有子窗口也相应全部关闭。

● MDI 窗体和子窗体都可以有各自的菜单。

MDI 窗体只能包含 Menu 和 PictureBox 控件、具有 Align 属性的自定义控件或不可见的控件（如 Timer）。为把其他控件放入 MDI 窗体，可在窗体上放入一个图片框，然后在图片框上放入其他控件。在 MDI 窗体的图片框上可以使用 Print 方法显示文本，但是不能在 MDI 窗体上使用 Print 方法。

关于 MDI 窗体更详细的使用方法说明可以参阅 VB 的帮助系统。

习 题

1. 以下能在窗体 Form1 的标题栏中显示"VisualBasic 窗体"的语句是_____。
   A. Form1. Name = "VisualBasic 窗体"
   B. Form1. Caption = "VisualBasic 窗体"
   C. Form1. Title = "VisualBasic 窗体"
   D. Form1. Text = "VisualBasic 窗体"

2. 若需要在同一窗口内安排两组相互独立的单选按钮(OptionButton),可使用_____对象将它们分隔开。
   A. 窗体   B. 文本框   C. 框架   D. 菜单

3. 除 TextBox(文本框)外,以下不具有 Caption 属性的是和_____。
   A. Frame(框架)   B. CheckBox(复选框)
   C. Commandbutton(命令按钮)   D. Listbox(列表框)

4. 若窗体有列表框 List1,则 List1. List(List1. ListIndex)的值等于 List1 的_____属性值。
   A. Text   B. Listcount   C. Caption   D. Index

5. 如果窗体上有命令按钮"确定",在代码编辑窗口有与之相对应的 OK_Click()事件过程,则命令按钮控件的名称属性和 Caption 属性分别为_____。
   A. "OK"和"确定"   B. "确定"和"OK"
   C. "Command1"和"确定"   D. "Command1"和"OK"

6. 以下所列项目不属于文本框事件的是_____。
   A. Change   B. SetFocus   C. GotFocus   D. LostFocus

7. 以下有关对象属性的说法错误的是_____。
   A. 对象的 Name(名称)属性值在程序代码中,作为对象的标识名
   B. 只能在运行时设置或改变的属性不会出现在属性窗口中
   C. Visible 属性值设为 True 的对象肯定是活动对象
   D. 某些属性具有若干子属性,例如 Font 属性

8. VB 6.0 的"菜单编辑器"对话框使用的全部是常用的控件对象,试自行设计一个类似于它的窗口界面。

第3章 Visual Basic 程序设计基础

开发一个 Visual Basic 应用程序时，主要分为界面设计和程序编码两个步骤。通过前面两章的介绍，读者已经可以利用窗体和控件建立较为简单的应用程序界面了，但如果只有界面没有相应的事件过程代码，程序的功能将无法实现。因此，从本章开始主要介绍如何编写代码，而本章是编写代码的基础，主要内容包括数据类型、常量与变量、运算符与表达式、内部函数以及代码书写格式等。

3.1 数据类型

用计算机解决实际问题时，程序处理的主要对象是数据。对不同的问题而言，涉及的数据的类型是多种多样的，如数值、字符、日期、逻辑、变体等。不同类型的数据在内存中占用的空间大小也不相同。为了方便计算机对各种不同的数据进行存储和处理，VB 中定义了丰富的数据类型来满足程序设计的需要。表 3-1-1 列出了 VB 支持的基本数据类型以及每种数据类型对应的关键字、类型声明符、所需存储空间和取值范围。

表 3-1-1　VB 基本数据类型

数据类型	关键字	类型声明符	存储空间	取值范围
整型	Integer	%	2 Byte	−32768～32767
长整型	Long	&	4 Byte	−2147483648～2147483647
单精度浮点型	Single	！	4 Byte	负数：−3.402823E38～−1.401298E−45 正数：1.401298E−45～3.402823E38
双精度浮点型	Double	♯	8 Byte	负数： −1.79769313486232E308～−4.94065645841247E−324 正数： 4.94065645841247E−324～1.79769313486232E308
字节型	Byte	无	1 Byte	0～255
货币型	Currency	@	8 Byte	−922337203685477.5808～922337203685477.5807
定长字符串型	String	$	字符串长度	1～约 65400 个字符
变长字符串型	String	$	10 Byte + 字符串长度	0～约 20 亿个字符
逻辑型	Boolean	无	2 Byte	True 或 False
日期型	Date	无	8 Byte	日期：100 年 1 月 1 日～9999 年 12 月 31 日 时间：0:00:00～23:59:59
对象型	Object	无	4 Byte	任何对象引用
变体型（数字）	Variant	无	16 Byte	数值型可达 Double 型的范围，字符型可达变长字符串型的串长度

1. 数值型

数值型包括整型、浮点型、字节型和货币型。其中整型数据分为整型和长整型,浮点型数据分为单精度浮点型和双精度浮点型。

(1) 整数

整数就是不带小数点和指数符号的数,其运算速度快、精确度高,但取值范围相对较小。根据其存储空间和取值范围的不同,整数的类型又分为整型(Integer)和长整型(Long)。

① 整型:在计算机中用 2 个字节的二进制码表示,取值范围在 -32768 到 32767 之间。例如, -150、32767、315% 都表示整型数,而程序中出现 32768% 时就会发生溢出错误。

② 长整型:在计算机中用 2 个字节的二进制码表示,取值范围见表 3-1-1。

例如,32768、 -330000、180& 都表示长整型数。

(2) 浮点数

浮点数也称为实数,是带小数点的数。相对于整数而言,其取值范围比较大,但处理速度较慢,易产生误差。浮点数又分为单精度数(Single)和双精度数(Double)。在计算机中,浮点数也可以用科学计数法(指数形式)来表示,由符号、指数和尾数三部分组成。

① 单精度数:在计算机中用 4 个字节存储,其中符号占 1 位,指数占 8 位,其余 23 位表示尾数,最多有 7 位有效数字,取值范围见表 3-1-1。

例如,0.0412、2931.27、 -0.000512! 均是单精度数。

② 双精度数:在计算机中用 8 个字节存储,其中符号占 1 位,指数占 11 位,其余 52 位表示尾数,最多有 15 位或 16 位有效数字,取值范围见表 3-1-1。

例如,3.14159265、 -0.00001# 都是双精度浮点数。

用科学计数法表示浮点数时,单精度数和双精度数分别用 E(或 e)和 D(或 d)将尾数和指数隔开。

例如:2.35E6 表示单精度数,其中 2.35 是尾数,6 是指数,其值相当于 2.35×10^{6},2.35E6 中的 E6 还可表示为 e6、e+6、E+6;2.35D-2 表示双精度数,其值相当于 2.35×10^{-2}。需要注意的是以科学计数法的形式表示的单精度数和双精度数中的指数和尾数都不可以省略,如 E-6、D3 都是错误的。

(3) 字节型

字节型(Byte)在计算机内用 1 个字节表示无符号整数,取值范围在 0 到 255 之间。

(4) 货币型

货币型(Currency)数据主要用来表示货币值,是专门为处理货币而设计的数据类型,在计算机内用 8 个字节存储。货币型是定点数,整数部分最多保留 15 位,小数部分最多保留 4 位。

2. 字符型

字符型(String)用于存储字符类型的数据,可以是西文字符或汉字,其类型声明符是 "$"。在 VB 中将字符串放在西文双引号内,如"abc123"、"basic"、"你好"都是字符串。

VB 中有两种字符串,分别是定长字符串和变长字符串。

(1) 定长字符串。该类字符串的长度是固定的,并且在程序运行过程中始终保持长度不变。定义定长字符串的一般格式是:String * n,其中"n"表示定长字符串的长度。

(2) 变长字符串。该类字符串的长度不固定,随着对字符串变量赋值的不同,长度可发生变化。

长度为 0(不包含任何字符)的字符串,称为空字符串,书写形式为:""。

3. 逻辑型

逻辑型(Boolean)又称布尔型,有两种取值 True 或 False,在计算机中用 2 个字节表示。当把逻辑型数据转为数值类型时,False 转为 0,True 转为 -1;把数值类型转换为逻辑型时,0 转为 False,其余非 0 值转为 True。

4. 日期型

日期型(Date)数据在计算机中用 8 个字节表示,可以用来表示日期和时间。日期型可以表示的日期范围从 100 年 1 月 1 日到 9999 年 12 月 31 日,而时间可以从 0:00:00 到 23:59:59。在 VB 中,日期型数据必须放在一对"♯"内,即任何可被辨认的日期和时间文本都可以放在两个"♯"之间,如♯January 1,2014♯、♯1Jan 93♯、♯12/3/2014♯、♯12/3/2014 11:43:35 AM♯等都是合法的日期型数据。

5. 变体型

变体型(Variant)是一种特殊的数据类型,可以表示除了定长字符串和用户自定义类型之外的任何种类的数据,是所有未定义变量的默认数据类型。变体型是可以随着为它所赋的值的类型而改变自身类型的一类特殊的数据类型。如数值型、字符型或日期型等,完全取决于程序的需要,从而增加了 VB 数据处理的灵活性。

变体型数据的初值一般为 Empty,它不同于数值 0、长度为 0 的字符串和空值 Null(空值 Null 通常用于数据库应用程序,表示未知数据或者丢失的数据)。

虽然变体型的适应性很强,但是变体型所需的存储空间比其他数据类型要多,处理速度相对较慢。因此,尽量避免利用变体型数据,可以节省内存空间,提高程序的运行效率。用户在编程时应该根据实际需要选择合适的数据类型。如:尽量选择存储空间小的数据类型,若能选择整型解决问题就不要设置为浮点型;必须用浮点数时,若精确度要求不高,就设置为单精度型。

6. 对象型

对象型数据以 4 个字节的地址形式来表示应用程序中需要引用的对象,可以是图形对象、OLE 对象或控件对象等。

3.2　常量与变量

常量就是在程序运行过程中值始终不变的量,可以是具体的数值,也可以是编程者事先定义好的符号。变量则是程序运行过程中值随时都可发生变化的数据量,以符号的形式出现,代表的是数据存放在内存中的位置,根据该位置可以获取变量的当前值。与数学上表示未知数的变量不同,程序中的变量在任一时刻都有一个确定的值。

3.2.1　常量

在 VB 中有三种类型的常量:直接常量、符号常量和系统常量。

1. 直接常量

直接常量也称常数。根据其数据类型的不同,分为数值型常量、字符型常量、逻辑型常量和日期型常量,常量的取值直接反映了其数据类型。

例如:

数值型常量:20、234&、-2.13E5

字符型常量:"53"、"中国药科大学信管教研室"、"23.ab"

逻辑型常量：True、False

日期型常量：♯May 21,2014♯、♯1:30:36 PM♯、♯12/25/2014 11:58:53 AM♯

在数值型常数后加上类型声明符也可以显式地说明其数据类型，如常数234&的类型就是长整型。如果有些常数不做显式说明，其数据类型就存在多义性，如20可以是整型、长整型或货币型等。在默认情况下，为了提高程序运行效率，VB会选择存储空间相对最小的数据类型作为该常数的类型，因此20在不做显示说明的情况下就作为整型来处理。

另外，在VB中还可以使用八进制和十六进制的常数。八进制常数的前缀为"&O"，如&O12表示一个八进制数，其值相当于十进制数10。十六进制常数的前缀为"&H"，如&H21表示一个十六进制数，其值相当于十进制数33。

2. 符号常量

若在程序代码中包含一些反复出现的常量值，用户可以自定义符号来表示这些常量，以符号形式表示的常量称为符号常量。使用符号常量的好处在于程序设计时给常量起一个有意义的名称可提高程序的可读性，只要在程序开始的地方定义好之后就可以在整个程序中通过符号常量名引用某对应的常量值。若需要改变常量的值，只需要在定义语句处进行修改即可。因而恰当使用符号常量可以方便程序的阅读和维护。

符号常量的一般格式为：

　　　　［Public | Private］　Const 常量名［ As　Type］　= 表达式

其中：

（1）Public 和 Private 是可选参数，它们用来对常量的作用范围进行声明，两个参数均不能在过程中使用。若省略该参数，则默认为 Private。Public 用于在标准模块"通用"声明部分定义全局符号常量，该常量在整个程序中均有效，可被应用程序中的所有过程引用和访问。Private 用于在模块的通用声明部分中定义符号常量，该类常量只能在其所属窗体模块中使用。

需要特别强调的是，用 Public 定义全局符号常量时，只能在标准模块中定义，而不能在窗体模块的通用声明部分中定义。

（2）常量名是由编程者自定义的用来表示常量的符号，常量名只能由数字、字母或下划线组成，长度不超过255个字符，首字符必须是字母，且不区分大小写。

（3）Type 用于指定常量的数据类型，也可以通过在常量名后加类型声明符来定义，若省略该项，则根据表达式求值后的结果确定常量类型。

（4）表达式可以是数值型常量、字符型常量或除 Is 之外的算术运算符或逻辑运算符所组成的表达式。

例如：

　　　　Private Const max% = 3^2　　　　　　　'max 是整型常量，值为9
　　　　Private Const max As Integer = 6
　　　　Const str1 $ = "abc"　　　　　　　　　'str1 是字符型常量
　　　　Const PI As Double = 3.14　　　　　　　'PI 是双精度型常量

注意：符号常量一旦声明后，在程序运行过程中只能对其引用，而不能被重新赋予其他的值，即符号常量只能出现在赋值号的右边，而不能出现在赋值号的左边。另外，若需要在一条语句中定义多个符号常量，必须用逗号作为分隔符。

3. 系统常量

系统提供的常量称为系统常量。在 VB 中系统提供了很多系统常量以方便用户在应用程序中使用。这些系统常量位于不同的对象库中,为区分不同对象库中的同名常量,系统在引用常量时加上两个小写字母的前缀以示区别,以此限定常量在哪个对象库中。比如,前缀 vb 表示的是 Visual Basic(VB)和 Visual Basic for Applications(VBA)中的常量。系统常量可以在程序代码中直接使用,如 vbCrLf 是回车换行符组合常量,等同于回车换行符操作,即 Chr(13)& Chr(10)。

查看系统常量的方法是通过【视图】菜单的【对象浏览器】选项打开【对象浏览器】对话框即可。

3.2.2　变量

变量就是在程序执行期间值可变的数据量,其最重要的两个要素就是名称和数据类型。变量名称用于在程序中标识变量,数据类型则决定了变量对应的系统内存中可以保存哪种类型的数据。

1. 变量命名规则

变量命名时应遵循的规则如下:

(1) 变量名必须以字母开头,由字母、数字或下划线组成,不能包含点号、空格或类型声明符%、&、!、@、#、$ 等其他符号,如 abc_123,sum 是正确的变量名;

(2) 长度不超过 255 个字符;

(3) 不能使用 VB 中的关键字、控件属性名、方法名、公共函数名等作为变量名,但允许将其嵌入到变量名中作为一部分,如 Print_mc、For_sub 等;

(4) 在同一作用域内变量名不能重复;

(5) 不区分大小写,如 flag、Flag、FLAG 表示同一个变量。习惯上采用大小写混合的格式,变量名的首字母大写,如 Flag。变量名最好能表示一定的含义,便于代码的阅读和修改。

2. 变量声明

在程序中对变量应该先定义,再使用。若变量在使用前未定义,系统将按照变体型变量处理,由于变体型变量会比其他类型变量占用更多的内存,不利于提高程序的执行效率,因此用户应该养成在使用前说明变量的习惯。

变量定义的一般格式为:

　　　Public | Private | Dim | Static 变量名　　As　　数据类型　　〔,变量名　As　数据类型〕……

说明:

① 上述定义语句中关键字不同,变量的作用范围就有可能不同。

Public——用于在标准模块或窗体模块的通用声明部分中定义全局变量,全局变量在整个工程中均有效,可被所有过程引用和访问。

Private——用于在窗体模块的通用声明部分中定义模块级变量,模块级变量只在其所属窗体模块中有效。

Dim——用于在窗体模块的通用声明部分或某局部过程中定义变量。当在窗体模块中定义变量时,与 Private 定义没有区别;当在局部过程中定义变量时,该变量的作用范围仅局限于本过程。

Static——用于在过程中定义静态局部变量,具体内容在后续第 7 章中介绍。

② 在定义变量后,系统会根据不同的数据类型给变量赋一个初值,如表 3-2-1 所示。

表 3-2-1 变量的初值

变量类型	初值	变量类型	初值
数值型	0	字符型	空字符串
布尔型	False	对象型	nothing
变体型	Empty		

③ 一个变量类型声明语句可以声明多个变量,但是每个变量都要有一个单独的“As 数据类型”子句来说明其类型,未做说明的就默认为变体型变量,例如:

    Dim x As Integer,y As Integer

    Dim a,b As Integer

第一条语句定义了两个整型变量 x 和 y ,第二条语句定义了 a、b 两个变量,根据“就近原则”,其中 b 是整型变量,初值为 0,而 a 没有被定义数据类型,系统默认为变体型变量,初值为 Empty。

④ 字符型的变量可以定义为定长字符串也可以定义为变长字符串,例如:

    Dim s1 As String * 10,s2 As String

定义 s1 为定长字符串,且字符串长度为 10,而 s2 为变长字符串。若赋给字符串 s1 的字符个数少于 10,则在字符串的右边利用空格字符自动补齐,保证其总长度为 10;若赋给字符串 s1 的字符个数大于 10,则保留前 10 个字符,超出部分的字符全部截去。

⑤ 若程序代码中的变量名与程序前端变量声明语句中的变量名大小写不一致,系统将会自动将代码中的变量名进行转换,使之与变量声明语句中的变量名一致。例如:

    变量声明语句为: Dim Student As Integer

    代码中输入的语句为: sTudent = sTudent + 1

    系统自动将其转换为: Student = Student + 1

⑥ VB 还允许将类型说明符放在变量名后面来声明变量,类型说明符与变量名之间不能有空格。例如:

    Dim a%, b&, c!, d#, e@, s$

以上语句中定义的变量类型分别为:a 为整型,b 为长整型,c 为单精度型,d 为双精度型,e 为货币型,s 为字符串型。等价于下列语句:

    Dim a As Integer, b As Long, c As Single, d As Double, e As Currency, s As String

⑦ 使用变量声明语句来定义变量的方法称为显式说明,VB 中还允许在使用一个变量之前不必先显式声明这个变量,可以在变量名称后直接加上类型说明符进行声明,例如:

    Private SubCommand1_Click()

        a% = 5

        b = 8

    End Sub

上述例子中变量 a 和 b 分别被隐式声明为整型和变体型,这种方法虽然很方便,但如果变量名拼写有误,可能会导致一些难以查找的错误。为了便于程序的调试和修改,尽量采用显式声明的方式来定义变量。

3. Option Explicit 语句

在窗体模块中使用"Option Explicit"语句可以强制要求显式声明模块中的所有变量,一旦程序中使用了未声明的变量和错误的对象名,运行时就会有出错提示。

例如,在程序中定义了一个名为 CalSalary 的变量,若后面使用该变量时误将该变量名输成了 CalSalory,系统认为变量 CalSalory 事先没有进行定义,程序运行时就会出现"变量未定义"的出错提示,根据该提示很容易就能发现这个变量名的拼写错误。

若程序中一个命令按钮的 Name 属性为 Command1,修改其 Caption 属性的语句误写为了 Comand1.Caption = "运行",则程序运行时会出现"变量未定义"的错误提示,并且显示错误的蓝色光标会定位在 Comand1 上。但若此时窗体模块的最上方没有加"Option Explicit"语句,程序运行出现错误后,显示错误的蓝色光标同样会定位在 Comand1 上,不过错误提示变为了"要求对象"。

添加"Option Explicit"语句有两种方法:

① 将"Option Explicit"语句写在模块的通用声明部分,即所有过程之前。输入方法是激活代码编辑器窗口,在对象列表框中选择【通用】,过程列表框中选择【声明】,然后在代码编辑区中输入"Option Explicit"。

② 在【工具】菜单中点击【选项】子菜单,打开【选项】对话框,将【编辑器】选项卡的第二项【要求变量声明】勾上,然后点击【确定】按钮。这样当重新新建工程时,"Option Explicit"语句会自动出现在窗体的通用声明部分。

3.3　运算符和表达式

运算符是对各种数据进行运算的符号,VB 提供了丰富的运算符和大量的数据处理函数,通过运算符、操作数和函数的组合可构成多种多样符合程序需要的表达式。VB 中的运算符分为四大类:算术运算符、关系运算符、逻辑运算符和连接运算符,由这些运算符构成的表达式为算术表达式、关系表达式、逻辑表达式和连接表达式。

3.3.1　算术运算符和算术表达式

1. 算术运算符

VB 中有八种算术运算符,见表 3-3-1。

表 3-3-1　算术运算符

运算符	含义	示例	说明
^	乘方	$2^{-2} = 0.25$ $4^{(1/2)} = 2$	可以用来计算乘方或方根
−	负号	−3	单目运算
*	乘	$3 * 5 = 15$	与浮点除属于同级运算
/	除	$2/5 = 0.4$	用于对两个数进行除法运算并返回一个浮点数,一般类型是双精度浮点数

（续表）

运算符	含义	示例	说明
\	整除	5\2 = 2 13.5\4.5 = 3	用于对两个数进行除法运算并返回商的整数部分 若左右两边操作数不是整数，则先将操作数四舍五入再整除
Mod	取余	2 Mod 5 = 2 13.5 Mod 4.5 = 2	用于对两个数做除法运算并只返回结果的余数部分 若左右两边操作数不是整数，则先将操作数四舍五入再取余
+	加	5 + 2 = 7	双目运算
−	减	5 − 2 = 3	双目运算，与加法运算属于同级运算

说明：

① 除"−"取负号运算符是单目运算符（只要求一个运算对象）之外，其余都是双目运算符（要求两个运算对象）。

② 算术运算符的优先顺序为：

^（乘方）、−（负号）、*（乘）和/（浮点除）、\（整除）、Mod（取余）、+（加）和−（减）

其中，乘和浮点除是同级运算，加和减是同级运算。在运算时必须严格按照以上优先顺序进行，如碰到同级运算符，则按从左到右的顺序依次进行。在运算过程中，如果有括号的话，则优先运算括号中的数据，如果有多层括号，则优先运算最内层括号中的数据。

例如：

6 * 4/5　　　　'是同级运算符，运算顺序按先后从左到右，结果是 4.8

21\3 * 2　　　　'运算符乘（*）比整除（\）优先级高，先计算 3 * 2 的值，结果为 3

9^1\4/2　　　　'乘方优先级最高，先计算 9^1，再执行 4/2，最后执行整除，结果为 4

10 mod 10\9/3　'除（/）优先级最高，先算 9/3，结果为 3，再算 10\3，最后执行取余，结果为 1

③ 算术运算的操作数应是数值型，若在运算中出现只包含数字的字符或者逻辑型操作数，系统则将其自动转换为数值型再进行运算。若操作数是其他无法自动转换成数值型的数据，系统则会给出类型不匹配的出错提示。

例如：

"10.2" + True + False　　'False 转为 0，True 转为 −1，结果为 9.2

"10.a" + 1 + "False"　　　'出错：类型不匹配，字符串 10.a 和 False 都无法转为数值

提示：当系统自动将字符型数据转换成数值型数据时，只要字符型数据中包含数字以外的字符，均无法成功转换。

④ 进行数值运算时，运算结果的数据类型与操作数中精度高的数据类型保持一致，如整型数和单精度数进行运算，其结果为单精度型。但也有特殊情况，当一个单精度数和一个长整型数进行运算时，其结果为双精度型。除法运算也是个例外，大多数除法运算的结果是双精度型，仅当左操作数为单精度型，右操作数为整型或单精度型时，除法运算结果是单精度型。

⑤ 进行数值运算时，如果运算结果的值超出了该数据类型所能表示的数据范围，则系统会提示"数据溢出"的错误。

例如：

Dimx As Integer，y As Integer

x = 123：y = 270

Print x ＊ y

执行以上语句后,系统会报溢出错误,原因在于变量 x 和 y 的数据类型是整型,因此 x＊y 的数据类型也默认为整型,而其结果 33210 已经超过了整型的取值范围。若将 x 或 y 中任何一个的数据类型改为长整型,程序即可正常运行。

2. 算术表达式

用算术运算符把变量、常量等数据连接起来的式子称为算术表达式。在书写 VB 的算术表达式时,要注意与数学中的表达式有一些区别。VB 中的算术表达式只有圆括号,没有其他类型的括号,而且一定要成对出现。算术表达式必须从左到右书写在同一层上,没有高低、大小之分。表达式中的乘号不能省略,如 a 乘以 b,就不能写成 ab,一定要写成 a＊b。例如:

数学表达式 $\dfrac{a+b}{ab}$,写成 VB 表达式为:$(a+b)/(a＊b)$ 或 $(a+b)/a/b$

不能写为 $(a+b)/a＊b$ 　或 $(a+b)/ab$ 　　或 $a+b/a＊b$。

3.3.2　关系运算符和关系表达式

1. 关系运算符

关系运算符用来将两个操作数进行比较,也称为比较运算符。比较的结果是布尔型,关系成立返回 True,关系不成立返回 False。表 3-3-2 中列出了 VB 中的关系运算符。

表 3-3-2　关系运算符

运算符	=	<>	>	>=	<	<=	Like	Is
功能	等于	不等于	大于	大于等于	小于	小于等于	字符串匹配	比较对象的引用变量

关系运算符都是双目运算符,其优先级相同,在进行比较时要注意以下规则:

(1) 关系运算符的操作数可以是数值型、字符串型或日期型。

(2) 操作数是两个数值,直接按其大小进行比较。

(3) 操作数是两个字符串,按照字符对应的 ASCⅡ码逐一进行比较,即首先比较两个字符串的第一个字符,ASCⅡ码大的字符串大,如第一个字符相同,则比较第二个字符,依次类推。例如:

　　　　"aBc"<"ab"　　　　　　　　True
　　　　"ABC"="ABc"　　　　　　　　False
　　　　"AB"<"ABC"　　　　　　　　True
　　　　20<15　　　　　　　　　　　　False
　　　　10>=10　　　　　　　　　　　True

(4) 日期型数据可比较日期的早晚,晚日期大于早日期。

例如:#9/14/2014#＜#9/15/2014#　　　　True

(5) Like 运算符用来进行字符串匹配,通常与一些通配符结合使用来实现数据库的模糊查询,其一般格式为:

　　　　字符串　　Like　　匹配模式

若字符串与匹配模式匹配,则结果为 True,如果不匹配,则结果为 False。匹配模式中包含有一些常用的通配符,见表 3-3-3。

表 3-3-3　常用通配符

通配符	含义
?	任何单一字符
*	零个或多个字符
#	0 到 9 之间的任何一个数字
［charlist］	字符列表 charlist 中的任何单一字符
［! charlist］	不在字符列表 charlist 中的任何单一字符

例如：

　　"study"Like"? t＊"　　　　'字符串匹配,结果为 True

　　"study"Like"? t?"　　　　'字符串不匹配,结果为 False

（6）Is 运算符用来比较两个对象的引用变量,若引用相同的对象,则结果为 True,否则为 False,其一般格式为：

　　对象 1　Is　对象 2

2. 关系表达式

通过关系运算符将两个操作数连接起来的式子就是关系表达式,这里的操作数可以是变量、常量或者其他类型的表达式。

关系运算符"＝"和赋值语句中的赋值号在写法上完全一样,但含义不同。因此,在表达式中需要进行区分。赋值语句是独立的一条语句,用于改变变量或对象属性的值,而关系表达式必须与 VB 中与其他代码一起来实现相应的功能。

例如：

　　x＝5　　　　　　　　　　'赋值语句

　　Print a＝2　　　　　　　　'关系表达式,根据变量 a 的取值返回 True 或 False

在书写关系表达式时要注意 VB 的规范写法与数学中写法的区别：

① 关系运算符中不等号应写为＜＞,而不能写成≠。

② 当表示某变量 a 的取值范围是 0～100 时,用关系表达式应该写成:a＞＝0 And a＜＝100,不能错误的写为 0≤a≤100,即使将式中的"≤"改写成符合 VB 规范的"＜＝"也是错误的。这是因为 0＜＝a＜＝100 不能表达 a 的取值范围,而是一个结果为 True 的关系表达式。

3.3.3　逻辑运算符和逻辑表达式

1. 逻辑运算符

逻辑运算符用来对操作数进行逻辑运算,其返回值是 True 或 False。表 3-3-4 中按运算符的优先顺序列出了 VB 中常用的逻辑运算符,即运算优先级由高到低依次为:Not、And、－＞Or、Xor。

表 3-3-4　逻辑运算符

运算符	含义	运算规则	说明
Not	逻辑非	Not False,结果为 True Not True,结果为 False	也叫逻辑取反,运算规则是 True 取反为 False,False 取反为 True,其优先级最高

（续表）

运算符	含义	运算规则	说明
And	逻辑与	True And False,结果为 False False And False,结果为 False True And True,结果为 True	只有两个操作数的值均为 True 时,结果才为 True,其他情况为 False
Or	逻辑或	True Or False,结果为 True True Or True,结果为 True False Or False,结果为 False	只有两个操作数的值均为 False 时,结果才为 False,其他情况为 True
Xor	逻辑异或	True Xor False,结果为 True True Xor True,结果为 False False Xor False,结果为 False	两个操作数同为 True 或同为 False 时,结果为 False;两个操作数一个为 True 一个为 False 时,结果为 True

逻辑运算符中除了"Not"运算符是单目运算符外,其余均为双目运算符。

2. 逻辑表达式

逻辑表达式是用逻辑运算符将操作数连接起来的式子,一般用来表示一些判断条件,书写表达式时要注意选择合适的逻辑运算符。

例如:

A 的绝对值大于 8,可表示为 A>8 Or A< -8,这里的 Or 就不能错误的写成 And;

A 和 B 之一为 0,可表示为:A = 0 Xor B = 0,这里的异或 Xor 不能用 Or 来代替,因为如果 A、B 同时为 0 时,表达式 A = 0 Or B = 0 的值也是 True,与题意不符。

设有语句 a = 0;b = 1;c = 3,则 Not(a<b And a + b>c)的值为 True。

3.3.4 连接运算符和连接表达式

1. 连接运算符

连接运算符一般用来做字符串的连接,VB 中有两个运算符可实现连接操作,分别是"&"和"＋"。

(1) 运算符"&":进行的操作是字符串的强制连接,两个操作数不管为字符型还是数值型,系统都会将其转换为字符型,然后进行字符串的连接操作。特别注意,在使用"&"进行字符串连接时,"&"前后都要加空格,否则会出错。

例如:

a = "x"

Print a&"y"

运行程序时,第二句会报错,因为系统会将"&"看作类型说明符,第一句代码中 a 为字符型,第二句代码中 a 又被看作长整型,前后出现矛盾因而使得系统报错。

(2) 运算符"＋":根据左右两边操作数类型,决定究竟做算术加法还是做字符串连接。只有当两个操作数均为字符型时,运算符"＋"才进行字符串的连接操作,其余情况均作为加法运算符。当"＋"作为加法运算符时,若操作数中包含数字字符串,则自动将数字字符串转为数值型,再进行加法运算;若操作数中包含非数字字符型,系统无法将其转成数值型,则会报错;若操作数中包含逻辑型,则自动转换成数值型再进行运算。

例如:

"2a" ＆ 3   ' 字符串强制连接,结果为"2a3"

　　　　"2a" + 3　　　' 报错,类型不匹配,系统不能将字符"2a"转为数值型数据

　　　　"2" + "3"　　　' 字符串连接,结果为"23"

　　　　"2" + True　　　' 执行加法运算,结果为 1

　　一般情况下,尽量使用运算符"&"来实现字符串的连接操作,这样可以避免一些错误。

2. 连接表达式

　　通过连接运算符将操作数连接起来的式子叫做连接表达式,熟练掌握连接表达式的书写是程序中输出正确结果的关键。

　　例如:

　　　　Dim x As Integer

　　　　x = 5

　　　　Print"x = " & x

　　执行上述语句后,窗体上显示的内容为 x = 5。

　　注意:上述 Print 语句中,第一个输出项需要加双引号,因为这样才能使输出结果按照双引号中的内容原样输出;第二个输出项不需要加双引号,因为 x 是变量,会输出变量的当前值。

3.3.5　运算符的优先顺序

　　在表达式中通常会出现不同运算符混合运算的情形,此时表达式要按运算符的优先级来进行运算。如果运算符优先级相同,则从左到右依次运算。如果优先级不同,则优先级高的运算符先进行运算。所有类型的运算符的优先顺序从高到低依次总结为:

　　(1) 算术运算符和连接运算符:

　　^(乘方) -(负号) *(乘)和/(浮点除)\(整除)Mod(取余) +(加)和-(减)连接(&)

　　(2) 关系运算符:

　　=(等于)、<>(不等于)、>(大于)、>=(大于或等于)、<(小于)、<=(小于或等于)

　　(3) 逻辑运算符:

　　Not(逻辑非)、And(逻辑与)、Or(逻辑或)、Xor(逻辑异或)

　　由于括号的优先级最高,在书写一个较复杂的表达式时,涉及到的运算符种类较多,在不改变原有运算优先顺序的前提下增加括号可以提高程序的可读性。

3.4　常用内部函数

　　为了用户使用方便,VB 提供了大量的内部函数供编写程序时调用。每个内部函数都能实现特定的运算和功能,如求某个数的平方根或进行数据类型转换等。每个函数都对应一个函数名,直接调用函数即可实现此函数的功能。

　　　　调用函数的一般格式为:函数名[(参数列表)]

　　其中,函数名、参数个数以及参数的数据类型都是系统预先定义的,用户不可以自行修改。"参数列表"是可选项,在有些情况下可以省略。VB 中的内部函数分为数学函数、字符函数、日期和时间函数、转换函数、格式化函数等。本节将介绍一些常用内部函数的功能及其使用方法。

3.4.1　数学函数

　　VB 提供了大量的数学函数,见表 3-4-1,其中 x 表示数值表达式。

表 3-4-1　数学函数

函数名	功能	示例	结果
Sqr(x)	x 的平方根，x≥0	Sqr(9)	3
Abs(x)	x 的绝对值	Abs(−9)	9
Log(x)	以 e 为底的自然对数，x>0	Log(9)	2.197
Exp(x)	e 的 x 次方	Exp(3)	20.086
Rnd[(x)]	产生随机数	Rnd	大于等于 0 且小于 1 的数
Sgn(x)	符号函数，若 x>0，返回 1 若 x=0，返回 0 若 x<0，返回 −1	Sgn(9) Sgn(0) Sgn(−9)	1 0 −1
n(x)	求 x 的正弦值，x 的单位是弧度	Sin(0)	0
Cos(x)	求 x 的余弦值，x 的单位是弧度	Cos(0)	1
Tan(x)	求 x 的正切值，x 的单位是弧度	Tan(0)	0
Atn(x)	求 x 的反正切值，返回值是弧度	Atn(0)	0

说明：

① 注意某些函数的参数的取值范围，如 Sqr(x)要求 x>=0。

② Log 函数返回的是以 e 为底的自然对数，而不是以 10 为底的对数。Exp 函数是求 e 的 x 次方，其返回值的类型是双精度型。

③ 三角函数 Sin、Cos、Tan、Arn 中参数的单位是弧度。

例如，将数学表达式 $\sin(30) + |x^2 + \sqrt{y}| + e^x - \log_{10} n$ 写成 VB 表达式为：

$$Sin(30 * 3.14/180) + Abs(x^2 + Sqr(y)) + Exp(x) - Log(n)/Log(10)$$

④ Rnd 函数返回大于等于 0 且小于 1 的随机数，为了生成某个范围内的随机数，可以用公式：

Int((上限−下限+1) * Rnd+下限)

如要随机生成两位任意整数，可用下列语句来实现：

Int(Rnd * 90) + 10

为了使每次启动程序时产生的随机数序列不同，可在生成随机数之前执行 Randomize 语句。在每次程序启动时，Randomize 语句通过产生不同的随机数种子序列，从而生成不同的随机数序列。

3.4.2　字符函数

表 3-4-2 中列出了常用的字符函数，其中"x"表示字符型参数，"n"表示数值型参数。

表 3-4-2　字符函数

函数名	功能	示例	结果
Mid(x,n1,n2)	从字符串 x 的第 n1 个字符起向右取 n2 个字符	Mid("abcdefg",3,2)	"cd"
Left(x,n)	从字符串 x 的左边取 n 个字符	Left("abcdefg",4)	"abcd"

函数名	功能	示例	结果
Right(x,n)	从字符串 x 的右边取 n 个字符	Right("abcdefg",4)	"defg"
Len(x)	返回字符串 x 的长度(字符个数) 其他类型返回所占内存字节数	Len("中国药科大学") Len(x)　x 为长整型	6 4
LenB(x)	求字符串 x 的字节数	LenB("中国药科大学")	12
Trim(x)	去掉字符串左右两边的空格	Trim("ab cd")	"ab cd"
LTrim(x)	去掉字符串左边的空格	LTrim("ab cd")	"ab cd"
RTrim(x)	去掉字符串右边的空格	RTrim("ab cd")	"ab cd"
UCase(x)	将小写字符转成大写	UCase("abCDef")	"ABCDEF"
LCase(x)	将大写字符转成小写	LCase("abCDef")	"abcdef"
Instr([n1,] x1,x2)	从 x1 的第 n1 个字符起查找与字符串 x2 匹配的字符并返回其位置,n1 省略则从头查找,无匹配字符返回值为 0	InStr(2,"abcabcab","ab") InStr("abcabcab","ab")	4 1
String(n,x)	生成由 n 个字符 x 组成的字符串	String(3,"a")	"aaa"
Space(n)	生成 n 个空格	Space(4)	" "

说明:

(1) Mid 函数的功能为从字符串中的任意位置获取任意长度的字符串,其一般格式为:

    Mid(x,n1,n2)

其中,参数 n1 表示获取字符串的起始位置,如果 n1 的值超出了原本字符串 x 的长度,则返回一个空字符串;参数 n2 表示需要返回的字符个数,如果 n2 的值省略不写或者从 n1 位置开始将字符串 x 中的所有字符全部取完后得到的字符个数仍然小于 n2,则返回字符串中从起始位置 n1 到字符串尾部的所有字符。

假设字符串型变量 s = "basic",分别执行下列语句后,结果为:

    Mid(s,3,2)　　　'从字符串的第 3 个字符开始取 2 个字符,结果为"si"

    Mid(s,3,5)　　　'从字符串的第 3 个字符开始取字符到字符串尾,结果为"sic"

    Mid(s,3)　　　　'从字符串的第 3 个字符开始取字符到字符串尾,结果为"sic"

    Mid(s,6,1)　　　'返回一空字符串

(2) Mid 函数还有一个特殊功能,即用指定的字符串来替换另一字符串中的字符,其一般格式为:

    Mid(st，start[,n]) = string

其中:

    ① st 是要被更改的字符串变量名,不能是字符串常量;

    ② start 表示被替换的字符的起始位置;

    ③ n 是可选参数,表示被替换的字符数目,若省略,则替换 st 中从起始位置往后的全部内容;

    ④ string 表示替换内容。

此时,Mid 函数的具体功能描述为将字符串变量 st 中从 start 位置开始的 n 个字符替换为字符串 string,被替换的字符总数应该小于或等于字符串变量 st 中的字符数。

例如：

```
Private Sub Command1_Click()
    Dim s As String
    s = "cpu 中国药科大学"
    Mid(s,1,2) = Mid(s,4,2)    '将字符串 s 中的字符"cp"用"中国"替换
    Print s
End Sub
```

执行以上语句后，在当前窗体上显示的内容为"中国 u 中国药科大学"。

（3）Len 函数用来返回字符串内字符的数目，其一般格式为 Len(x)。这里的 x 是字符型数据，例如：

Len("Visual Basic")   '空格也算字符，因此"Visual Basic"有 12 个字符，结果为 12

Len("cpu 中国药科大学")   '求字符串的长度，不区分中英文，不管中文在计算机中存储占多少字节，一律认为一个汉字是一个字符，因此结果为 9。

若参数 x 为数值型变量，则 Len(x) 返回的是 x 在内存中所占的字节数。例如，x 是整型变量，则 Len(x) 的值为 2；x 是双精度型变量，则 Len(x) 的值为 8。

（4）Instr 函数的功能是返回指定字符串在另一个字符串中最先出现的位置，其一般格式为：

Instr（[start,]string1, string2）

其中，start 是可选参数，表示从 string1 中的第几个字符开始，查找 string2 在 string1 中第一次出现的位置，如果找到了，则返回字符串 string2 中的第 1 个字符在字符串 string1 中的位置。如果未找到，则返回 0。若省略参数 start，则从字符串 string1 的第 1 个字符开始查找。

例如：

InStr(3,"abcabc","ab")   '从"abcabc"第 3 个字符开始向后查找"ab"，结果为 4

InStr("abcabc","ca")   '从"abcabc"第 1 个字符开始向后查找"ca"，结果为 3

InStr(4,"abcabc","bc")   '从"abcabc"第 4 个字符开始向后查找"ab"，结果为 5

InStr(5,"abcabc","ab")   '从"abcabc"第 5 个字符开始向后查找"bc"，未发现有与此匹配的字符串，因此结果为 0

（5）String 函数用于返回指定数目的由相同字符构成的字符串，其一般格式为：

String(n,x)

其中，n 是一个长整型数值，用以指定返回的结果中包含字符的个数，x 可以是字符对应的 ASCⅡ 码也可以是字符串表达式。当 x 为 ASCⅡ 码时，生成 n 个由 ASCⅡ 码对应字符组成的字符串；当 x 为字符串表达式时，不论字符串 x 有多长，该函数只重复生成 n 个 x 中的首字符，其余的字符均忽略。

例如：

String(5,"abcde")   '生成 5 个字符"a"，结果为"aaaaa"

String(5,98)   'ASCⅡ 码 98 对应的字符是"b"，结果为"bbbbb"

3.4.3 日期和时间函数

表 3-4-3 中列出了 VB 中常用的日期和时间函数，其中参数 x 表示一个有效的日期变量、常量或字符表达式。

表 3-4-3   日期和时间函数

函数名	功能	示例	结果
Now	返回系统当前的日期和时间	Now	2014/04/24 13:37:03
Date	返回系统当前日期	Date	2014/04/24
Time	返回系统当前时间	Time	13:37:03
Year(x)	返回表示 x 中年份的整数	Year(Now)	2014
Month(x)	返回表示 x 中月份的整数	Month(Now)	4
Day(x)	返回 1 到 31 之间的整数,表示一个月中的第几天	Day(Now)	24
Weekday (x[,fd])	返回某个日期是星期几	Weekday(Now)	5

说明:

Weekday 函数用于返回某个日期是星期几的信息,其一般格式为:

    Weekday(Date[,firstdayofweek])

其中,firstdayofweek 是可选参数,用来指定星期几是一星期中的第一天,如果省略该参数,则默认为星期日是一周中的第一天。该参数有两种表示方法,可以用数值 1 到 7 来分别表示星期日到星期六,也可以用系统常量 VbSunday、vbMonday、vbTuesday、vbWednesday、vbThursday、vbFriday、vbSaturday 分别表示星期日到星期六。

3.4.4 转换函数

表 3-4-4 中列出了常用的转换函数,函数中参数 x 表示数值型,st 表示字符型。

表 3-4-4   转换函数

函数名	功能	示例	结果
Int(x)	求不大于 x 的最大整数	Int(-3.5)	-4
Fix(x)	截尾取整	Fix(-3.5)	-3
CInt(x)	对 x 小数部分四舍五入取整	CInt(-3.5)	-4
Round(x[,n])	对 x 按照指定的小数点位数四舍五入	Round(-3.5)	-4
Val(st)	将字符串 st 中的数字转换成数值	Val("1.2a")	1.2
Str(x)	将数值 x 转换为字符串,含符号位	Str(3.5)	" 3.5"
CStr(x)	将 x 转换为字符串,对于正数符号位不保留	CStr(3.5)	"3.5"
Asc(st)	返回字符 st 的 ASCⅡ 码	Asc("A")	65
Chr(x)	返回以 x 为 ASCⅡ 码的字符	Chr(97)	"a"
Hex(x)	返回 x 的十六进制数	Hex(15)	"F"
Oct(x)	返回 x 的八进制数	Oct(8)	"10"

说明:

① CInt 为四舍五入取整,当小数部分刚好为 0.5 时,舍(或入)为与 x 最接近的偶数。

例如,CInt(-4.5) = -4

② Round 函数用于按照指定的小数点位数进行四舍五入运算,该函数的一般格式为:

　　　Round(x[,n])

其中,x 是需要进行四舍五入运算的数值表达式,n 是可选参数,用来设定进行四舍五入运算时,小数点右边应该保留的小数点位数,如果省略此参数,则该函数返回整数值。

例如:

　　　Round(-4.5)　　　'Round 函数对于小数点是 0.5 的情况与 CInt 函数一样,结果为-4
　　　Round(3.14159,2)　　　' 小数点右边保留两位进行四舍五入运算,结果为 3.14

③ 当把字符型数据转换为数值型数据时,Val 函数转换与系统自动转换是有区别的。当系统自动转换时,只要字符串中包含任何一个无法转换成数值的字符时,系统就会报错。Val 函数转换时,只有在碰到第一个不能被识别为数字的字符处才停止转换操作。有些属于数值的字符和符号,如美元号" $ "、逗号","等都不能被识别为数字,而进制符号如 &O、&H、表示精度类型的 D(d) 和 E(e)、小数点等可被识别,同时 Val 函数在转换过程中会自动删除参数中的空格、制表符和换行符。

例如:

　　　Val("3. 1e2t6ab")　　　'结果为 310

④ Str 函数和 Cstr 函数都可以将参数 x 转换为字符串,其主要区别为在将非负数值型数据转换为字符串时,Str 函数会在数值前添加一个空格作为符号位,而 CStr 函数则不需要添加符号位。

例如:

　　　Len(Str(5.31))　　　'结果为 5
　　　Len(Cstr(5.31))　　　'结果为 4

在编程时,如需要将数值转换为字符串型再进行相关操作,则一般使用 CStr 函数,在使用 Str 函数时一定要特别注意有可能会改变字符串的长度。

3.4.5　格式化函数 Format

格式化函数事实上是一个转换函数,可以将数值、日期和时间数据转换成指定格式的字符串进行输出。其一般格式为:

　　　Format(表达式[,格式字符串])

其中,表达式指的是需要按指定格式输出的数值、日期或时间表达式,格式字符串是可选参数,由一些说明数据格式的字符构成,常用的数值格式符号主要包括:

① "0":数位控制符。整数部分位数超出给定的位数时,按照实际的数值数据输出,整数部分位数小于给定位数时,需要前面补 0;小数部分位数超出给定的位数时,要进行四舍五入,小数部分位数小于给定位数时,需要后面补 0。

② "＃":数位控制符。与符号"0"类似,区别在于如果"＃"的个数大于数值的位数,不需要补位。

③ "."、","、"%":分别显示小数点、千位分隔符和百分号。其他符号如" + "、" - "、" $ "等都必须按格式字符串的原样显示出来。

假设单精度变量 x = 1234.5678,执行下列语句:

　　　Print Format(x,"＃＃＃＃＃＃.＃＃")
　　　Print Format(x,"00000.00000")

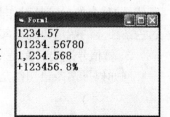

图 3-4-1　Format 运行结果

```
Print Format(x,"＃＃＃,000.＃00")
Print Format(x,"+＃＃00.0%")
```

运行结果如图 3-4-1 所示。

3.5　代码编写规则

与其他高级语言一样,VB 也有属于自己的一套代码编写规则,编写代码时一定要严格遵循这些规则,否则就可能会出错。

3.5.1　语句及语法

VB 程序代码中的每一句命令都成为一条语句,语句是构成 VB 程序的基本单位,通过语句可以向系统提供一些信息,或者规定系统该执行何种操作。VB 中的语句可以由关键字、对象属性、运算符、函数和 VB 编辑器所能识别的符号等组成。

1. 赋值语句

(1) 赋值语句的格式

赋值语句的作用是计算赋值号右边表达式的值,将其赋给赋值号左边的变量或者对象的属性,一般格式如下:

［Let］varname＝表达式

其中,Let 是可选关键字,通常被省略。varname 可以是变量或者对象属性的名称,这里的符号"＝"称为赋值号,和数学上的等号意义不同,它兼具计算和赋值的双重功能。例如:

```
st = "VisualBasic"          '将字符串 VisualBasic 赋值给变量 st
N = N + 1                    '将变量 N 的值加 1 后再赋给 N
```

赋值语句除了能给变量赋值之外,还可以设置对象的属性值或者获取对象的属性值,由于对象的属性值也是有对应数据类型的,因此在赋值时最好使用具有相同类型的表达式。例如:

```
Command1.Caption = "确定"   '将 Command1 的 Caption 属性设置为"确定"
```

说明:

① 赋值号与关系运算符中的等号都用"＝"表示,容易引起混淆。

例如,赋值语句中 a＝b 和 b＝a 是两个结果完全不同的语句,而在关系表达式中 a＝b 和 b＝a 两种表示方法是等价的。

一般 VB 程序会根据"＝"所处的位置及前后文自动判断是何种意义的符号。

例如在条件表达式中出现的是等号,否则为赋值号。

② 不能在一条赋值语句中同时给多个变量赋值。

例如,VB 中要对 a,b,c 这三个变量赋值为 1,若写成 a＝b＝c＝1 后,虽然书写语法上没有错误,但该语句并不能将变量 a、b、c 的值都赋为 1。该语句中只将左边第一个"＝"看作是赋值号,其余的"＝"都看作是关系运算符。如果要分别将变量 a、b、c 的值都赋为 1 就必须通过三条独立的赋值语句来实现。

③ 赋值号左边只能是变量,不能是常量或表达式,也不能是函数。

例如以下两条语句都是错误的:

```
x + y = 5              '左边是表达式
5 = x/2                '左边是常量
```

(2) 不同数据类型之间的赋值

　　若赋值语句中赋值号左边变量的数据类型与赋值号右边表达式的数据类型不同,VB 将根据不同的情况做出不同的处理。

　　① 若赋值号两端均为数值型数据,但精确度不同时,系统将会强制转换赋值号右边表达式的数据类型,使之与赋值号左边变量的数据类型保持一致。

　　例如:

```
Dim x As Integer
x = 4.5
```

执行以上语句时,将 4.5 转为与变量 x 相一致的整型,因此 x 的值为 4。

　　② 若将字符型的表达式赋值给数值型的变量,按照不同的情况来进行处理。若表达式中的字符串能转为数值类型而且不溢出,则将字符型的表达式转换为数值型赋值给左边的变量。

　　例如:

```
Dim s As Integer
s = "327"
```

语句执行后,变量 s 的值就是整型数 327。

　　若将上例中的字符串"327"改为字符串"32768",则程序运行时会报溢出错误,因为 32768 已经超出了整型的范围,因此不能直接赋值。

　　若赋值号右端表达式中的字符串内包含有非数字的字符或者为空字符串,则系统无法成功转换为数值型数据,运行时会出现"类型不匹配"的错误提示。

　　例如:

```
Dim s As Integer
s = "3a"
```

系统自动将字符型数据转换为数值型数据时,与转换函数 Val 不同,只要字符串中存在任何一个无法转换的字符,系统都会报错。

　　③ 若将逻辑型的表达式赋值给数值型的变量,则逻辑型 True 转换为 −1 赋值给数值变量,False 转换为 0 赋值给数值变量。

　　例如:

```
Dim a As Single
a = True
```

以上语句执行后,变量 a 的值为 −1。

　　④ 若将数值类型的表达式赋值给逻辑型的变量,则所有非 0 值转换为 True 赋值给逻辑变量,0 转换为 False 赋值给逻辑变量。

　　例如:

```
Dim a As Boolean, b As Boolean
a = 3.14
b = 0
```

执行以上语句后,变量 a 和 b 的值分别为 True 和 False。

2. 注释语句

　　为了便于程序的阅读和修改,常常需要在程序的适当位置加上必要的注释。注释语句是非执行语句,仅对程序的有关内容起说明作用,如说明过程的功能、某些变量的意义等,因而可使用任何字符或汉字。注释语句有两种表示形式:

① Rem 注释内容；

② 关键字，Rem 引导的注释，使用时必须单独占据一行。若在其他语句后使用 Rem 注释，必须用冒号"："与前面语句隔开。以单引号"'"引导的注释可放在一行语句后，也可单独写成一行，但不能放在续行符"－"的后面。

3. 结束语句

结束语句用来结束一个应用程序、结束一个过程或者结束语句块的执行。VB 中的结束语句一般格式如下：

    End

End 语句提供了一种强制中止程序的方法，独立的 End 语句用于结束一个程序的运行，可以放在过程中的任何位置用来卸载所有窗体、关闭以 Open 语句打开的文件并清除变量。在 VB 中，多种形式的 End 语句与其他语句配对使用还能结束过程或者语句块的执行，例如：

    End Sub　　　　　　　'结束一个 Sub 过程

3.5.2　代码书写规则

每种编程语言都有自己的代码书写规则，VB 代码主要有以下这些书写规则：

(1) 一般情况下，输入代码时一条语句占用一行。若一条语句很长，VB 中允许利用续行符将一条语句分成几行书写，续行符是"＿"(空格加下划线)。

例如：

If i=1 Or i=2 ＿
Or i=3 Then j=1

等价于：

If i=1 Or i=2 Or i=3 Then j=1

注意：注释语句不能放在续行符后面。

(2) 若有些语句较为简短，为了节省空间，VB 中还允许将多条语句写在一行，每条语句间用冒号"："隔开，每行不超过 255 个字符。

例如：

a=1：b=2：c=3

(3) 为了便于程序的阅读和修改，通常采用缩进格式编写代码使之呈锯齿型显示。可以使用【Tab】键来实现代码的缩进，每按键一次，就缩进一个制表单元。同时，可以使用【Backspace】或【Shift＋Tab】键回退，相应地每次回退一个制表单元。

3.6　数据的输入与输出

一个 VB 程序通常包含三个部分，即输入、处理和输出。把数据从某种外部设备(如键盘)输入到计算机内部称为数据输入，将程序的运行结果或提示信息等在输出设备(如显示器)上显示出来称为数据输出。数据的输入输出是程序设计不可缺少的重要组成部分，是与用户进行交互的基本途径。VB 提供了多种数据输入输出的函数、语句、方法以及控件，它们是 VB 程序设计的基础。

3.6.1　数据输入

VB 程序设计中常用的数据输入方法主要有以下两种。

1. 通过文本框控件接收数据

文本框控件提供了一个文本编辑区域,具有通用的编辑功能,如复制、粘贴及删除,非常容易使用,是 VB 程序中常用的数据输入工具。通常的,在代码中通过赋值语句"a = Text1、Text"可以将文本框中的数据赋值给程序中相应的变量 a,变量 a 带着文本框输入的数据值继续参与后续运算。

除了文本框可以接收用户输入的数据外,还可以使用 InputBox 函数输入数据。

2. 使用 InputBox 函数输入数据

VB 程序在执行过程中,可以使用 InputBox 函数交互式地进行数据的输入。InputBox 函数可以显示一个带提示的对话框作为输入数据的界面,当用户从键盘输入数据后,单击【确定】按钮或按【回车】键,则 InputBox 函数返回输入的值,其类型是字符型。因此,实际使用时通常利用赋值语句把 InputBox 函数的返回值赋给某个变量。若这个变量为数值型数据,那么还需要利用 Val() 函数将 InputBox 函数返回的值转换成数值型数据。

InputBox 函数的一般格式如下:

Vn = InputBox(提示信息[,标题][,初始值][,X 坐标,Y 坐标][,Helpfile,Context])

其中:

① 变量 Vn 用于接收对话框中文本框的内容,一般是字符型,也可以是数值型。当 Vn 是数值型时,若输入文本框的内容无法转换为数值型,则程序将会报出类型不匹配的错误。例如,当 Vn 是数值型数据类型时,用户在 InputBox 函数的对话框中没有输入任何内容而直接点击【确定】按钮、按【回车】键或点击【取消】按钮时,系统均会报错。这是因为 InputBox 函数的返回值是空字符串,系统无法将空字符串转换为数值型数据。

② 提示信息是用于表示出现在对话框中的提示信息的字符串表达式,可以显示一行或多行。若要显示多行信息,可在各行之间插入回车换行符 vbCrLf 或 Chr(13)& Chr(10)。

③ 标题是可选参数,用于设置显示在标题栏中的信息,如果省略,则默认为工程名。

④ 初始值用于设置输入对话框的文本框中显示的默认值,如果省略,则文本框为空。

⑤ X 坐标和 Y 坐标是可选参数,用于指定输入对话框与屏幕左边和上边的距离,即确定对话框在屏幕上的显示位置,单位是 twip。这两个参数是成对出现的,要么都出现,要么都省略。若省略,则对话框出现在屏幕正中位置。

⑥ Helpfile 和 Context 是两个可选参数,Helpfile 是一个字符串变量或字符串表达式,用来表示帮助文件的名字;Context 是一个数值变量或表达式,用来表示帮助主题的上下文编号,这两个参数也是成对出现的。

使用 InputBox 函数时应注意:

● InputBox 函数中的参数必须和格式定义中的参数一一对应,除了提示信息是不可缺少的信息之外,其余参数均可省略,但是对应的逗号不能省略,否则会出错。

● 每执行一次 InputBox 函数,只能输入一个数据。在实际应用中,若需要输入多个数据时,常常将 InputBox 函数放入循环语句中或结合数组使用。

若要生成如图 3-6-1 所示的对话框可通过下列语句实现:

```
Stu = InputBox("请输入学生学号:"& vbCrLf &"合法的学号是 6 位", _
    学生信息系统","100101")
```

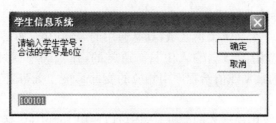

图 3-6-1　输入对话框

3.6.2　数据输出

VB 程序设计中常用的数据输出方法主要有以下三种。

1. Print 方法

Print 方法的作用是在各类对象中输出文本,这里的对象可以是窗体、图片框、立即窗口等,如果缺省对象名,则在当前窗体上显示输出。Print 方法的格式和基本用法详见第 2 章。

Print 方法除了具有输出功能之外,还具有计算待输出表达式的功能。如果输出列表是运算表达式,Print 语句会先计算表达式的值,然后再输出。

例如:

```
Private Sub Form_Click()
    Dim a As Integer，b AsBoolean
    a=2：b = True
    Print a & b
    Print a > b
    Print "a" & "b"
    Print a + b
End Sub
```

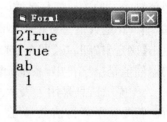

图 3-6-2　Print 输出结果

运行结果如图 3-6-2 所示。

使用 Print 方法实现输出功能时,VB 中有一些可与其相结合使用的函数,如 Spc、Tab 等,这里介绍两种常用的函数和方法。

(1) Spc 函数

一般格式为:Spc(n)

用于在显示下一个输出项前插入 n 个空格。

例如:

　　Print "m"；Spc(5)；"n"

其中 m 和 n 之间间距 5 个空格。

运行结果如图 3-6-3 所示。

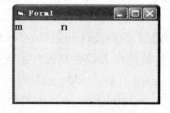

图 3-6-3　Spc 函数输出结果

(2) Tab 函数

一般格式为:Tab(n)

此函数用于将插入点定位在从最左端起的第 n 列上,若当前行上的输出位置大于 n 列,则 Tab(n)将输出位置定位到下一个输出行的第 n 列;若 n 小于 1,则 Tab(n)将输出位置定位到第一列;若 n 大于输出行的宽度,则输出位置为 n Mod 行宽。例如:

　　Print "m"；Tab(5)；"n"　　　　'输出字符"m",然后在第 5 列的位置输出字符"n"

```
Print "mnpqrs"；Tab(5)；"t"    '字符串"mnpqrs"已经超过第 5 列,因此字符"t"的
                                输出起始位置为第 2 行的第 5 列
Print "m"；Tab；"n"            '参数 n 在缺省的情况下,Tab 与逗号的作用相同
```

运行结果如图 3-6-4 所示。

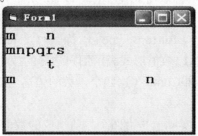

图 3-6-4　Tab 函数输出结果

2. 通过文本框控件和标签控件输出数据

在文本框中输出数据的方法是在代码中将要输出的数据赋给文本框的 Text 属性,显示在文本框中以达到输出的效果。

【例 3 - 1】　制作一个加法计算器。在窗体上设计 3 个文本框和 2 个标签,要求在文本框中分别输入加数和被加数后,单击"＝"号,在文本框中输出和数。

设置控件属性:3 个文本框的 Text 属性置空,Alignment 属性置为 1(右对齐);2 个标签的 Alignment 属性置为 2(居中)。设计界面如图 3-6-5 所示。

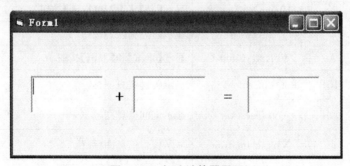

图 3-6-5　加法计算器界面

程序代码如下:

```
Private Sub Label2_Click()       '单击"＝"号激活标签 Label2 的 Click 事件
    Dim a As Single，b As Single
    a ＝ Val(Text1. Text)          '从文本框中输入数据
    b ＝ Val(Text2. Text)
    Text3. Text ＝ Str(a ＋ b)     '由文本框显示输出结果
End Sub
```

文本框是具有数据输入和输出双重功能的控件。在文本框中输入数据时,方法是将文本框中的数据赋值给程序中的某个变量,即文本框的 Text 属性应该位于赋值号的右端;在文本框中输出数据时,方法是将程序运行结果赋值给文本框的 Text 属性,即文本框的 Text 属性应该位于赋值号的左端。

在标签中输出数据的方法是在代码中将要输出的数据赋给标签的 Caption 属性,即改变相应的属性值并显示在窗体上,从而起到输出的作用。

3. 使用 MsgBox 函数或 MsgBox 语句输出数据

在 VB 中当需要弹出一些特定的消息提示框时,可以利用 MsgBox 函数或语句来实现。

（1）MsgBox 函数

MsgBox 函数又称为消息框函数,利用该函数可以在屏幕上显示一个对话框,在对话框中显示消息,等待用户单击按钮,并能通过返回的一个整型数值来反应用户的选择,其格式如下:

Vn = MsgBox（提示信息[，ButtonsType][，标题][，Helpfile，Context]）

其中,Vn 是一个整型变量,以数值形式表示用户选择的按钮类型。

提示信息、标题、Helpfile 和 Context 这四个参数的描述与 InputBox 函数相同,这里不再赘述。

ButtonsType 是可选参数,实际上是由四个数值组成的数值表达式,分别用于指定消息框中按钮的个数和类型、显示的图标类型、缺省按钮以及强制返回。各个参数的可选值和具体功能如表 3-6-1 所示。

表 3-6-1　ButtonsType 参数取值

分组	取值	系统常量	描述
分组一 指定按钮的个数 和类型	0	vbOKOnly	只显示【确定】按钮
	1	VbOKCancel	显示【确定】和【取消】按钮
	2	VbAbortRetryIgnore	显示【终止】、【重试】和【忽略】按钮
	3	VbYesNoCancel	显示【是】、【否】和【取消】按钮
	4	VbYesNo	显示【是】和【否】按钮
	5	VbRetryCancel	显示【重试】和【取消】按钮
分组二 指定显示的图标 类型	16	VbCritical	显示关键信息图标⊗
	32	VbQuestion	显示询问信息图标?
	48	VbExclamation	显示警告信息图标⚠
	64	VbInformation	显示信息图标ⓘ
分组三 指定缺省按钮	0	vbDefaultButton1	第一个按钮是缺省按钮
	256	VbDefaultButton2	第二个按钮是缺省按钮
	512	VbDefaultButton3	第三个按钮是缺省按钮
	768	VbDefaultButton4	第四个按钮是缺省按钮
分组四 指定强制返回	0	vbApplicationModal	应用程序模式,应用程序被挂起,消息框出现在最前边,等待用户对消息框作出相应后才继续执行应用程序
	4096	vbSystemModal	系统模式,全部应用程序都挂起,直到用户对消息框作出相应为止

MsgBox 函数中的 ButtonsType 参数值是由以上四组参数值组成的,每组只能选取一个数值,这些数值的和就是 ButtonsType 的参数值,不同的取值就会得到不同类型的消息框。ButtonsType 的参数值其实有多种表示方法,如数值的和、单个数值相加的数值表达式、用对应的系统常量来代替数值、数值和系统常量的组合。其中,采用数值方式表示比较简单,采用

系统常量方式表示比较直观。如果缺省这个参数，则其默认值为 0，消息框中只显示一个【确定】按钮，并将其设为缺省按钮，同时消息框中没有图标。

MsgBox 函数的返回值可以是 1 到 7 之间的整数，用来反映用户选择的按钮类型，其对应关系如表 3-6-2 所示。

表 3-6-2　MsgBox 函数返回值与按钮的对应关系

返回值	系统常量	用户选择的按钮
1	vbOK	【确定】按钮
2	vbCancel	【取消】按钮
3	vbAbort	【终止】按钮
4	vbRetry	【重试】按钮
5	vbIgnore	【忽略】按钮
6	vbYes	【是】按钮
7	vbNo	【否】按钮

（2）MsgBox 语句

若仅需要消息框提示而不需要返回值，可以用 MsgBox 语句，其格式如下：

MsgBox　提示信息[，ButtonsType][，标题][，Helpfile, Context]

其中各个参数的含义与 MsgBox 函数相同，不同之处在于 MsgBox 函数有返回值，通过返回值可以获知用户的选择，而 MsgBox 语句没有返回值，只做简单的消息框提示。两者格式上也有些差别，MsgBox 函数需要将参数放在括号中，而 MsgBox 语句则不需要。

【例 3－2】　编写程序，窗体界面如图 3-6-6（a）所示，要求有【是】、【否】和【取消】三个命令按钮，缺省按钮为【是】。若点击【是】按钮，则弹出如图 3-6-6（b）所示的消息框，显示"正在保存"；若点击【否】按钮，则弹出如图 3-6-6（c）所示的消息框，显示"未保存退出"；若点击【取消】按钮，则退出程序。

程序代码如下：

```
Option Explicit
    Private Sub Form_Click()
        Dim ch As Integer
        ch = MsgBox("内容已经修改，是
            否保存?", 3 + vbQuestion,
            "提示")
        If ch = 6 Then
            MsgBox "正在保存……"
        ElseIf ch = vbNo Then
            MsgBox "未保存退出", 64
        ElseIf ch = vbCancel Then
            End
        End If
    End Sub
```

（a）主程序界面

（b）保存界面

（c）未保存退出界面

图 3-6-6　主程序界面、保存界面和未保存退出界面

习 题

1. 选择题

(1) 有变量定义语句 Dim a,b As Integer,变量 a 的类型和初值是_____。

     A. Integer,0   B. Variant,空值   C. String,""   D. Long,0

(2) 执行以下语句时,会出现错误提示的是_____。

     A. Print"2b3" + 12.5   B. Print"12.5" + 12

     C. Print"12.5"& 12.5   D. Print"2e3" + 12

(3) 对应数学表达式 $\dfrac{\log_{10}^{x} + \left| \sqrt{x^2 + y^2} \right|}{e^{x+1} - \cos(60°)}$ 的 VB 表达式为_____。

     A. Log(x)/Log(10) + Abs(Sqr(x^2 + y^2))/(Exp(x + 1) − Cos(60 * 3.14159/180))

     B. (Log(x)/Log(10) + Abs(Sqr(x^2 + y^2)))/(Exp(x + 1) − Cos(60 * 3.14159/ 180))

     C. (Log(x) + Abs(Sqr(x^2 + y^2)))/(Exp(x + 1) − Cos(60 * 3.14159/180))

     D. (Log(x) + Abs(Sqr(x^2 + y^2)))/(e^(x + 1) − Cos(60 * 3.14159/180))

(4) 分别执行以下语句,输出结果为 True 的是_____。

     A. Print CInt(4.5) > Int(4.5)   B. Print CInt(−4.5) > Fix(−4.5)

     C. Print CInt(−4.5) > Int(−4.5)   D. Print CInt(4.5) > Fix(4.5)

(5) 设变量 I 和 J 是整型变量,K 是长整型变量。I 已赋值 32763,J 和 K 分别赋值 5,若接着执行以下语句,可正确执行的是_____。

     A. I = I + K   B. J = I + K   C. K = I + J + K   D. K = K + I + J

(6) 表达式 3 * 5^2 Mod 23\3 的值是_____。

     A. 2   B. 5   C. 6   D. 10

(7) 执行以下语句后,当前窗体上显示的内容为_____。

     Dim a As Boolean, b As Integer, c As Integer

     a = True：b = 3.5：c = 4.5

     Print Int(b^a + c * a)

     A. −4   B. −5   C. 5   D. 4

(8) 设整型变量 a 已赋值 1345,以下表达式中运算结果为 4 的是_____。

     A. a Mod 100\10   B. a Mod 100/10

     C. a Mod 100 Mod 10   D. (a Mod 100)\10

(9) 设 x 为字符串变量,n 为整型变量,以下关于 Mid 函数的说法中,错误的是_____。

     A. Mid(x,n)表示从字符串 x 的第 n 个位置开始向右取所有字符

     B. 若 x = "xyz",执行语句 Mid(x,1,2) = "ab"后,x 的值为"abz"

     C. Mid(x,n,1)的取值与 Left(x,n)的取值相同

     D. 使用 Mid 函数可提取字符串中指定位置、指定个数的字符

(10) 若要在程序中用 InputBox 函数的返回 10 − 5 的值,则在程序运行时填写在弹出的 InputBox 对话框中的内容是_____。

     A. 10^−6   B. 10^(−6)

     C. 1e−6   D. 1e(−6)

2. 填空题

(1) 表达式 InStr(4，"abcabca"，"c") + Int(2.5)的值为_____。

(2) 设 p = "Study"，则 Mid (p,3,3) = Left(Right(p,　　　),3)。

(3) 表达式 Fix(Rnd + 1) + Int(Rnd − 1)的值是_____。

(4) a = 3.5,b = 5.0,c = 2.5,d = True,则表达式 a> = 0 AND a + c>b + 3 OR NOT d 的值为_____。

(5) 生成 − 10~30 之间的随机整数的表达式为_____。

(6) 将任意一个两位正整数 x 的个位数与十位数对换得新数的 VB 表达式是_____。

(7) 执行下面的程序段后,b 的值为_____。

　　　a = 300 ：b = 20

　　　a = a + b ：b = a − b

　　　a = a − b

(8) 有如下程序段：

　　　Dim X as String

　　　Dim Y as String

　　　X = "Visual Basic"

　　　Y = UCase(Mid(LTrim(Right(X,6)),1,1))

当该段程序执行后,变量 Y 的值为_____。

(9) 根据下图写出 InputBox 函数中的参数：

a = InputBox(_____ ,_____ ,_____)

(10) 根据下图填空：

msgbox _____ ,_____ ,_____

3. 简答题

(1) 以下哪些是 VB 合法的变量名?

① Const　　　② 9abc　　　③ a#y　　　④ ForLoop

⑤ _temp　　　⑥ ab　cd　　　⑦ stud_ID　　　⑧ A318B

⑨ x(x ∗ y)　　　⑩ string

（2）VB 中允许出现哪些形式的数？

① D33   ② 3.1415926   ③ 13E2   ④ .159

⑤ ±56   ⑥ 1.5E52   ⑦ 267E   ⑧ 3.7E18

⑨ 23π   ⑩ 8.9D+4

（3）写出以下数学式子对应的 VB 表达式：

① $|3x+5y| + e^3 + \ln x$

② $\sqrt[3]{x} + \dfrac{\dfrac{1}{m}}{x^2 + \dfrac{2}{x}}$

③ $\sin(45°) + 2\cos^2(a+b)$

④ $\log_{10}(x + e^{xy}) + \dfrac{2}{3}\left(\dfrac{y}{5}\right)^{3y}$

⑤ $\sqrt[3]{x^3 + y^3 + z^3} + \dfrac{2a \cdot b \cdot c}{3}$

（4）将下面的语句用 VB 表达式表示：

① x 的取值范围是 $5 \leqslant x < 10$

② x 和 y 之一为 0，但不能同时为 0

③ $a+b$ 的和大于 180 或者 a 的值大于等于 95 且 b 的值大于等于 80

④ 判断 x 是完全平方数（如 9、16 等都是完全平方数）

⑤ 闰年的条件是：年号（Year）能被 4 整除，但不能被 100 整除；或者能被 400 整除

（5）求下列表达式的运算结果：

① Mid("programme"，4，3) & Len("程序设计") & Left("programme"，2)

② Str(123.1) = CStr(123.1)

③ Int(3.5) = CInt(3.5)

④ 20 Mod 3^2+3 ＊ 2

⑤ Print Format(12.3456，"00000.00%")

第 4 章　Visual Basic 的基本控制结构

结构化的程序设计思想是将程序划分为不同的程序控制结构,这些结构决定程序执行的顺序。程序控制结构是对语句排列和控制转移方向的描述。其基本控制结构主要有三种:顺序结构、选择结构和循环结构。掌握了这些基本控制结构,就可以编写较为复杂的程序了。

4.1　顺序结构

顺序结构是程序设计中最基本、最简单的结构,其流程图如图 4-1-1 所示。在此结构中,程序按照语句出现的先后顺序依次执行。顺序结构是任何程序的基本结构,即使在选择结构和循环结构中也包含有顺序结构。

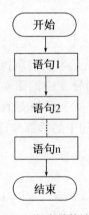

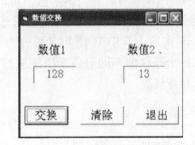

图 4-1-1　顺序结构流程图　　　　图 4-1-2　运行界面

【例 4－1】　如图 4-1-2 所示,在 Text1、Text2 中分别输入两个整数,点击【交换】按钮后,可实现将两文本框中数值相互交换,单击【清除】按钮,清空文本框 Text1、Text2,单击【退出】按钮,退出该程序。

分析:数值交换可使用中间变量法,也可使用算术交换法。中间变量法程序代码如下(程序界面各控件的属性设置略):

```
Private Sub Command1_Click()
    Dim a As Integer，b As Integer,temp As Integer
    a = Val(Text1. Text)
    b = Val(Text2. Text)
    temp = a
    a = b
    b = temp
    Text1. Text = CStr(a)
    Text2. Text = CStr(b)
End Sub
```

若使用算术交换法，主程序还可更改为：

```
Private Sub Command1_Click()
    Dim a As Integer, b As Integer
    a = Val(Text1.Text)
    b = Val(Text2.Text)
    a = a + b
    b = a - b
    a = a - b
    Text1.Text = CStr(a)
    Text2.Text = CStr(b)
End Sub
```

该题主程序只包含顺序结构，程序按照代码出现的先后顺序执行，依次为定义变量、获取输入数据、处理数据以及输出处理结果。

4.2 选择控制结构

在处理的问题中，常常需要根据某些给定的条件是否满足来决定所执行的操作。选择结构就是对给定条件进行判断，根据判断结果选择执行不同分支中的语句，可通过 If 语句或 Select Case 语句实现。其中 If 语句又可分为单分支、双分支和多分支 If 语句。Select Case 语句可根据某一个条件的不同取值来决定执行多个分支语句中的哪部分语句。通常情况下两种语句间可以相互转换。

4.2.1 If 语句

1. If…Then 语句(单分支语句)

语句格式如下：

（1）If<条件表达式>Then <语句>

（2）If<条件表达式> Then

        <语句块>

    End If

该语句的作用是当"条件表达式"的值为 True 或非 0 值时，执行 Then 后面的"语句块"，否则直接执行 If 语句后面的语句。流程如图 4-2-1 所示。

说明：

① "条件表达式"一般为关系表达式或逻辑表达式，也可为算术表达式。当"条件表达式"是算数表达式时，非 0 值表示 True，0 值表示 False。

例如：

    If n = 0 Then n = 1

    If n>=80 and n<=89 Then Text1.Text = "A"

    If n - 5 Then Print"n<>5"

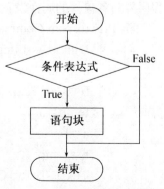

图 4-2-1 If…Then 结构流程图

② 格式(1) 中的"语句"是单行语句,若要执行多条语句,语句间用冒号分隔,且必须在一行上。格式(2) 中的"语句块"可以是一条或多条语句。

例如,语句 If x>y Then t = x:x = y:y = t 若要使用块结构表示,也可写成:

```
If x>y Then
    t = x
    x = y
    y = t
End If
```

2. If…Then…Else 语句(双分支结构)

语句格式如下:

(1) If <条件表达式>Then <语句 1>Else <语句 2>

(2) If <条件表达式>Then

　　　<语句块 1>

　　Else

　　　<语句块 2>

　　End If

该语句的作用是当"条件表达式"的值为 True 或非 0 数值时,执行 Then 后面的"语句块 1",否则执行 Else 后面的"语句块 2"。其流程如图 4-2-2 所示。

例如,输入一个整数,判断其奇偶性。程序代码如下:

```
Private Sub Form_Click()
    Dim n as integer
    n = InputBox("请输入一个整数")
    If n mod 2 = 0 Then Print n;"是偶数"
Else Print n;"是奇数"
    End Sub
```

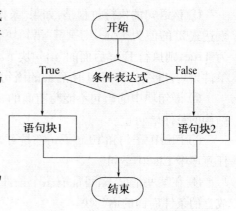

图 4-2-2　If…Then…Else 结构流程图

3. If…Then…ElseIf 语句(多分支结构)

语句格式如下:

```
If<条件表达式 1>Then
    <语句块 1>
[ElseIf <条件表达式 2> Then
    <语句块 2>]
    ……
[Else
    <语句块 n+1>]
End If
```

该语句的作用是依次判断条件表达式的值以确定执行哪个语句块,实现多分支选择结构。其流程图如图 4-2-3 所示。

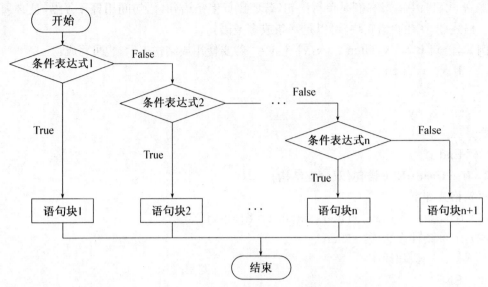

图 4-2-3   If···Then···ElseIf 结构流

说明：

① 该语句的执行过程是：如果"条件表达式 1"的值为 True，则执行"语句块 1"；如果"条件表达式 2"的值为 True，则执行"语句块 2"；……；如果所有 ElseIf 子句后面的条件表达式都不为 True，则执行 Else 后面的"语句块 n+1"。在执行 Then 或 Else 后面的语句块后，程序退出条件语句，继续执行 End If 后面的语句。

② 语句块中的语句不能与前面的 Then 在同一行上，否则 Visual Basic 默认是一个单行结构的条件语句。

③ ElseIf 子句和 Else 子句都是可选的，ElseIf 子句的数量没有限制，可以根据需要加入任意多个 ElseIf 子句。

④ 在某些情况下，可能有多个条件表达式的值为 True 或非零值，系统会选择执行第一个成立的条件后面的语句块。

【例 4－2】 用键盘输入一个字符，判断该字符是大写字母、小写字母、数字字符还是其他字符，并作相应的显示。

程序界面如图 4-2-4 所示，主要由两个文本框和一个命令按钮及用于说明的标签组成。在文本框 1 中输入字符，单击【测试】命令按钮，在文本框 2 中显示测试结果。

程序代码如下：

```
Private Sub Command1_Click()
    Dim st As String * 1
    St = Text1. Text
    If   st > = "a"And st < = "z"Then
        Text2. Text = "是小写字母"
    ElseIf st > = "A"And st < = "Z"Then
        Text2. Text = "是大写字母"
    ElseIf st > = "0"And st < = "9"Then
        Text2. Text = "是数字字符"
```

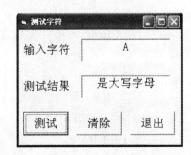

图 4-2-4   运行界面

```
        Else
            Text2.Text = "是其他字符"
        End If
End Sub
```

4.2.2　Select Case 语句

在 Visual Basic 中,多分支选择结构也可以通过情况语句来实现,情况语句又称为 Select Case 语句或 Case 语句。当需要分情况讨论,或根据某些离散的值进行不同的处理时,使用 Select Case 语句可以更加简洁的表达算法,而且也容易扩充。

Select Case 语句格式如下:

```
Select Case 测试表达式
    Case 测试项 1
        <语句块 1>
    [Case 测试项 2
        <语句块 2>]
    ……
    [Case Else
        <语句块 n+1>]
End Select
```

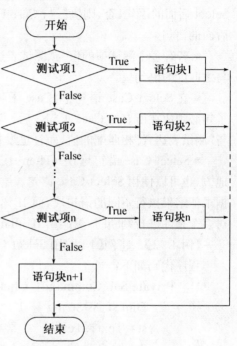

图 4-2-5　Select Case 结构流程图

该语句的作用是根据"测试表达式"的值,从多个语句块中选择符合条件的的一个语句块执行。Select Case 结构流程图如图 4-2-5 所示。

说明:

(1)"测试表达式"可以是数值表达式或字符串表达式,通常为变量或常量。

(2)"测试项 1"、"测试项 2"、……称为域值,测试项只能是简单条件,而不能是用逻辑运算符连接而成的复合条件。可以是下列形式之一:

① 表达式 1[,表达式 2]…

当"测试表达式"的值与其中一个表达式的值相匹配时,就执行该 Case 子句的语句块。

例如:

Case −1, 1

Case"a","A"

② 表达式 1 To 表达式 2

在这种情况下,必须把较小的值写在前面,较大的值写在后面。字符串常量的范围必须按字母顺序写出。

例如:

Case 1To 10

Case"A"To"Z"

③ Is 关系运算表达式

若使用关键字 Is,则只能用关系运算符。当用关键字 Is 定义条件时,只能是简单的条件,不能用逻辑运算符将两个或多个简单条件组合在一起。

④ "测试表达式"间的关系

例如:

Case Is>＝0　'当"测试表达式"的值大于等于 0 时,就执行该 Case 子句的语句块在一个测试项中,三种形式可以混用,以逗号间隔。测试项之间是"或"的关系,不能表示"与"的关系。

● Select Case 语句的执行过程是:先对"测试表达式"求值,然后测试该值与 Case 子句中的测试哪一项相匹配;若匹配,则执行与该 Case 子句有关的语句块,并把控制转移到 End Select 后面的语句;否,则执行与 Case Else 子句有关的语句块,然后把控制转移到 End Select 后面的语句。

● 若有多个测试项的值与"测试表达式"的值相匹配,则根据自上而下原则,只执行第一个与之匹配的语句块。

● 在 Select Case 语句中,Case 子句的顺序对执行结果没有影响,需注意的是,Case Else 子句必须放在所有的 Case 子句之后。若在 Select Case 结构中的任何一个 Case 子句都没有与"测试表达式"相匹配的值,而且也没有 Case Else 子句,则不执行任何操作。

● Select Case 语句与 If…Then…Else 语句块的功能类似。一般来说,可以使用 If 语句的地方,也可以使用 Select Case 语句。主要区别是:Select Case 语句只对单个表达式求值,并根据求值结果执行不同的语句块,而 If 语句可以对不同的表达式求值,因而效率较高。当需要对多个条件进行判断时,只能用 If…Then…ElseIf 语句。

【例 4-3】　将例【4-2】用 Select Case 语句实现。

程序代码如下:

```
Private Sub Command1_Click()
    Dim st As String * 1
    st = Text1.Text
    Select Case st
        Case "A"To"Z"
            Text2.Text = "是大写字母"
        Case "a"To"z"
            Text2.Text = "是小写字母"
        Case "0"To"9"
            Text2.Text = "是数字字符"
        Case Else
            Text2.Text = "是其他字符"
    End Select
End Sub
```

4.2.3　选择结构的嵌套

将一个选择结构放在另一个选择结构的语句块内,称为选择结构的嵌套。If 语句的多分支格式实际上是一种 If 结构的嵌套形式。选择结构的嵌套既可以是同一种结构的嵌套,也可以是不同结构之间的嵌套。例如可以在 If 结构中又包含 If 语句,或在 If 结构中包含 Select Case 语句等形式。嵌套必须完全"包住",不能相互"骑跨"。书写程序时更应注意采用缩进格式,以增加程序可读性。

【例 4 - 4】　计算分数等级。计算规则如下:

分数	100—90	89—80	79—70	69—60	<60
等级分	A	B	C	D	E

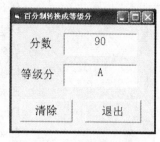

图 4-2-6　运行界面

分析:程序界面如图 4-2-6 所示,在输入分数的文本框的 KeyPress 事件过程中,添加计算分数等级的代码,该事件通过系统提供的参数 KeyAscii 返回按键对应的 ASCII 码值,当 KeyAscii 为回车键的 ASCII 码时(值为 13),开始执行判断代码。通常情况下分数区间为 0~100,因此,在计算等级分之前,还必须对输入分数的合理性进行判断。

程序代码如下:

```
Private Sub Text1_KeyPress(KeyAscii As Integer)
    Dim Score As Integer, Degree As String
    If KeyAscii = 13 Then
        Score = Val(Text1. Text)
        If Score >= 0 And Score <= 100 Then
            If Score >= 90 Then
            Degree = "A"
            Else
                If Score >= 80 Then
                    Degree = "B"
                Else
                    If Score >= 70 Then
                        Degree = "C"
                    Else
                        If Score >= 60 Then
                            Degree = "D"
                        Else
                            Degree = "E"
                        End If
                    End If
                End If
            End If
            Text2. Text = CStr(Degree)
        End If
    End If
```

```
        End Sub
计算等级分代码也可使用 If 多分支结构实现：
    Private Sub Text1_KeyPress(KeyAscii As Integer)
        Dim Score As Integer，Degree As String
        If KeyAscii = 13 Then
            Score = Val(Text1. Text)
            If Score >= 0 And Score <= 100 Then
                If Score >= 90 Then
                Degree = "A"
                ElseIf Score >= 80 Then
                Degree = "B"
                ElseIf Score >= 70 Then
                Degree = "C"
                ElseIf Score >= 60 Then
                Degree = "D"
                Else
                Degree = "E"
                End If
            End If
            Text2. Text = CStr(Degree)
        End If
    End Sub
计算分数等级代码还可使用 Select Case 语句实现：
    Private Sub Text1_KeyPress(KeyAscii As Integer)
        Dim Score As Integer，Degree As String
        If KeyAscii = 13 Then
            Score = Val(Text1. Text)
            Select Case Score
                Case 90 To 100
                Degree = "A"
                Case 80 To 89
                Degree = "B"
                Case 70 To 79
                Degree = "C"
                Case 60 To 69
                Degree = "D"
                Case Is < 60
                Degree = "E"
            End Select
            Text2. Text = Degree
```

```
        End If
    End Sub
```

4.2.4　条件函数

一些系统内部函数也可实现分支结构语句的功能。

1. IIf 函数

IIf 函数与 If…Then…Else 的作用类似。使用 IIf 函数也可以实现简单的双分支选择结构。语句格式如下：

result ＝ IIf(条件，True 部分，False 部分)

说明：

① "条件"是一个逻辑表达式。当"条件"为真时，IIf 函数返回"True 部分"；而当"条件"为假时，返回"False 部分"。

② "True 部分"或"False 部分"可以是表达式、变量或其他函数。

③ IIf 函数中的三个参数都不能省略，而且要求"True 部分"、"False 部分"及 result 变量的类型一致。

例如，语句 If x＞y Then max＝x Else max＝Y 也可写成：

max＝IIf(x＞y,x,y)

2. Choose 函数

使用 Choose 函数也可实现简单的多分支选择结构。语句格式如下：

result＝Choose(整数表达式,选项列表)

说明：Choose 函数根据整数表达式的值来决定返回选项列表中的某个值。若整数表达式值是 1，则 Choose 函数会返回列表中的第 1 个选项；若整数表达式值是 2，则会返回列表中的第 2 个选项，以此类推。若整数表达式的值小于 1 或大于列出的选项数目时，Choose 函数返回系统常量 Null。

例如：c＝Choose(x,"red","green","blue")

当 x 值为 1 时，返回"red"；当 x 值为 2 时，返回"green"；当 x 值为 3 时，返回"blue"；当 x 不在 1－3 之间，函数返回 Null。

3. Switch 函数

Switch 函数也称开关函数，其功能是计算一个条件表达式列表，并返回与该表中一个等于 True 的条件表达式相联系的一个表达式的值。语句格式如下：

Result＝Switch(＜条件表达式 1＞，＜表达式 1＞[，＜条件表达式 2＞，＜表达式 2＞，…])

说明：当条件表达式 1 为 True 时，返回表达式 1 的值；当条件表达式 2 为 True 时，返回表达式 2 的值，依此类推。

例如：y＝switch(x＞0，1，x＝0，0，x＜0，－1)

当 x＞0 时，y 值为 1；当 x＝0 时，y 值为 0；当 x＜0 时，y 值为－1。

4.3　循环结构

在实际应用中，经常遇到一些需要反复执行相同操作的问题。例如累加求和、累计相乘等，这种在一定条件下需要重复进行某些操作的语句就称为循环。Visual Basic 提供了多种不同风格的循环结构语句，包括 Do … Loop、While … Wend、For … Next、For Each … Next

等,其中最常用的是 Do … Loop 和 For … Next 循环语句。

4.3.1 条件循环

条件循环是根据某个条件决定循环的次数,通常用于循环次数未知的循环结构。常见的条件循环结构有:Do …Loop 循环及 While … Wend 循环。

1. Do …Loop 循环

该语句可使用 While 关键字或 Until 关键字带上循环条件,循环条件可放在 Do 关键字之后,也可放在 Loop 关键字之后。通常有以下四种不同的格式:

格式 1:Do While<循环条件>   格式 2:Do
        <循环体>   <循环体>

Loop   Loop While<循环条件>

格式 3:Do Until<循环条件>   格式 4:Do
        <循环体>   <循环体>

Loop   Loop Until<循环条件>

Do…Loop 循环的流程图分别如图 4-3-1 所示:

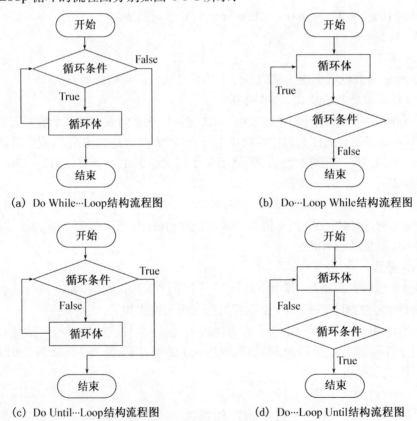

(a) Do While…Loop结构流程图   (b) Do…Loop While结构流程图

(c) Do Until…Loop结构流程图   (d) Do…Loop Until结构流程图

图 4-3-1   Do … Loop 结构流程图

说明:

① Do、Loop 及 While、Until 都是条件循环结构的关键字。在 Do 和 Loop 之间的语句称为"循环体"。"循环条件"是一个逻辑表达式。

② 格式 1 和格式 2 是利用 While 关键字实现的循环,称为"当型循环"。即当循环条件成

立时执行循环体,否则退出循环。区别在于:首次执行循环语句时,若循环条件不成立,则格式2 的循环体被执行一次,而格式 1 的循环体不被执行。

③ 格式 3 和格式 4 是利用 Until 关键字实现的循环,称为"直到型循环"。即直到循环条件成立时退出循环,否则执行循环。区别在于:首次执行循环语句时,若循环条件不成立,则格式 4 的循环体被执行一次,而格式 3 的循环体不被执行。

④ Do 和 Loop 构成了 Do …Loop 循环。当只有这两个关键字时,其格式简化为:

Do

　　［＜循环体＞］

Loop

在这种情况下,程序将不停地执行 Do 和 Loop 之间的"循环体"。

⑤ 有些情况下,可以用 Exit Do 语句跳出循环。一个 Do …Loop 循环中可以有一个或多个 Exit Do 语句,并且 Exit Do 语句可以出现在循环体的任何地方。当执行到该语句时,结束循环,并把控制转移到 Do …Loop 循环后面的语句。用 Exit Do 语句只能从它所在的那个循环中退出。

【例 4‑5】　在窗体上打印 10 行"Visual Basic"。

分析:要设立一个计数变量,用于记录已打印的行数,每打印一行,计数变量就加 1,循环控制条件可设为计数变量值小于 10。上面介绍的四种 Do …Loop 循环结构都可用来实现程序功能,程序代码分别如下:

格式 1:

```
Private Sub Form_Click()
    Dim i As Integer
    Do While i < 10
        Print"Visual Basic"
        i = i + 1
    Loop
End Sub
```

格式 2:

```
Private Sub Form_Click()
    Dim i As Integer
    Do
        Print"Visual Basic"
        i = i + 1
    Loop While i < 10
End Sub
```

格式 3:

```
Private Sub Form_Click()
    Dim i As Integer
    Do Until i >= 10
        Print"Visual Basic"
        i = i + 1
    Loop
End Sub
```

格式 4:

```
Private Sub Form_Click()
    Dim i As Integer
    Do
        Print"Visual Basic"
        i = i + 1
    Loop Until i >= 10
End Sub
```

本例若不使用关键字 While 或 Until,也可用 If 语句搭配 Exit Do 语句来结束循环。程序代码如下:

```
Private Sub Form_Click()
    Dim i As Integer
    Do
```

```
        Print"Visual Basic"
        i＝i＋1
        If i＝10 Then Exit Do
    Loop
End Sub
```

2. While … Wend 循环结构

While … Wend 循环结构用 While … Wend 语句来
实现,语句格式如下:

```
    While<条件表达式>
    [<循环体>]
Wend
```

While … Wend 循环的执行步骤与 Do While …
Loop 循环类似,流程图如图 4-3-2 所示。

说明:

① While … Wend 循环语句先对"条件表达式"进行
测试,如果条件一开始就不成立,则"循环体"一次也不会
被执行。

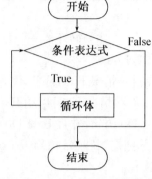

图 4-3-2　while…wend 结构流程图

② "条件表达式"可以是关系表达式、逻辑表达式或数值表达式。如果是数值表达式,非 0
值表示 True,0 值表示 False。

③ 语句的执行过程是:先计算"条件表达式"的值,若为 True,则执行"循环体",遇到
Wend 语句时返回 While 语句继续判断"条件表达式"的值,若仍为 True,则继续执行"循环
体",重复上述过程直到"条件表达式"的值为 False,则退出循环结构,执行 While … Wend 循
环的后续语句。

【例 4－6】 将【例 4－5】用 While …Wend 语句实现。

程序代码如下:

```
    Private Sub Form_Click()
        Dim i As Integer
        While i < 10
            Print"Visual Basic"
            i＝i＋1
        Wend
    End Sub
```

4.3.2　计数循环

For … Next 循环又称计数循环,常用于循环次数可预知的场合。语句格式如下:

```
    For<循环变量>＝<初值>To<终值> [Step<步长>]
        [<循环体>]
    Next<循环变量>
```

以步长是正数为例,该循环结构对应的流程图如图 4-3-3 所示。

执行过程如下:

① 对"循环变量"赋初值。

② 判断"循环变量"是否到达"终值"。如果"步长"为正数,则"循环变量"大于"终值"时结束循环,否则执行第 3 步;如果"步长"为负数,则"循环变量"小于"终值"时结束循环,否则执行第 3 步。

③ 执行循环体。

④ "循环变量"加"步长",返回第 2 步,继续循环。

说明:

① 格式中的初值、终值、步长均为数值表达式,但其值不一定是整数,可以是实数。当步长为 1 时 Step 部分可省略。

② 循环控制变量不但可以是整数和单精度数,也可以是双精度数。

③ 在 Visual Basic 中,For … Next 循环遵循"先检查,后执行"的原则。

④ For 语句和 Next 语句必须成对出现,不能单独使用,且 For 语句必须在 Next 语句之前。

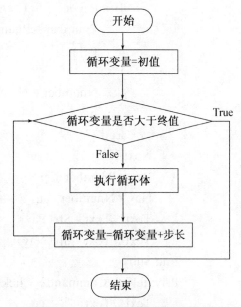

图 4-3-3　For…Next 结构流程图

⑤ 循环次数由初值、终值和步长三个因素确定,计算公式为:循环次数＝Int((终值−初值)/步长)＋1。

⑥ 如果"初值"、"终值"、"步长"中包含有变量且在循环体内被改变,不会改变循环执行的次数;但循环变量若在循环体内被重新赋值,循环次数则有可能发生变化。

⑦ 循环变量用来控制循环过程,在循环体内可以被引用和赋值。当循环变量在循环体内被引用时,称为"操作变量",而不被引用的循环变量叫做"形式变量"。如果用循环变量作为"操作变量",当循环体内循环变量出现的次数较多时,会影响程序的清晰性。

⑧ 在有些情况下,可能需要在循环变量到达终值前退出循环,这可以通过 Exit For 语句来实现。

⑨ For … Next 中的"循环体"是可选项,当该项缺省时,For … Next 执行"空循环"。

【例 4 - 7】　输入 20 个整数,分别计算并输出其中正数和负数的平均值。

程序界面如图 4-3-4 所示,单击【统计】按钮后,显示 InputBox 对话框,在对话框中输入第一个数,接着再显示一个对话框,再输入下一个数……直到 20 个数输完为止。输入完 20 个数之后,文本框 1 和文本框 2 中分别显示正数和负数的平均值。

程序代码如下:

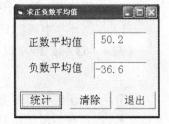

图 4-3-4　运行界面

```
Private Sub Command1_Click()
    Dim i As Integer, number As Integer
    Dim Pnumber As Integer, Nnumber As Integer
    Dim p As Integer, n As Integer
    Dim Pav As Single, Nav As Single
    For i = 1 To 20
        number = InputBox("请输入第"& CStr(i) &"个数值:")    '输入数据
```

```
        If number > 0 Then
            Pnumber = Pnumber + number          '正数求和
            p = p + 1                           '正数计数
        Else
            Nnumber = Nnumber + number          '负数求和
            n = n + 1                           '负数计数
        End If
    Next i
    Pav = Pnumber / p                           '求正数平均值
    Nav = Nnumber / n                           '求负数平均值
    Text1. Text = Str(Pav)                      '显示正数平均值
    Text2. Text = Str(Nav)                      '显示负数平均值
End Sub
Private Sub Command2_Click()
    Text1. Text = ""
    Text2. Text = ""
End Sub
Private Sub Command3_Click()
    End
End Sub
```

4.3.3 循环结构的嵌套

在一个循环结构的循环体内又包含了另一个循环结构称为循环嵌套。循环嵌套对 Do…Loop 和 For…Next 均适用。

在使用循环嵌套时必须注意：

(1) 内循环变量和外循环变量不能同名；

(2) 内循环必须完整地包含在外循环之内，不得相互交叉；

(3) 若循环体内有 If 语句，或 If 语句内有循环语句，也不能交叉；

(4) 不能从循环体外转向循环体内，也不能从外循环转向内循环，反之则可；

(5) 在循环体中遇到 Exit For 或 Exit Do 时，则只能跳出当前一层循环。

【例 4-8】 求 1000 以内的完数；完数即该数是其所有因子（不包括自身）之和，如：6 = 1+2+3。

分析：本例题可用双重循环来实现：外循环用于对 1~1000 之间的数逐个进行判断，若是完数，则将其添加到列表框中并作相应的计数；内循环用于判断每个数是否为完数。所谓一个数 n 的因子，是指除了 n 本身之外能够被 n 整除的数。

程序界面如图 4-3-5 所示。程序运行时单击【查找】按钮，把找到的完数添加到列表框中，完数的个数显示在文本框中。

程序代码如下（程序界面各控件的属性设置略）：

```
Option Explicit
```

```
Private Sub Command1_Click()
    Dim i As Integer, j As Integer, sum As Integer, k
    As Integer
    For i = 1 To 1000
        sum = 0
        For j = 1 To i - 1
            If i Mod j = 0 Then sum = sum + j
        Next j
        If sum = i Then
            List1. AddItem i
            k = k + 1
        End If
    Next i
    Text1. Text = CStr(k)
End Sub
Private Sub Command2_Click()
    Text1. Text = ""
    List1. Clear
End Sub
Private Sub Command3_Click()
    End
End Sub
```

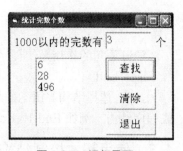

图 4-3-5　运行界面

4.4　辅助控制语句

4.4.1　出口语句

出口语句可以在 For … Next 循环和 Do …Loop 循环中使用,也可以在过程中使用。有两种格式,一种为无条件形式;一种为条件形式,语句格式如下:

无条件形式	条件形式
Exit For	If 条件 Then Exit For
Exit Do	If 条件 Then Exit Do
Exit Sub	If 条件 Then Exit Sub
Exit Function	If 条件 Then Exit Function

出口语句的无条件形式不测试条件,执行到该语句后强行退出循环。而条件形式要对语句中的“条件”进行测试,只有当指定的条件为 True 时才能退出循环,若“条件”不为 True,则出口语句没有任何作用。

4.4.2　End 语句

End 语句的作用是使程序结束运行,可放在任何事件过程中。语句格式如下:

　　　End

过程、选择结构等语句的结束部分都是 End 加上该结构关键字,还可用来结束某个过程或程序结构。例如 End If、End Select、End Sub 等。

4.5　使用基本控制结构实现简单算法

通常求解一个问题可能会有多种算法可供选择,选择的主要标准是算法的正确性、可靠性、简单性和易理解性。其次是算法所需要的存储空间少和执行速度快等。本章 4 个小节讲述了 Visual Basic 的基本控制结构,可以利用上述知识来实现一些简单、基础的算法。下面就对这些算法做一些简单的介绍,并给出在 Visual Basic 中实现的程序。

4.5.1　求最大值与最小值

求若干数值中的最大值(最小值),其算法思想是:定义一个变量假设为 max,用来存放最大值,定义一个变量假设为 min,用来存放最小值。一般将第 1 个数赋给 max 和 min,将剩下的每个数分别和 max、min 比较,如果比 max 大,将该数赋给 max,如果比 min 小,将该数赋给 min,即让 max 中总是存放当前的最大数,让 min 中总是存放当前的最小值,这样当所有数都比较完时,在 max 中存放的就是最大数,在 min 中存放的就是最小数。

【例 4-9】　随机产生 10 个 1 到 100 之间的整数,输出其中的最大值和最小值。

　　分析:任何一个随机整数 x 都可通过随机函数来产生,随机函数 Rnd( )可产生(0,1]区间均匀分布的随机数。要产生在区间[M,N]之间的随机整数 x,可用以下公式完成:

　　　$X = Int((N - M + 1) * Rnd) + M$

所以 1 到 100 之间的随机整数 x 的产生可用以下语句完成:

　　　$x = Int(100 * Rnd) + 1$

程序运行界面如图 4-5-1 所示。

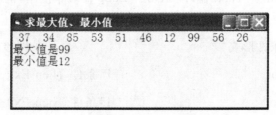

图 4-5-1　运行界面

按照求最大值和最小值的算法思想,程序代码如下:

```
Private Sub Form_Click()
Dim i As Integer, x As Integer
    Dim max As Integer, min As Integer
    Randomize                          '随机函数初始化
    max = Int(100 * Rnd) + 1           '给 max 赋初值
```

```
        Print max;
        min = max                               '给 min 赋初值
        For i = 1 To 9
            x = Int(100 * Rnd) + 1              '产生 1 到 100 间的随机数
            Print x;
            If x > max Then max = x
            If x < min Then min = x
        Next i
        Print                                   '另起一行输出最大值、最小值
        Print"最大值是"& max
        Print"最小值是"& min
    End Sub
```

4.5.2　累加、连乘算法

1. 累加算法

若在程序设计过程中遇到求 $1 + 2 + 3 + \cdots + 100$ 等累加问题时,就可以用累加算法来解决。

实现"累加算法"通常是设一个变量 sum,作为累加器使用,保存累加后的数值,初值为 0。一般在累加算法中的加数都有规律可循,可结合循环程序来实现。一个循环程序的设计,如果以下三个要素确定下来:变量的赋初值、循环体的内容、循环结束条件,那么根据循环语句的格式,就很容易写出相应的循环程序。

【例 4-10】　求 $1 + 2 + 3 + \cdots + 100$ 的累加和,并打印输出。

分析:设累加器 S,初值为 0,加数用变量 i 表示

当 i = 1 时,累加器 sum = sum + i = 0 + 1 = 1

当 i = 2 时,累加器 sum = sum + i = 1 + 2 = 3

当 i = 3 时,累加器 sum = sum + i = 3 + 3 = 6

当 i = 4 时,累加器 sum = sum + i = 6 + 4 = 10

……

当 i = 100 时,累加器 sum = sum + 100 = 1 + 2 + 3 + \cdots + 99 + 100 = 5050

不难看出,i 的值从 1 变化到 100 的过程中,累加器均执行同一个操作:sum = sum + i,共执行了 100 次。程序代码如下:

```
Dim i As Integer, sum As Integer
sum = 0                              '给累加器 s 赋初值,此语句可以省略
For i = 1 To 100
    sum = sum + i                    'i 既作为循环变量,又作为加数
Next i
Print"1 + 2 + \cdots + 100 = "; sum
```

思考:语句 Print"1 + 2 + \cdots + 100 = "; sum 可以放在循环体中吗?

【例 4-11】　利用公式,$\frac{\pi}{4} \approx 1 - \frac{1}{3} + \frac{1}{5} - \frac{1}{7} + \cdots + \frac{(-1)^{n-1}}{2n-1}$,求 π 的近似值,直到最后一

项的绝对值小于等于 $10-6$ 为止。

　　分析:求解这一类已知通项求累加和的题目,关键是两点:一是通项的表示;二是求解的精度,即当通项小于等于给定的误差值时,就停止累加。由于本题无法预知循环次数,可以用 Do…Loop 循环来解决。程序运行界面如图 4-5-2 所示。

程序代码如下:

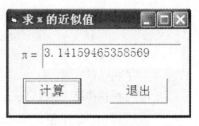

图 4-5-2　运行界面

```
Option Explicit
Private Sub Command1_Click()
    Dim PI As Double，sum As Double，t
    As Double
    Dim n As Long
    n = 1
    Do
        t = (-1)^(n-1) / (2 * n-1)
        sum = sum + t
        n = n + 1
    Loop Until Abs(t) < 10^-6          '此处数值还可写成 0.000001 或者 1E-6
    PI = 4 * sum
    Text1. Text = CStr(PI)
End Sub
Private Sub Command2_Click()
    End
End Sub
```

2. 连乘算法

实现连乘算法通常是定义一个变量 t,作为乘法器使用,用来保存连乘结果,初值为 1。

【例 4-12】 求 10! $=1×2×3×\cdots×10$ 的结果并打印输出。

　　分析:与累加算法类似,只不过加法变成乘法。

　　设乘法器 t,初值为 1,设变量 i 存放乘数。当 i 的值从 1 变化到 10 的过程中,乘法器均执行同一个操作:t = t * i。程序代码如下:

```
Dim i As Integer，tAs long
t = 1
For i = 1 To 10
    t = t * i
Next i
Print "1×2×3×…×10 = ";t
```

【例 4-13】 求 1! $+2!$ $+\cdots+10!$ 的值。

　　分析:这一题总体上是累加题,只不过加数不再是简单的 1、2、3 等,而是 1!、2! 到 10!,可考虑设一个变量 sum 作累加器,设一个变量 t 存放每一次的加数,累加的次数是 10 次,分别加上 1! 到 10!。设循环变量 i 值从 1 变化到 10,每一次循环执行一次累加操作,每次累加的加数 t 为 i!,所以在每次累加之前,应先用连乘算法计算 i! 的值,可设循环控制变量 j,按如下程序段完成求 i!:

```
t = 1
For j = 1 To i
    t = t * j
Next j
```

结合累加算法,求 1! + 2! + … + 10! 的程序代码如下:

```
Dim i As Integer,j As Integer
Dim sum As Long,t As Long
For i = 1 To 10
    t = 1                    ' 给乘法器 t 赋初值,此语句不能省略
    For j = 1 To i
        t = t * j            ' 求 i! 并赋给变量 t
    Next j
    sum = sum + t
Next i
Print"1! + 2! + … + 10! = ";sum
```

注意:

① 语句"t = 1"不能放在外循环外。循环初始化语句所放置的位置要牢记以下原则:外循环初始化应放在外循环的外面,内循环初始化应放在外循环体内,内循环体外。

② 因为 8! = 40320,已经超出整型(Integer)所能表示的数据范围(-32768~32767),所以变量 sum 和 t 必须定义为长整型(Long),否则会发生数据溢出。

由于 n! = (n-1)! * n,即 2! = 1! * 2,3! = 2! * 3,……,10! = 9! * 10,因此上述程序代码还可优化如下:

```
Dim i As Integer,sum As Long,t As Long
t = 1                      ' 这时 t = 1 不可放在循环体内
For i = 1 To 10
    t = t * i
    sum = sum + t
Next i
Print"1! + 2! + … + 10! = "; sum
```

4.5.3　统计算法

若在编程时需要计算满足某一条件的数据量有多少时,可采用统计算法。统计算法的实现一般是定义若干个变量用作计数器,统计满足相应条件的量,有多少个统计要求,就定义多少个计数器,在程序设计过程中,分别判断是否满足指定条件,若满足条件,则指定的计数器加 1。若计数器太多,而且相互之间有联系时,一般会定义一个计数器数组。

【例 4-14】　在文本框 Text1 中输入一串字符,统计其中的字母、数字和其他字符的个数,并将统计结果在 Text2 中输出。

分析:要统计满足指定要求的字符个数,应定义相应变量(如 n)作为计数器,初值为 0,每找到符合条件的字符,将指定计数器的值加 1。本题需要定义 3 个计数器 n1、n2、n3,初值为 0,对字符串的字符逐个判断,如果是字母,n1 加 1,如果是数字,n2 加 1,否则 n3 加 1。本题 Text2 中输出不止一行,因此需将 Text2 的 MultiLine 属性设为 True。程序运行界面如图 4-5-3 所示。

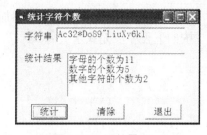

图 4-5-3　运行界面

程序代码如下:

```
Private Sub Command1_Click()
    Dim str As String, i As Integer, ch As String * 1
    Dim n1 As Integer，n2 As Integer，n3 As Integer
    str = Ucase(Text1. Text)
    For i = 1 To Len(str)
        ch = Mid(str, i, 1)
        If ch <= "Z"And ch >= "A"Then
            n1 = n1 + 1                      '计数器 n1 加 1
        ElseIf ch >= "0"And ch <= "9"Then
            n2 = n2 + 1                      '计数器 n2 加 1
        Else
            n3 = n3 + 1                      '计数器 n3 加 1
        End If
    Next i
    Text2 = "字母的个数为"& n1 & Chr(13) & Chr(10)
    Text2 = Text2 &"数字的个数为"& n2 &vbCrLf
    Text2 = Text2 &"其他字符的个数为"& n3
End Sub
```

4.5.4　判断素数算法

一个数如果只能被 1 和其本身整除,而不能被其他任何数整除,那么这个数就称为素数。通过下面的例子来说明判断素数算法的基本思路。

【例 4-15】　输入一个整数,判断它是否是素数,比如输入 7,应输出"7 是素数"的提示,输入 24,应输出"24 不是素数"的提示。

分析:由素数的定义可知,判断任一个整数 n 是否是素数的算法是:让 n 分别除从 2 到 n-1 中的每一个数,只要有一个数能被 n 整除,则 n 不是素数,如果所有的数都不能被 n 整除,则 n 是素数。实际上,判断一个数 n 是否为素数并不需要从 2 判断到 n-1,只要从 2 判断到 n/2 或者 sqr(n)就可以了,这样可以提高代码运行效率。

这是一个典型的循环程序,可设一个循环变量为 i,让 i 从 2 变化到 n-1(或 n/2、sqr(n)),如果有一个 i 能被 n 整除,说明 n 不是素数,下面就不用再进行判断,提前跳出循环;如果所有的 i 都不能被 n 整除,最后正常结束循环。

　　关键是如何知道跳出循环后是提前跳出还是正常退出? 对于这种有两种判断结果的处理,一般采用标志变量。设一个变量,假设命名为 Flag,让 Flag 的初值为 True,如果提前跳出循环,Flag 的值赋为 False,跳出循环后可根据 Flag 的值判断是提前跳出还是正常结束。程序代码如下:

```
Private Sub Command1_Click()
    Dim i As Integer, n As Integer
    Dim flag As Boolean
    flag = True                        '给标志变量赋初值
    n = Val(Text1.Text)
    For i = 2 To n - 1
        If n Mod i = 0 Then
            flag = False               '如果 i 能被 n 整除,将 flag 赋值为 False
            Exit For
        End If
    Next i
    If flag Then                       '该条件也可写成 If flag = True Then
        MsgBox n &"是素数"
    Else
        MsgBox n &"不是素数"
    End If
End Sub
```

　　这里还可以使用另一种方法:在循环结束后,通过循环控制变量的值来进行素数的判断。如果是素数,循环将正常结束,循环控制变量将超过终值;如果不是素数,肯定有一个数能够被 n 整除,循环会提前结束,循环控制变量小于等于终值。程序代码如下:

```
Private Sub Command1_Click()
    Dim i As Integer, n As Integer
    n = Val(Text1.Text)
    For i = 2 To n - 1
        If n Mod i = 0 Then Exit For
    Next i
    If i = n Then                      '该条件也可写成 If i >= n Then
        MsgBox n &"是素数"
    Else
        MsgBox n &"不是素数"
    End If
End Sub
```

4.5.5　求最大公约数、最小公倍数算法

　　求任意两个正整数的最大公约数可用辗转相除法来实现。

假设求任意两个整数 m 和 n 的最大公约数，用辗转相除法的步骤是：

（1）输入两个自然数 m、n；

（2）求 m 除以 n 的余数 r；

（3）使得 m＝n，即用 n 代换 m；

（4）使得 n＝r，即用 r 代换 n；

（5）若 r≠0，则重复 2、3、4（循环），否则转往第 6 步

（6）输出 m 此时 m 即为 m 和 n 的最大公约数。

【例 4－16】　在文本框 Text1 和 Text2 中分别输入两个正整数，单击【计算】按钮后，在 Text3 输出其最大公约数。

```
分析：由于循环程序次数不确定，应采用 Do …Loop 循环结构。程序代码如下：
Private Sub Command1_Click()
    Dim m As Integer，n As Integer，r As Integer
    m＝Val(Text1.Text)
    n＝Val(Text2.Text)
    Do
        r＝m Mod n
            m＝n
            n＝r
    Loop Until r＝0
    Text3.Text＝CStr(m)
End Sub
```

将以上程序添加相应语句就可完成求最小公倍数的功能（m 和 n 的最小公倍数等于 m * n/最大公约数）。程序代码如下：

```
Private Sub Command1_Click()
    Dim m As Integer，n As Integer
    Dim r As Integer
    Dim t As Integer
    m＝Val(Text1.Text)
    n＝Val(Text2.Text)
    t＝m ＊ n                        '记录 m ＊ n 的初始值
    Do
        r＝m Mod n
        m＝n
        n＝r
    Loop Until r＝0
    Text3.Text＝CStr(t ／ m)
End Sub
```

4.5.6　进制转换算法

1. 十进制转换为 N 进制

将一个十进制正整数 m 转换成 n 进制数的步骤是：将 m 不断除以 n 取余数，直到商为零，将余数逆序连接即可。

【例 4‑17】　编写一个将十进制数转换为 N 进制的程序。

分析：

（1）由于循环次数不确定，考虑采用 Do‑Loop 循环结构。

```
Do Until m = 0  '也可写成 Do While m > 0
    r = m Mod n' 求余数
    m = m \ 2
    …
Loop
```

（2）要将余数逆序连接成二进制数，可定义一个字符串变量 str，利用字符串连接符进行连接。

```
str = r & str
```

（3）将十进制数转换为十六进制数时，余数 r 可能超过 10，应将超过 10 的余数转换为对应的字符。转换的对应关系为：

余数	10	11	12	13	14	15
字符（ASCII 码）	A(65)	B(66)	C(67)	D(68)	E(69)	F(70)

对应的转换通式可表示为：chr(r + 55)，程序运行界面如图 4-5-4 所示。

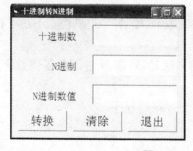
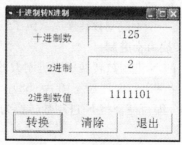

图 4-5-4　运行界面

程序代码如下：

```
Option Explicit
Private Sub Command1_Click()
    Dim m As Integer, n As Integer, r As Integer
    Dim str As String, s As String * 1
    m = Val(Text1.Text)                     'm 为十进制整数
    n = Val(Text2.Text)                     'n 为需要转换的进制
    Do Until m = 0
```

```
                r = m Mod n                          'r 为余数
                    If r > 9 Then s = Chr(r + 55) Else s = CStr(r)
                    str = s & str                    '注意逆序连接
                m = m \ n                            '不能使用浮点除,应使用整除
            Loop
            Text3. Text = str
        End Sub
        Private Sub Command2_Click()
            Text1. Text = ""
            Text2. Text = ""
            Text3. Text = ""
            Text1. SetFocus
            Label2 = "N 进制"
            Label3 = "N 进制数值"
        End Sub
        Private Sub Command3_Click()
            End
        End Sub
        Private Sub Text2_Change()
            Dim n As Integer
            n = Val(Text2. Text)
            Label2 = CStr(n) &"进制"
            Label3 = CStr(n) &"进制数值"
        End Sub
```

思考: 如何将一个十进制数转换成八位二进制数?(提示:二进制位数不足可在高位补"0")

2. N 进制转换为十进制

将一个任意的 N 进制数转换成十进制数的方法是:将该 N 进制数各位数字按权展开再求和。例如:$(3A)_{16} = 3 * 16^1 + 10 * 16^0 = (58)_{10}$

【例 4 - 18】 编写一个将 N 进制数转换为十进制的程序。

分析:

(1)截取 n 进制字符串 s 的每个字符

    p = Mid (s,i,1)   'i 取值为 len (s)~1

(2)将十六进制数转换为十进制数时,如果截取的字符为 A 到 F,则需将其转换为对应的数值。转换的对应关系为:

字符(ASCII 码)	A(65)	B(66)	C(67)	D(68)	E(69)	F(70)
数值	10	11	12	13	14	15

假设截取的单个字符赋给了定长字符类型(String * 1)变量 p,则字符对应的数值为 Asc(p) - 55。

（3）k 的初值为 0，因此最低位的权值为：n^k

（4）用累加算法求转换后的十进制数 sum：

　　　　sum = sum + q * n^k：k = k + 1

程序运行界面如图 4-5-5 所示。

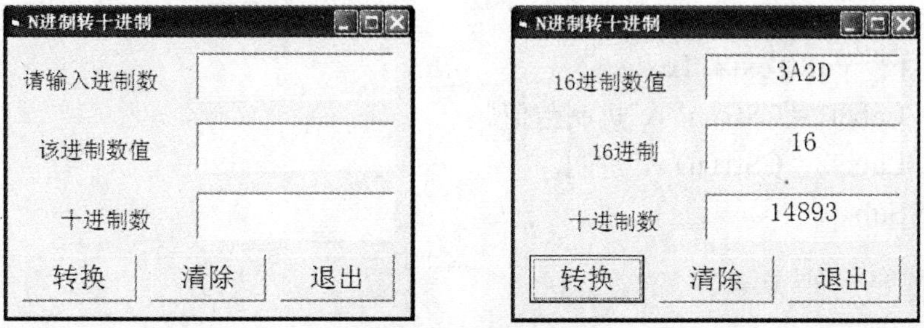

图 4-5-5 运行界面

程序代码如下：

```
Option Explicit
Private Sub Command1_Click()
    Dim s As String, n As Integer
    Dim i As Integer, k As Integer, sum As Integer
    Dim p As String * 1, q As Integer
    s = Text1.Text                     's 存放 n 进制数字符串
    n = Val(Text2.Text)                'n 存放 Text2 中数值的进制数
    For i = Len(s) To 1 Step -1
        p = Mid(s, i, 1)
        If p >= "0" And p <= "9" Then
            q = Val(p)
        Else
            q = Asc(p) - 55
        End If
        sum = sum + q * n^k
        k = k + 1
    Next i
    Text3.Text = CStr(sum)
End Sub
Private Sub Command2_Click()
    Text1.Text = ""
    Text2.Text = ""
    Text3.Text = ""
    Text1.SetFocus
    Label1 = "该进制数值"
    Label2 = "请输入进制数"
```

```
    End Sub
    Private Sub Command3_Click()
        End
    End Sub
    Private Sub Text2_Change()
        Dim n As Integer
        n = Val(Text2.Text)
        Label1 = CStr(n) &"进制数值"
        Label2 = CStr(n) &"进制"
    End Sub
```

4.5.7 字符串处理算法

1. 对某个字符串的所有字符逐一处理

算法:若对某个字符串的所有字符逐一处理,即从字符串的第 1 个字符开始到最后一个字母,每次处理 1 个字符。可以使用 For … Next 循环实现。通用代码为:

```
For i = 1 To Len(s)
    s1 = Mid(s,i,1)
        …
Next i
```

【例 4 - 19】 编写一个程序,该程序的功能是:在 Text1 中输入一串字符,能够将输入的字符串逆序(即将字符串前后颠倒)后在 Text2 输出。

> 分析:因为涉及对每一个字符做相应处理再连接成一个新串,所以可以用类似累加的算法。可用 Len()函数得出字符串的长度,再用 For … Next 循环控制,从左向右逐个取字符,取字符的功能可用函数 Mid()完成,再定义一个字符串变量 str2 进行连接。程序运行界面如图 4-5-6 所示。

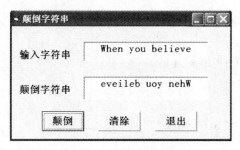

图 4-5-6　运行界面

程序代码如下:

```
    Dim s As String, s1 As String * 1, str As String
    Dim i As Integer
    S = Text1.Text
    For i = 1 To Len(s)
        s1 = Mid(s,i,1)
```

```
        str = s1 & str              '实现逆序连接,"&"可替换为" + "
Next i
Text2. Text = str
```
上述代码也可更改如下:
```
Dim s As String, str As String, i As Integer
s = Text1. Text
For i = Len(s) To 1 step  - 1          '步长值不能省略
    str = str& Mid(s,i,1)
Next i
Text2. Text = str
```

2. 字符的加密、解密

将输入的原字符串的每个字符按指定的规则进行转换,得到新字符,将每个新字符连接成新字符串就可以实现对字符串进行加密。

对字符串的每个字符的解密过程与上述相同,只是规则与上面的加密相反。

【例 4 - 20】 输入一串字母,先将输入的明文字母一律转换为大写字母,再按以下规则进行加密:将每个原码字母在 A - Z - A 首尾相连的字母表上向后移 6 位为译码。如下所示:

原码　　A　　B　　C　　…　　X　　Y　　Z

译码　　G　　H　　I　　…　　D　　E　　F

(1) 截取字符串 str 的每个字符

ch = Mid(str,i,1)　　i 取值依次为 1……len(str)

(2) 对字符串中每个字符的转换关系为:

A(ASCII 码为 65)　　B(66)　　C(67)　　D(68)　　…　　T(84)

G(ASCII 码为 71)　　H(72)　　I(73)　　J(74)　　…　　Z(90)

可以看出:转换后字符的 ASCII 码为 $n = asc(ch) + 6$

转换后的字符串 $str1 = str1 + chr(n)$

考虑一下:当字符为 U 到 Z 时,转换后的字符就超过 Z 的范围。

(3) 对 U 到 Z 之间的字符的转换关系为:

U(ASCII 码为 85)　　V(86)　　W(87)　　X(88)　　Y(89)　　Z(90)

A(ASCII 码为 65)　　B(66)　　C(67)　　D(68)　　E(69)　　F(70)

可以看出:当转换后字符的 ASCII 码 $n = Asc(ch) + 6$ 超过 90 时,转换后的字符串 $str1 = str1 + Chr(n - 26)$。程序运行界面如图 4-5-7 所示。

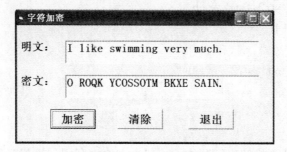

图 4-5-7　运行界面

程序代码如下：

```
Private Sub Command1_Click()
    Dim str1 As String, str2 As String
    Dim n As Integer, ch As String * 1, i As Integer
    str1 = UCase(Trim(Text1. Text))
    For i = 1 To Len(str1)
        ch = Mid(str1, i, 1)
        If ch >= "A"And ch <= "Z"Then
            n = Asc(ch) + 6
            If n <= 90 Then
                str2 = str2 & Chr(n)
            Else
                str2 = str2 & Chr(n - 26)
            End If
        Else
            str2 = str2 & ch
        End If
    Next i
    Text2. Text = str2
End Sub
```

上述代码也可更改如下：

```
Private Sub Command1_Click()
    Dim str1 As String, str2 As String
    Dim n As Integer, ch As String * 1, i As Integer
    str1 = UCase(Trim(Text1. Text))
    For i = 1 To Len(str1)
        ch = Mid(str1, i, 1)
        If ch >= "A"And ch <= "Z"Then
            ch = Chr((Asc(ch) - 65 + 6) Mod 26 + 65)
            str2 = str2 & ch
        Else
            str2 = str2 & ch
        End If
    Next i
    Text2. Text = str2
End Sub
```

4.5.8　迭代法

"迭代法"是指用计算机解决问题的一种基本方法。利用计算机运算速度快、适合做重复性操作的特点，让计算机对一组指令（或一定步骤）进行重复执行，在每次执行这组指令（或这些步骤)时,都从旧值递推出新值,并用新值代替旧值。

利用迭代算法解决问题,需要做好以下三个方面的工作:

(1) 确定迭代变量

在可以用迭代算法解决的问题中,至少存在一个直接或间接地不断由旧值递推出新值的变量,这个变量就是迭代变量。

(2) 建立迭代关系式

所谓迭代关系式,指如何从变量的前一个值推出其下一个值的公式(或关系)。迭代关系式的建立是解决迭代问题的关键,通常可以使用递推或倒推的方法来完成。

(3) 对迭代过程进行控制

在什么时候结束迭代过程? 这是编写迭代程序必须考虑的问题。不能让迭代过程无休止地重复执行下去。迭代过程的控制通常可分为两种情况:一种是所需的迭代次数是个确定的值,可以计算出来;另一种是所需的迭代次数无法确定。对于前一种情况,可以构建一个固定次数的循环来实现对迭代过程的控制;对于后一种情况,需要进一步分析出用来结束迭代过程的条件。

【例 4 - 21】 已知某球从 100 米高度自由落下,落地后反弹,每次弹起的高度都是上次高度的一半。求小球第 10 次落地后反弹的高度和球所经过的路程。

> 分析:用变量 h 保存下落的高度,变量 r 保存反弹的高度,变量 s 保存小球经过的路程。h 的初值为 100,反弹高度 r = h/2。弹起一次,小球经过的路程为 r + h。程序运行界面如图 4-5-8 所示。

程序代码如下:

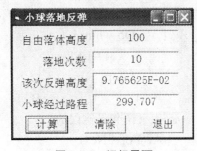

图 4-5-8　运行界面

```
Private Sub Command1_Click()
    Dim h As Single, r As Single, s As Single
    Dim i As Integer, k As Integer
    h = Val(Text1.Text)
    k = Val(Text2.Text)
    For i = 1 To k
        r = h / 2
        s = s + r + h
        h = r
    Next i
    Text3.Text = CStr(h)
    Text4.Text = CStr(s)
End Sub
```

在编写程序的过程中,需要从这些简单的算法开始,学会分析问题、设计算法,编写代码等基本解题过程,并把它应用到以后的编程中去。

习 题

一、思考题

1. 算法的基本结构分为哪几种？VB 中每种结构由什么语句实现？

2. If 语句和 Select Case 语句的区别是什么？For…Next 循环语句和 Do…Loop 循环语句的区别是什么？

3. Do…Loop 循环语句有哪几种不同的形式？区别是什么？

4. 什么是循环嵌套？在使用循环嵌套时应注意什么？

二、单选题

1. 下列有关 Select Case 的语句中，错误的是_____。

A. Case 2 To 8   B. Case Is$\leq=10$

C. Case x$>$10 And x$<$20   D. Case"x","X"

2. 下面程序段中，循环体被执行的次数是次_____。

```
n = 0
For i = 3 To 16 Step 4
    n = n + 4
Next i
```

A. 3   B. 4   C. 5   D. 6

3. 若 i 的初值为 5，则下列循环语句的循环次数为_____。

```
Do while i <= 15
    i = i + 2
Loop
```

A. 4   B. 5   C. 6   D. 7

4. 以下语句是错误的_____。

A. For…Next   B. Do…Loop While

C. For…Loop   D. Do While…Loop

三、编程题

1. 比较两个数 x 和 y 的大小，如果 x 小于 y，则交换 x 和 y，使得 x 不小于 y。

2. 随机生成 100 个两位正整数，并分别计算小于 60，大于等于 60 小于 70，大于等于 70 小于 80，大于等于 80 小于 90 和大于等于 90 的整数的个数及平均值。

3. 用 Do…Loop 循环结构四种不同的格式分别计算 100 之内的偶数之和。

4. 求两个自然数的最大公约数和最小公倍数。

5. 输入一个正整数，判断该数是否为素数。

6. 用以下公式计算 sin(x) 的值，当最后一项的绝对值小于 10^{-7} 时停止计算，x 的值由键盘输入。

$$\sin(x) = x - x^3/3! + x^5/5! - x^7/7! + \cdots + (-1)^{n-2}x^{2n-3}/(2n-3)! + (-1)^{n-1}x^{2n-1}/(2n-1)!$$

7. 编写程序,在文本框 1 中输入一串字符,将处在偶数位和奇数位上的字符分别取出并逆序连接成两个新的字符串,再分别输出到文本框 2 和文本框 3 中。

8. 编写程序,在所有三位数中找出个位数、十位数、百位数三者之和等于 10 的数。

9. 用牛顿迭代法求方程 $e^x - x - 2 = 0$ 在 1.0 附近的根,要求精确到 10^{-7}。

第5章 数　组

　　前面所介绍的变量都是简单变量,各简单变量之间相互独立,没有内在的联系,并与其所在的位置无关。在编程时常常遇到数据处理和分析的问题,需要对一系列的同类型数据进行操作,此时可以通过数组来解决该类问题。如有一个 m×n 的矩阵,使用简单变量表示每个元素显然不够现实,如果使用一个二维数组来存放这些数据,就会极大地简化程序的设计。因此,在许多场合,总是使用数组这样一个数据结构来处理数据量大、类型相同且有序排列的数据。

　　本章将着重介绍一维数组和二维数组的概念及使用,简单介绍控件数组的建立和编程方法,并结合数组的使用介绍一些常用的算法。

5.1　数组的概念

　　数组是一组具有相同类型的有序变量的集合。这些变量按照一定的规则排列,使用一片连续的存储单元。使用时利用数组名和其数据的下标(在数组中的排列编号)即可。

5.1.1　数组命名与数组元素

　　数组名的命名规则与简单变量命名规则一样。数组名不是代表一个变量,而是代表有内在联系的一组变量。数组内的每一个成员称为数组元素,为了标识数组中的不同的元素,每个数组元素都有各自的编号即下标,下标确定了数组元素在数组中的位置。可以用数组名和下标(唯一的标识)识别数组中的一个元素,因此数组元素又称为下标变量,数组元素的类型也就是数组的类型。数组元素名由数组名、下标和圆括号共同组成。其实,具体的数组元素就是一个简单变量。

　　数组元素名的一般形式如下:

　　　　数组名(下标 1[,下标 2,…])

　　其中,下标可以是常量、变量或算术表达式。当下标的值为非整数时,会自动进行四舍五入处理。比如一个只有单个下标的数组 A 有五个元素,则它的元素可以分别表示为:A(0)、A(1)、A(2)、A(3)、A(4)。

　　在一个数组中,若只需一个下标就可以确定一个数组元素在数组中的位置,则该数组称为一维数组。如果需要两个下标才能确定一个数组元素在数组中的位置,则该数组称为二维数组。依此类推,必须由 N 个下标才能确定一个数组元素在数组中的位置,则该数组称为 N 维数组。因此确定数组元素在数组中的位置的下标个数就是数组的维数。通常把二维以上的数组称为多维数组,VB 规定数组的维数不得超过 60。数组必须先声明后使用,声明数组就是让系统在内存中分配一个连续的区域,利用该区域来存储数组元素。

5.1.2　数组定义

　　在使用一个数组之前必须对数组进行定义,确定数组的名称和数据的类型,指明数组的维数和每一维的上、下界的取值范围,这样系统就可以为数组分配一块内存区域,存放数组的所有的元素。数组的每个元素在这个连续的区域内都占据各自特定的单元,而单元的地址则用下标来表示。程序通过数组元素名,也就是通过数组元素的下标值来代表其中的某个存储单元。

在 VB 中有两种类型的数组:固定大小数组和动态数组。在定义数组时就确定了数组大小,并且在程序运行过程中,不能改变其大小的数组称为固定大小数组。在定义数组时不指明数组的大小,仅定义了一个空数组,在程序运行时根据需要再确定其大小,即在程序运行中可以改变其大小的数组,称为动态数组。

在程序中通过数组说明语句来定义数组。

1. 数组说明语句

数组说明语句的形式如下:

Public ∣ Private ∣ Static ∣ Dim<数组名>([<维界定义>])[As<数据类型>]

其中,Public、Private、Static、Dim 是关键字。在 VB 中可以用这四个语句定义数组。与变量说明类似,使用不同的关键字说明的数组其作用域将有所不同(作用域问题将在下一章中讨论)。

<维界定义>的格式如下:

[<下界 1>To] 上界 1 [[,<下界 2>To]　上界 2…]

其中,"下界"和关键字"To"可以缺省。如果在程序的通用中没有特别的声明语句,即程序没有使用 OptionBasic 1 语句,并且缺省下界和关键字 To 时,则表示下标的取值是从 0 开始,等价于"0 To 上界"。如果程序中使用了 Option Basic 1 语句,下标的取值是从 1 开始,等价于"1 To 上界"。

格式中的下界 1 表示数组第一维的维下界,下界 2 表示第二维的维下界,……

例如:下列数组说明语句出现在窗体模块声明段。

Dim A(6) As Integer

Private Name(1999 To 2002) As String * 8

Dim B(2,-1 to 1) As Integer

第一条数组说明语句等价于 Dim A(0 to 6)As Integer,它定义了一个模块级的一维整型数组,数组的名字为 A,该数组共有七个数组元素,分别是:A(0)、A(1)、A(2)、A(3)、A(4)、A(5)、A(6)。

第二条数组说明语句,定义了一个模块级的、一维的、数组元素的长度为 8 个字节的字符串型数组 Name,维下界是 1999,维上界是 2002。该数组元素分别是:Name(1999)、Name(2000)、Name(2001)、Name(2002)4 个数组元素。

第三条数组说明语句,定义了一个模块级的二维整型数组,B 数组的元素是:B(0,-1)、B(0,0)、B(0,1)、B(1,-1)、B(1,0)、B(1,1)、B(2,-1)、B(2,0)、B(2,1)9 个数组元素。

2. 数组的上、下界

某维的下界和上界分别表示该维的最小和最大的下标值。维界的取值范围不得超过长整型(Long)数据表示的范围(-2 147 483 648~2 147 483 647),且下界≤上界,否则将产生错误。在定义固定大小数组时,维的上、下界说明必须是常数表达式,不可以是变量名。如果维界说明不是整数,VB 将对其进行四舍五入处理。

例如:

Dim M As Integer

Const N = 5 As Integer

Dim A(N) As Integer

Dim B(1To 6.6) As Integer

Dim C(1 To 2 * 3) As Integer

Dim D(0 To M) As Integer　　　　　'错,普通变量不允许用来说明数组大小

上列数组说明语句中的前三个语句都是正确的,分别定义了 A、B、C 三个一维数组。其中第一条数组说明语句中用一个已定义的符号常量说明 A 数组的维上界,其值是 5。第二条数组说明语句定义 B 数组的维上界是 6.6,但经过四舍五人处理后 B 数组的维上界是 7。第三条数组说明语句用一个表达式说明 C 数组的维上界,系统首先计算出表达式的值,然后再根据表达式的值确定 C 数组的维上界是 6。而最后一个说明语句是错误的,因为 M 是一个整型变量,不能用来说明数组的维界。在数组说明语句中若用符号常量说明数组的维界,那么该符号常量在这个说明语句之前必须已定义过。

3. 数组的类型

数组说明语句中 As <数据类型>是用来声明数组的类型。数组的类型可以是 Integer、Long、Single、Double、Date、Boolean、String(变长字符串)、String * length(定长字符串)、Object、Currency、Varant 和自定义类型。若缺省 As 短语,则表示该数组是变体(Variant)类型。

例如:

Option Base 1

Dim Score(4),B(3,3) As Integer

Option Base l 语句,必须位于模块的通用部分,用以说明本模块内所有数组说明语句中、若缺省维下界,则它的维下界均为 1。因此数组说明语句定义的名为 Score 的一维数组,它的维下界是 1,具有四个元素;由于缺省类型说明,所以 Score 数组类型是 Variant 类型。该数组说明语句还定义了一个有 3 行、3 列(3×3)的二维整型数组 B。

在过程中除可以用 Dim 语句说明数组外,还可根据需要用 Static 语句定义静态数组。静态数组的特点与静态变量相同,在调用过程时,它的各个元素会继承上次退出该过程时对应元素的值。例如,在过程中用下面的语句定义一个一维的整型静态数组 Starry。

Static Starry(3) As Integer

另外还可以使用 Public、Private 关键字声明数组,不同的关键字表示的数组作用域不同(作用域的概念将在过程一章中重点介绍),表 5-1-1 中列出了几种关键字的区别。

表 5-1-1　数组声明

关键字	适用范围
Public	用于标准模块的声明段,定义全局数组
Private、Dim	用于模块的声明段,定义模块级数组
Dim	用于过程中,定义局部数组
Static	用于过程中,定义静态数组

数组说明语句不仅定义了数组的作用域,分配了存储空间,而且还将数组初始化。数值型的数组元素初始值为 0,变长字符类型的数组元素初始值为空字符串,定长字符类型的数组元

素初始值为指定长度个数的空格,布尔型的数组元素初始值为"False",变体(Variant)类型的数组元素的初始值是"Empty"。

4. 数组的大小

用数组说明语句定义数组,指定了各维的上、下界取值范围,也就确定了数组的大小。所谓数组的大小就是这个数组所包含的数组元素的个数。数组的大小有时也称为数组的长度,可用下面的公式计算得到:

数组的大小 = 第一维大小 × 第二维大小 × … × 第 N 维大小

维的大小 = 维上界 — 维下界 + 1

例如:程序有下面的数组说明语句

    Dim A(6) As Integer

    Dim B(3, -1 To 4) As Single

A 数组的大小 = 6 - 0 + 1 = 7(个数组元素)

B 数组的大小 = (3 - 0 + 1) × [4 - (-1) + 1] = 4 × 6 = 24(个数组元素)

5.1.3　数组的结构

数组是具有相同数据类型的多个值的集合,数组的所有元素按一定顺序存储在连续的内存单元中。下面分别讨论一维、二维和三维数组的结构。

1. 一维数组的结构

一维数组可以表示线性顺序,也可以用一维数组表示数学中的向量。设有如下语句:

    Dim A(8) As Integer

数组 A 的逻辑结构示意如下:

    A(8) = (A(0), A(1), A(2), …, A(6), A(7), A(8))

一维数组在内存中将会开辟连续的存储单元来依次存放这些数据,由于是整形数组,因此每个数据占两个字节。一维数组的逻辑结构与其在内存中存放次序是一致的。

> A(0), A(1), A(2), …, A(6), A(7), A(8)

2. 二维数组的结构

二维数组的表示形式是由行和列组成的一张二维表,通常用其表示数学中的矩阵。二维数组的数组元素需要用两个下标来标识,分别指明数组元素的行号和列号。

例如:

    Option Base 1

    Dim T(3,4) As Integer

定义了一个二维数组,数组说明符的圆括号中的第一个数为行号,第二个数为列号,表明数组 T 有 3 行(1~3)、4 列(1~4)共计 12 个元素。二维数组 T 的逻辑结构示意如下:

	第 1 列	第 2 列	第 3 列	第 4 列
第 1 行	T(1,1)	T(1,2)	T(1,3)	T(1,4)
第 2 行	T(2,1)	T(2,2)	T(2,3)	T(2,4)
第 3 行	T(3,1)	T(3,2)	T(3,3)	T(3,4)

二维数组在内存中是"按列存放",即先存放第一列的所有元素:T(1,1) T(2,1) T(3,1),接着存放第二列所有元素:T(1,2) T(2,2) T(3,2)……直到存完最后一列的所有元素。所以二维数组的逻辑顺序与元素在内存中的存放次序不同,具体存放次序如下:

T(1,1) T(2,1) T(3,1),T(1,2) T(2,2) T(3,2),T(1,3) T(2,3) T(3,3),T(1,4) T(2,4) T(3,4)

3. 三维数组的结构

三维数组是由行、列和页组成的三维表。三维数组也可理解为几页的二维表,即每页由一张二维表组成。三维数组的元素是由行号、列号和页号来标识的。

例如:

    Option Base 1
    Dim P(2,3,2) As Integer

上面的数组说明语句定义了一个三维数组,圆括号中的第一个数为行号,第二个数为列号,第三个数为页号。三维数组 Page 有 2 页、2 行、3 列共 12 个元素。数组 Page 的逻辑结构形式如下:

    第 1 页   P(1,1,1)   P(1,2,1)
                  P(2,1,1)   P(2,2,1)
    第 2 页   P(1,1,2)   P(1,2,2)
                  P(2,1,2)   P(2,2,2)

三维数组在内存中是按"逐页逐列"存放,即先对数组的第一页中的所有元素按列的顺序分配存储单元,然后再对第二页中的所有元素按列的顺序分配存储单元,……,直到数组的每一个元素都分配了存储单元。具体存放次序如下:

P(1,1,1) P(2,1,1),P(1,2,1) P(2,2,1),P(1,1,2) P(2,1,2),P(1,2,2) P(2,2,2)

5.2　数组的基本操作

对数组的操作主要是通过对数组元素的操作完成的。由于数组元素的本质仍是变量,只不过是带有下标的变量而已,所以可以像给变量赋值一样,给数组元素赋值。与普通变量相同,数组元素可以使用 Print 方法输出,也可以出现在表达式中参与运算。

与普通变量不同,数组元素是有序的,可以通过改变下标访问不同的数组元素。因此在需要对整个数组或数组中连续的元素进行处理时,利用循环结构是最有效的方法。

5.2.1　数组元素的赋值

1. 用赋值语句给数组元素赋值

在程序中通常用赋值语句给单个数组元素赋值。

例如:

    Dim Score(3) As Integer
    Dim Two(1, 1 to 2) As Integer
    Score(0) = 80
    Score(1) = 75
    Score(3) = 68
    Two (0,1) = Score(0)

2. 通过循环逐一给数组元素赋值

在程序中可利用变量来实现对数组元素的访问。

例如,在上例中将 68 赋值给 Score(3) 元素可用下面方式来实现:

　　i = 3

　　Score(i) = 68

若在一个 For 循环中用循环控制变量作为数组元素的下标,就可依次访问一维数组的每一个元素。同样使用双重的 For 循环,用内、外循环的循环控制变量分别作为第一维、第二维的下标就可依次访问二维数组的所有元素。依此类推,数组有 N 维就可以采用 N 重循环给数组的所有的元素一一赋值。

例如,下面的程序是在窗体输出一维数组,数组元素由 100 以内的随机正整数构成;在图片框上输出二维数组,每个数组元素由两重循环的循环控制变量经过运算产生。请注意循环控制变量作为数组下标的使用方法。运行结果如图 5-2-1 所示。

图 5-2-1　数组赋值输出

```
Private Sub Form_Click()
    Dim A(6) As Integer,I As Integer
    Dim B(1 To 2,1 To 3) As Integer,J As Integer
    Print "一维数组"
    For I = 0 To 6                '使用循环给一维数组赋值并输出
        A(I) = Int(99 * Rnd) + 1
        Print A(I);              '分号用于在一行上连续输出数组元素
    Next I
    Print                        '在 Form 上换行
    Picture1.Print "二维数组"
    For I = 1 To 2               '利用二重循环给二维数组赋值并输出
        For J = 1 To 3
            B(I,J) = I * 10 + J
            Picture1.Print B(I,J);
        Next J
        Picture1.Print          '在 PictureBox 上换行
    Next I
End Sub
```

3. 用 InputBox 函数给数组元素赋值

例如,用 InputBox 函数给数组元素赋值,并将数组输出到文本框中。InputBox 上有动态的提示信息,即用户随时知道在录入第几个元素的值。在文本框输出过程中进行换行时需要连接回车换行符,程序中可以利用函数 Chr(13) & Chr(10) 或者利用系统常数 vbCrLf 进行换行操作。运行结果如图 5-2-2 所示。

```
Option Base 1
Private Sub Form_Click()
    Dim A(12) As Integer,I As Integer,s As String
    For I = 1 To 12
        A(I) = InputBox("A(" & I & ") = ","数组 A 赋值")          '动态提示
        s = s & Str(A(I))
```

```
        If I Mod 5 = 0 Then s = s & vbCrLf          '每行显示 5 条数据
      Next I
      Text1 = s
   End Sub
```
注意：文本多行显示时，要将其 MultiLine 属性设置为 True，否则无法实现换行。

图 5-2-2　InputBox 函数给数组元素赋值

提示：利用 InputBox 函数从键盘输入多个数值时，可以利用数字键区，按【Enter】键代替点击 InputBox 上的【确定】按钮。不仅可以提高录入数据的速度，还可以避免不小心点击到【取消】按钮带来的麻烦［若点击【取消】按钮，则 InputBox 返回空字符串，无法转成整型数据赋值给 A(I)，此时程序会报错］。

由于在执行 InputBox 函数时程序会暂停运行等待输入，并且每次只能输入一个值，占用运行时间长，所以 InputBox 函数只适合输入少量数据。如果数组比较大，需要输入的数据较多，用 InputBox 函数给数组赋值就显得不便，这时可以运用文件操作（参见教材第 8 章中有关文件的知识）。

4. 用 Array 函数给数组赋值

利用 Array 函数可以把一个数据集赋值给一个 Variant 变量，再将该 Variant 变量创建成一个一维数组。Array 函数的一般使用形式如下：

　　　　＜变体变量名＞ = Array(［数据列表］)

注意：Array 函数只能给 Variant 类型的变量赋值。＜数据列表＞是用逗号分隔的赋给数组各元素的值。

函数创建的数组的长度与列表中的数据的个数相同。若缺省＜数据列表＞，则创建一个长度为 0 的数组。若程序中缺省 Option Base 1 语句或使用了 Option Base 0 语句，则 Array 函数创建的数组的下界从 0 开始；若窗体的通用部分有 Option Base 1 语句，数组的下界从 1 开始。例如执行如下程序，运行结果如图 5-2-3 所示。

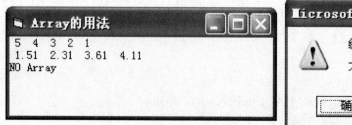
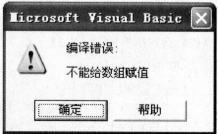

图 5-2-3　Array 函数的使用

```
Option Base 1
    Private Sub Form_Click()
        Dim A As Variant，I As Integer
        Dim B(4) As Variant
        A = Array(5，4，3，2，1)                    'A 包含整型数组
        Print A(1);A (2);A(3);A(4);A(5)
        A = Array(1.51，2.31，3.61，4.11)          'A 包含单精度型数组
        Print A(1)；A(2)；A(3)；A(4)
        A = "NO Array"                            'A 成为字符型变量
        Print A
        B = Array(1，2，3，4，5，6)                  ' 该语句是一条错误语句
    End Sub
```

运行该程序,执行语句"A = Array(5,4,3,2,1)",Array 函数就创建了一维数组 A,数组元素的类型是 Integer。该数组的下标从 1 开始,共有 A(1)、A(2)、A(3)、A(4)、A(5) 等五个元素,它们的值分别是 5、4、3、2、1。这里的 A 是一个包含数组的 Variant 变量,与类型是 Varinat 的数组是完全不相同的,可再次用赋值语句"A = Array(1.51,2.31,3.61,4.11)"给 A 赋值,此刻 Array 函数创建的数组元素个数是 4,数组元素的类型改为 Single。也可以用普通的赋值语句给已包含数组的 Variant 变量 A 赋一个值,例如,A = "NO Array"。执行该语句后,A 不再包含数组,又成为一个普通的字符型变量。当执行语句"B = Array(1,2,3,4,5,6)"时,就会产生一个"给数组赋值"的错误(见运行结果),其原因是 B 是一个已经被定义为 Variant 类型的数组,而不是一个 Variant 类型的普通变量。

注意:不可以用 Array 函数给非 Variant 类型的变量赋值。

5. 文本框数据给数组赋值

对大批量的数据输入,采用文本框输入效率更高。输入时可以采用 Instr 函数获取分隔符的位置从而给数组元素赋值,也可以采用 Split 函数方便地给数组赋值,Split 函数返回一个下标从零开始的一维数组,赋值号左边必须是一个变体型变量,运行结果如图 5-2-4 所示。

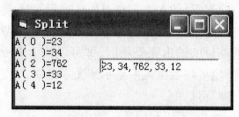

图 5-2-4　Split 函数获取数组元素

```
Private Sub Form_Click()
    Dim A As Variant
    A = Split(Text1,",")    ' 逗号为数据分隔符
    For i = LBound(A) To UBound(A)
        Print"A("; I;") = "; A(I)
    Next i
End Sub
```

　　若在文本框 Text1 中输入"23,34,762,33,12",则运行程序后 A 会变成一个含有五个元素的数组,分别是 A(0) = 23,A(1) = 34,A(2) = 762,A(3) = 33,A(4) = 12。

　　另外该题也可以通过 Instr 函数找到分隔符空格的位置然后将文本框内容分割后输入到数组 A,运行结果如图 5-2-5 所示。

```
Private Sub Form_Click()
    Dim A(4) As Integer，I As Integer，L As Integer，S As String
    S = Text1
    For I = 0 To 3
        L = InStr(S,"")    '空格为数据分隔符
        A(I) = Left(S，L - 1)
        Print"A("; I;") = "; A(I)
        S = Right(S，Len(S) - L)
    Next I
    A(I) = S          '给最后一个数组元素赋值
    Print"A("; I;") = "; A(I)
End Sub
```

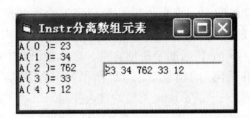

图 5-2-5　Instr 函数获取数组元

5.2.2　数组元素的引用

　　在程序中可以像使用普通变量一样引用数组元素,也就是说,数组元素可以出现在表达式中的任何位置,也可以出现在赋值号的左边。在引用数组元素时,数组元素的下标表达式的值一定要在定义数组时规定的维界范围之内,否则就会产生"下标越界"的错误。

　　数组元素的输出与普通变量的输出完全相同,即可以使用 Print 方法将数组元素显示在窗体上或者显示在图片框中,也可将数组元素显示到文本框中。程序调试时还可以用 Debug. Print 将数组元素显示到"立即"窗口中。

　　数组元素输出时,与输入类似,可以利用循环结构实现。

　　【例 5 - 1】 产生 12 个(1,50)之间的随机整数,并打印出其中的最大数和最小数。

> 分析:用一维数组配合一重 For 循环就可以实现求数组元素的最大和最小值。运行结果如图 5-2-6 所示。参照上章 4.5.1 节所描述的算法。

```
Option Explicit
Option Base 1
Private Sub Form_click()
    Dim Compare(12) As Integer，I As Integer
```

```
Dim Max As Integer，Min As Integer
Randomize
For I = 1 To 12
    Compare(I) = Int(40 * Rnd) + 10
    Print Compare(I);
Next I
Print
Max = Compare(1)：Min = Compare(1)
For I = 1 To 12
    If Compare(I) > Max Then
        Max = Compare(I)
    ElseIf Compare(I) < Min Then
        Min = Compare(I)
    End If
Next I
Print"最大数是："；Max
Print"最小数是："；Min
End Sub
```

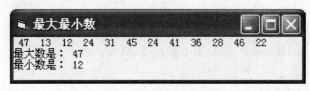

图 5-2-6　程序运行界面

【例 5－2】 生成一个蛇形矩阵(如图 5-2-7 所示)，并按矩阵元素的排列次序将矩阵输出到图片框或文本框(也可同时输出)。

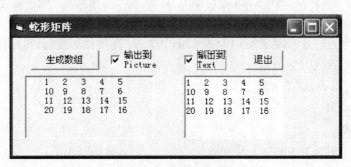

图 5-2-7　程序运行界面

分析：矩阵可用一个二维数组表示，根据矩阵元素值的变化规律应对奇数行的元素与偶数行的元素分别处理。二维数组输出则通过二重 For 循环实现，用外循环控制行的变化，用内循环控制列的变化。

程序代码如下：

```
Option Explicit
```

```
Option Base 1
Dim A(4, 5) As Integer，k As Integer    '在通用处声明模块数组供多个过程使用
Private Sub Form_Load()
    Check1. Enabled = False              '复选框禁用
    Check2. Enabled = False
End Sub
Private Sub Check1_Click()               '输出数组到图片框
    Dim I As Integer, J As Integer, S As String
    Picture1. Cls                        '图片框清空
    If Check1. Value = 1 Then
        For I = 1 To 4
            For J = 1 To 5
                Picture1. Print Tab(J * 4); A(I, J);
                                         '图片框定位输出数组元素
            Next J
            Picture1. Print              '图片框换行
        Next I
    End If
End Sub
Private Sub Check2_Click()               '输出数组到文本框
    Dim I As Integer, J As Integer, S As String
    Text1 = ""                           '文本框清空
    If Check2. Value = 1 Then
        For I = 1 To 4
            For J = 1 To 5
                S = S & Left(A(I, J) &"      ", 4)    '统一数组元素占位、对齐。
            Next J
            S = S & Chr(13) & Chr(10)    '连接回车换行,可以用 vbCrLf 替代
        Next I
        Text1 = S
    End If
End Sub
Private Sub Command1_Click()             '生成数组元素
Dim I As Integer, J As Integer, k As Integer
    For I = 1 To 4
        If I Mod 2 <> 0 Then             '处理奇数行
            For J = 1 To 5
                k = k + 1
                A(I, J) = k
            Next J
```

```
        Else
            For J = 5 To 1 Step -1        '处理偶数行
                k = k + 1
                A(I, J) = k
            Next J
        End If
    Next I
    Check1. Enabled = True              '复选框可用
    Check2. Enabled = True
End Sub
Private Sub Command3_Click()
    End
End Sub
```

注意:上例中的文本框的 multiline 属性必须设置为 True。请思考 Check 过程中的语句 Picture1. Cls 和 Text1 = ""的含义,如果没有这两条语句,结果会如何?

5.2.3 数组函数及数组语句

在使用数组时,经常要用到一些与数组相关的函数和语句,这些函数和语句能够提供给编程者一些便捷。

1. LBound 函数

LBound 函数的功能是返回数组某维的维下界的值。它的调用形式如下:

LBound(数组名[,d])

参数 d 为维数,若缺省则函数返回数组第一维的维下界的值或一维数组的下界。

例如,执行下面的程序段:

```
Private Sub Form_Click()
    Dim A(4) As Integer, B(3 to 6, 10 to 20)
    Print LBound(A), LBound(B,1), LBound(B,2)
End Sub
```

程序执行结果是:

    0   3   10

其中,LBound(A)返回 A 数组的维下界的值 0,LBound(B,1)和 LBound(B,2)分别返回 B 数组的第一维的维下界 3 和第二维的维下界 10。

2. UBound 函数

UBound 函数的功能是返回数组某维的维上界的值,它的调用形式如下:

UBound(数组名[,d])

例如,执行下面的程序段:

```
Private Sub Form_Click()
Dim A(4) As Integer, B(3 to 6, 10 to 20)
Print UBound(A), UBound(B,1), UBound(B,2)
End Sub
```

程序执行结果是：

    4   6   20

其中，UBound (A)返回 A 数组的维上界的值 4，UBound(B,1)和 UBound(B,2)分别返回 B 数组的第一维的维上界 6 和第二维的维上界 20。

3. For Each-Next 结构语句

在处理数组元素时，大多使用循环结构。VB 提供了一个与 For…Next 语句类似的结构语句 For Each…Next，两者都可以重复执行某些操作直到完成指定的循环次数。但是，For Each…Next 语句是专门用来为数组中的每个元素重复执行而设置的一组语句。程序执行 For Each…Next 语句时，从数组的第一个元素开始依次处理每一个元素，在到达数组或集合末尾时自动停止循环。For Each-Next 结构语句的一般形式是：

    For Each Element In ＜array＞

        [语句体]

    Next [Element]

其中，Element 是在 For Each-Next 语句中重复使用的 Variant 类型变量，实际上代表数组中的每一个元素。

＜array＞是数组名。循环次数则由数组中的元素个数确定。

语句体就是需要重复执行的循环体，与 For…Next 循环一样，在循环体内可以包含 Exit For 语句，若执行该语句则将退出循环。

【例 5－3】 使用 For Each…Next 结构，将产生的二维数组依次输出，根据输出结果查看二维数组在内存中的存放次序。运行结果如图 5-2-8 所示。

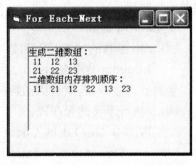

图 5-2-8　For Each-Next 运行界面

```
Option Explicit
Option Base 1
Private Sub Form_Click()
    Dim A(2, 3) As Integer, V As Variant
    Dim i As Integer, j As Integer
    Picture1. Print"生成二维数组："
    For i = 1 To 2
        For j = 1 To 3
            A(i, j) = i * 10 + j
            Picture1. Print A(i, j);
        Next j
        Picture1. Print
    Next i
    Picture1. Print"二维数组内存排列顺序："
    For Each V In A
        Picture1. Print V;
    Next V
End Sub
```

通过运行可以看出，二维数组在内存中是按列存放的。

【例 5－4】　使用 For Each…Next 结构，找出 10 个能被 9 整除的两位数，并分两行输出。运行结果如图 5-2-9 所示，程序代码如下：

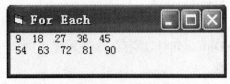

图 5-2-9　运行界面

```
Option Explicit
Option Base 1
Private Sub Form_Click()
    Dim A(10) As Integer，V As Variant
    Dim i As Integer，j As Integer
    j＝9
    For i＝1 To 10
        A(i)＝j
        j＝j＋9
    Next i
    j＝0
    For Each V In A
        Print V；
        j＝j＋1
        If j Mod 5＝0 Then Print
    Next V
End Sub
```

5.3　动态数组

在程序设计中定义数组时，可能不知道数组到底应该有多大才能满足需要，所以希望程序在运行时具有改变数组大小的能力。动态数组就是在程序运行时可以根据需要多次重新定义大小的数组。用数组说明语句定义一个不指明大小的数组，VB 将它视为一个动态数组。使用动态数组可以节省存储空间，有助于有效地管理内存，使程序更加简洁明了。

5.3.1　动态数组定义

定义动态数组一般分为两步：
- 定义不指明大小的数组，语句格式如下：
  Public ｜ Private ｜ Dim ｜ Static 数组名()［As 数据类型］
- 使用 ReDim 语句来动态地定义数组的大小、分配存储空间。ReDim 语句格式如下：
  ReDim［Preserve］数组名(维界定义)

ReDim 语句的功能是：重新定义动态数组，或定义一个新数组，按指定的大小重新分配存储空间。

注意：ReDim 语句与 Public、Private、Dim、Static 语句不同，ReDim 语句是一个可执行语句，只能出现在过程中；其次，重新定义动态数组时，不能改变数组的数据类型，除非是 Variant 变量所包含的数组。

在程序中可以使用 ReDim 语句多次重新定义动态数组。与固定大小数组说明不同，在重新定义动态数组时，变量可以出现在维界表达式中。也就是说，可以使用变量说明动态数组新的大小。

当语句中缺省关键字 Preserve 时,可以重新定义动态数组的维数和各维的上、下界,执行 ReDim 语句时,原有存储在数组中的值全部丢失,重新定义的数组被赋予该类型变量的初始值。

含有关键字 Preserve 时,保留原数组的内容,并且只能改变最后一维的维上界(由于数组元素在内存中按列排列的缘故)。若改变数组的维数或其他的维界将产生错误。

若重新定义后的数组比原来的数组小,则从原来数组的存储空间的尾部向前释放多余的存储单元;如果比原来的数组大,则从原来的数组存储空间的尾部向后延伸增加存储单元,新增元素被赋予该类型变量的初始值。

若 ReDim 语句所使用的数组在模块中或过程中不存在,则该语句相当于用说明语句定义一个新数组,即 ReDim 语句可以定义新数组。

```
Option Base 1
Dim DAry() As Integer
Private Sub Subl()
    Dim X As Integer, Y As Integer
    ReDim DAry(9)
                        '将动态数组 DAry()定义为具有 9 个元素的一维数组
    X = 3
    Y = 5
    ReDim DynArry(X, Y)    '将动态数组 DynArry 重新定义为 3×5 的二维数组
End Sub
```

【例 5-5】 对数组重新定义时保留动态数组的内容。运行结果如图 5-3-1 所示。

图 5-3-1 运行界面

```
Option Base 1
Private Sub Form_Click()
    Dim DAry() As Integer
    Dim I As Integer, J As Integer
    ReDim DAry(3, 3)
    Print"数组 DAry(3,3)的值"
    For I = 1 To 3
        For J = 1 To 3
            DAry(I, J) = I * 10 + J
            Print DAry(I, J);
        Next J
        Print
    Next I
    ReDim Preserve DAry(3, 5)
    DAry(3, 5) = 10
    Print"数组 DAry(3,5)的值"
    For I = 1 To 3
        For J = 1 To 5
```

```
            Print DAry(I, J);
        Next J
        Print
    Next I
End Sub
```

5.3.2 Erase 语句

Erase 语句的功能是重新初始化数组,即运行 Erase 语句后数组回到执行声明语句后的状态。由于声明数组时不同的数组系统处理的方式不同,所以执行 Erase 语句后产生的效果也不同(见表 5.3.1)。对于固定大小数组,执行 Erase 语句后数组元素值回归该类型的初始化状态,例如,若是数值型元素均为 0;对于动态数组,执行 Erase 语句后数组存储空间释放,数组元素不存在了。Erase 语句使用形式如下:

　　　　Erase　a1[,a2,…]

语句体中的 a1、a2 为需要重新初始化的数组名。

表 5-3-1　Erase 语句作用

数组类型	作　　用
固定大小数值数组	将每个元素设为 0。
固定大小字符串数组	将每个元素设为空字符串 ("")。
固定大小 Variant 数组	将每个元素设为 Empty。
用户定义类型的数组	将每个元素作为单独的变量来设置。
对象数组	将每个元素设为特定值 Nothing。
动态数组	释放动态数组所使用的内存。在下次引用该动态数组之前,程序必须使用 ReDim 语句来重新定义该数组变量的维数。

例如,运行下面的程序段,结果如图 5-3-2 所示。

```
Private Sub Form_Click()
    Dim A(3)  As Integer,B()  As Integer
    A(1) = 10;A(2) = 20;A(3) = 30
    Print "A:";A(1),A(2),A(3)
    ReDim B(4)
    B(1) = 1;B(2) = 2;B(3) = 3;B(4) = 4
    Print "B:";B(1),B(2),B(3),B(4)
    Erase A,B
    Print "Erase A:";A(1);A(2);A(3)
    'Print "Erase B:";B(1);B(2);B(3);B(4)' 下标越界
End Sub
```

在"Erase A,B"语句执行后,整型数组 A 的所有元素值将改变为 0;动态数组 B 的存储空间释放,数组没有存储单元。所以打印 B 数组元素值的语句出现下标越界错误(如图 5-3-2 所示)。总之,执行 Erase 后的数组状态回到了初始化时声明数组语句执行后的状态。

下标越界错误是初学者在使用数组时经常遇到的错误,这时需要仔细检查有关数组的说明语句和对数组元素进行赋值操作语句中的下标值,若下标值超过了数组说明语句中的上、下界,系统就会产生下标越界错误,如图 5-3-3 所示。

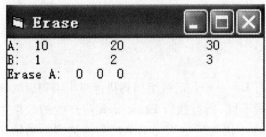

图 5-3-2　Erase 的使用结果

图 5-3-3　错误提示信息

5.3.3　动态数组应用

动态数组的应用很广泛,只要事先对数组元素不能确定的情况下一般均可以使用动态数组,应用动态数组时请注意 ReDim 语句的正确使用。

【例 5-6】　找出 100 以内的所有素数,存放在数组 Prime 中,并将所找到的素数,按每行 10 个的形式显示在窗体上。运行结果如图 5-3-4 所示。

> 分析:凡是只能被 1 和本身整除的数称为素数。除 2 以外,其余的素数都是奇数,所以只需对 100 以内的每一个奇数进行判断即可。

由于编写程序时不能确定 100 以内有多少个素数,所以在定义数组时采用动态数组可以减少存储空间的浪费。

程序代码如下:

```
Option Explicit
Option Base 1
Private Sub Command1_Click()
    Dim Prime() As Integer,i As Integer
    Dim k As Integer,m As Integer,j As Integer
    ReDim Prime(1)
    Prime(1)=2                        '2 为数组中的第一个素数元素
    m=1
    For i=3 To 99 Step 2
        For k=2 To Sqr(i)            '循环终值也可以是 i-1 或 1/2
            If i Mod k=0 Then Exit For        '不满足素数条件跳出循环
        Next k
        If k > Sqr(i) Then            'k > Sqr(i)满足素数条件
            m=m+1
            ReDim Preserve Prime(m)
            Prime(m)=i
        End If
```

```
        Next i
        For i = 1 To UBound(Prime)
            If Prime(i) < 10 Then
                Picture1. Print Prime(i); ""; ' 个位数加空格用来控制格式,保持对齐
            Else
                Picture1. Print Prime(i);
            End If
            If i Mod 5 = 0 Then Picture1. Print
        Next i
    End Sub
    Private Sub Command2_Click()
        Picture1. Cls
    End Sub
    Private Sub Command3_Click()
        End
    End Sub
```

图 5-3-4　找素数运行界面

5.4　控件数组

在程序设计中除了可以将同类型的数据用数组表示外,还可以将工具箱中同类型的控件用数组表示,这样就构成了控件数组。在一些场合中使用控件数组可以使编程更加简洁实用。

5.4.1　控件数组的创建

1. 基本概念

控件数组是由一组具有共同名称和相同类型的控件组成,数组中的每一个控件共享同样的事件过程。例如,若一个控件数组含有四个 Option 按钮,不论单击哪一个,都会调用同一个 Click 事件过程。

控件数组的名字由控件的 Name 属性指定,而数组中的每个元素的下标则由控件的 Index 属性指定,也就是说,Index 属性区分控件数组中的元素。控件数组的第一个元素的下标是 0,可用到的最大索引值为 32767。引用控件数组元素的方式同引用普通数组元素一样,均采用如下形式:

控件数组名(下标)

例如,Option1(0),表示控件数组 Option1 的第 0 个元素。同一控件数组中的元素可以有相同的属性设置值,也可以有自己的属性设置值。

控件数组中的所有控件会响应与其有关的同一个事件过程。当数组中的一个控件识别了一个事件时,系统控件的 Index 属性值传递给过程,由它指明是哪个控件识别了事件。下面是 Option 控件数组的 Click 事件过程的格式,从中可以看到在控件数组的事件过程中自动加入了 Index 的参数。

```
    Private Sub Option1_Click（Index As Integer）
        ......
    End Sub
```

2. 建立控件数组

用户在设计时可使用两种方法创建控件数组。

（1）创建同名控件

首先在窗体上摆放一组同类型的控件，并决定哪个控件作为数组中的第一个元素，此时该元素的 Index 值设为 0。接着，在属性窗口中将其他控件的 Name 属性设置成与控件数组中的第一个元素相同的值。

当对控件输入与数组第一个元素相同的名称后，VB 将显示一个对话框（如图 5-4-1 所示），询问是否确实要建立控件数组。此时选择【是】按钮，则该控件被添加到数组中，同时控件的 Index 属性值自动设为 1。若选择【否】按钮，则放弃此次建立控件数组的操作。依次把每一个要加入到数组中的控件的名字改为与数组第一个元素相同的名称，即可创建控件数组。新加入到控件数组中的控件的 Index 值均为数组中上一个控件的 Index 值加 1。

图 5-4-1　创建控件数组对话框

（2）复制现存控件

① 在窗体上摆放一个控件，并作为控件数组的第一个元素。

② 选定这个控件，将其复制到剪贴板，再将剪贴板内容粘贴到窗体上，VB 将显示一个同样的对话框（如图 5-4-1 所示），询问是否要创建控件数组。此时选择"是"按钮，则该控件被添加到数组中。指定该控件的索引值为 1，而数组第一个元素的 Index 值设置为 0。通过多次"粘贴"操作，增加控件数组中的元素。每个新数组元素的 Index 值与其添加到控件数组中的次序相同。

用户在界面上可以将不同类型的控件进行分组，这时可将同一类型的控件数组放在 Frame 中，此时采用复制操作创建控件数组，在"粘贴"之前必须先用鼠标选中 Frame，否则将粘贴后位于窗体左上角的控件拖拽进 Frame 的操作是无效的。

提示：被 Frame 框架分成一组的一类控件往往形成的是控件数组，在窗体上移动 Frame，跟着 Frame 一起移动的控件说明分组成功，否则失败。这是验证 Frame 内的控件数组是否有效的好方法。

（3）运用代码产生控件数组

运用代码产生控件数组时，必须在设计状态下，首先在窗体上创建一个 Index 属性为 0 的控件，程序运行时方可运用 Load 语句进行添加控件数组的操作。

Load 语句格式如下：

　　Load Object(Index)

Object 是指在控件数组中添加的控件名称，Index 是控件在数组中的索引值。

加载新元素到控件数组时，不会自动把上一个元素的 Visible、Index、TabIndex 属性设置值复制到控件数组的新元素中，所以要在程序中将新元素的 Visible 属性设置成 True，并通过改变它的 Left 和 Top 属性将其从控件数组中上一个元素的下方移动出来，否则会被上一个控件遮住。

若要删除用 Load 语句产生的控件数组元素,可以使用 Unload 语句。

Unload 语句格式如下:

　　　　Unload Object(Index)

【**例 5-7**】 在程序运行时,通过 Load 语句创建名为 T1 的控件数组。运行结果如图 5-4-2 所示。

首先在窗体上放置一个命令按钮和一个文本框控件,将文本框的 Name 属性改为 T1,Index 属性设为 0。

在代码窗口添加下面的程序代码:

图 5-4-2　代码创建控件数组

```
Option Explicit
Dim n As Integer                  'n 必须定义成模块级变量
Private Sub Command1_Click()
    If n < 3 Then
    n = n + 1
    Load T1(n)
    T1(n). Visible = True                              '可见
    T1(n). Top = T1(n-1). Top + T1(n-1). Height + 100   '纵向移位
    T1(n). Left = T1(n). Left + n * 1500                '横向移位
    T1(n) = n
    End If
End Sub
```

若要产生垂直方向或水平方向的控件数组时,只要选择代码中的纵向移位或横向移位中的某一条语句执行即可。

5.4.2　控件数组应用

控件数组主要应用于具有多个同类型控件的应用程序中。运用控件数组,并利用 For…Next循环结构,就可非常简便地对控件数组的各个元素进行操作。

【**例 5-8**】 使用控件数组控制文字的字体、字形及字号,程序运行界面如图 5-4-3 所示。

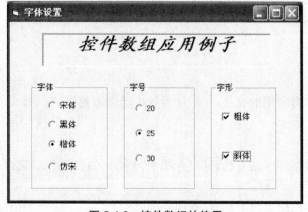

图 5-4-3　控件数组的使用

Option Explicit

```
Private Sub Option1_Click(Index As Integer)          '字体
    Select Case Index
        Case 0
            Label1.FontName = "宋体"
        Case 1
            Label1.FontName = "黑体"
        Case 2
            Label1.FontName = "楷体_GB2312"
        Case 3
            Label1.FontName = "仿宋_GB2312"
    End Select
End Sub
Private Sub Option2_Click(Index As Integer)          '字号
    Select Case Index
        Case 0
            Label1.FontSize = 18
        Case 1
            Label1.FontSize = 20
        Case 2
            Label1.FontSize = 24
    End Select
End Sub
Private Sub Check1_Click(Index As Integer)          '字形
    Select Case Index
        Case 0
            Label1.FontBold = Not Label1.FontBold
        Case 1
            Label1.FontItalic = Not Label1.FontItalic
    End Select
End Sub
```

5.5 常用算法

排序和查找是非常实用的算法,在程序设计中经常需要用到。

5.5.1 排序

目前有多种对数据排序的方法,这里介绍两种常用的排序算法:选择排序和冒泡排序。

1. 选择排序

选择排序的基本思想是逐个比较,逆序交换。

说明:设在数组 Sort 中存放 n 个无序的数,要将这 n 个数按升序重新排列。第一轮比较:用 Sort(1)与 Sort(2)进行比较,若 Sort(1)>Sort(2),则交换这两个元素中的值,然后继续用

Sort(1)与 Sort(3)比较,若 Sort(1)>Sort(3),则交换这两个元素中的值;依此类推,直到 Sort(1)与 Sort(n)进行比较处理后,Sort(1)中就存放了 n 个数中的最小的数。

第二轮比较:用 Sort(2)依次与 Sort(3)、Sort(4)、…、Sort(n)进行比较,处理方法相同,每次比较总是取小的数放到 Sort(2)中,这一轮比较结束后,Sort(2)中存放 n 个数中的第二小的数。

第 n-1 轮比较:用 Sort(n-1)与 Sort(n)比较,取小者放到 Sort(n-1)中,Sort(n)中的数则是 n 个数中最大的数。经过 n-1 轮的比较后,n 个数已按从小到大的次序排列好了。

【例 5-9】 用选择排序法对 10 个两位随机整数进行从小到大排序。运行结果如图 5-5-1 所示,程序代码如下:

```
Option Explicit
Option Base 1
Private Sub CmdSort_Click()
    Dim Sort(10) As Integer, Temp As Integer
    Dim I As Integer, J As Integer
    Randomize
    For I = 1 To 10
        Sort(I) = Int(99 * Rnd) + 10
        Text1 = Text1 & Str(Sort(I))
    Next I
    For I = 1 To 9
        For J = I + 1 To 10
            If Sort(I) > Sort(J) Then
                Temp = Sort(I)
                Sort(I) = Sort(J)
                Sort(J) = Temp
            End If
        Next J
        Text2 = Text2 & Str(Sort(I))
    Next I
    Text2 = Text2 & Str(Sort(I))
End Sub
```

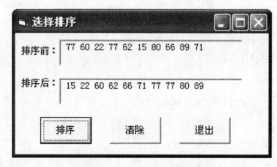

图 5-5-1　选择排序运行界面

选择法排序方法比较简单,n 个数据排序时比较的轮数是 n-1 次,每一轮中的比较次数也是有规律的。

从上面的程序可以看出,由于把交换两个数组元素的操作放在内循环,因此数据交换的操作比较多。我们可以对上面的算法稍加改进,以减少交换数据的次数。设置一个指针变量Pointer,在第 i 轮比较中,需要将 Sort(i)与后面元素依次进行比较。首先将数组元素的下标 i赋给 Pointer,用 Sort(Pointer)与其后的元素进行比较,在进行数据比较过程中若 Sort(Pointer)大于其后的某个元素时,仅将该元素的下标赋给变量 Pointer,使得 Pointer 的值始终指向当前较小的元素,并且此时程序不急于做数据位置的交换。当这一轮比较结束后(即内循环结束后),若循环控制变量 i 与 Pointer 相同,则说明这一轮比较中 Sort(i)就是最小值,不需要进行数据交换;若不相等,说明 Sort(Pointer)是最小值,将其与 Sort(i)的位置进行交换即可。

2. 冒泡排序

冒泡排序的基本思想是:"两两比较,逆序交换"。

说明:设在数组 A 中存放 n 个无序的数,要将这 n 个数按降序重新排列。

第一轮比较:将 A(1)和 A(2)比较,若 A(1)＜A(2)则交换这两个数组元素的值,否则不交换;然后再用 A(2)和 A(3)比较,处理方法相同。依此类推,直到 A(N-1)和 A(N)比较后,这时 A(N)中就存放了 N 个数中最小的数。

第二轮比较:将 A(1)和 A(2)、A(2)和 A(3),…,A(N-2)和 A(N-1)比较,处理方法和第一轮相同,这一轮比较结束后 A(N-1)中就存放了 N 个数中第二小的数。

第 N-1 轮比较:将 A(1)和 A(2)进行比较,处理方法同上,比较结束后,这 N 个数即可按从小到大的次序排列好。

【例 5-10】用优化的冒泡排序法对 10个 100 以内的随机整数进行从小到大排序。运行结果如图 5-5-2 所示。

程序代码如下:

图 5-5-2　冒泡排序运行界面

```vb
Option Explicit
Private Sub Command1_Click()
    Dim sort(10) As Integer
    Dim temp As Integer, flag As
    Boolean
    Dim i As Integer, j As Integer
    Dim pointer As Integer
    Randomize
    Text1 = "": Text2 = ""
    For i = 1 To 10
        sort(i) = Int((100 - 1) * Rnd) + 1
        Text1 = Text1 & Str(sort(i))
    Next i
    For i = 1 To 9
        For j = 1 To 10 - i
            If sort(j) < sort(j + 1) Then
                temp = sort(j)
```

```
            sort(j) = sort(j + 1)
            sort(j + 1) = temp
            flag = True                    ' 本轮比较发生交换
        End If
      Next j
      If flag = False Then Exit For ' 本轮未发生交换,数据已排好序,跳出循环
      flag = False
   Next i
   For i = 10 To 1 Step -1
      Text2 = Text2 & Str(sort(i))
   Next i
End Sub
```

上述程序是优化后的冒泡排序法,若将程序中有关 flag 变量的语句全部去掉,即为普通的冒泡排序算法。从程序可以看出,在普通的冒泡排序算法中比较次数是固定的,但有时数据完全排好序并不需要固定好的比较次数,有可能用较少的次数就已经将排序完成,若按照普通的冒泡排序法进行比较,会耗费不少时间。我们可以在普通冒泡排序算法中加入 flag 变量,将其变为优化的冒泡排序算法,flag 变量的作用是记录某一轮比较中是否发生过交换,若无交换,说明数据已经排好序,就不需要再进行后面的比较了,因此可以减少不必要的循环次数,提高程序运行效率。

5.5.2　数据查找

在一组数据中查找是否存在指定的数据对象是极其常见的数据处理之一,在这里我们介绍两种常用的数据查找算法:顺序查找和二分法查找。

1. 顺序查找

顺序查找就是从数组第一个元素项开始,将要查找的数与每一个数组元素的值进行比较,如果相同,就给出"找到"的信息;如果遍历整个数组都没有找到相同的数据,就给出"找不到"的信息。

【例 5-11】 产生 10 个 100 以内的随机整数,在 InputBox 中输入需要进行查找的数,并给出查找结果。

程序代码如下:

```
Option Explicit
Option Base 1
Dim search(10) As Integer
Private Sub Command1_Click()
   Dim i As Integer
   For i = 1 To 10
      search (i) = Int((100 - 1) * Rnd) + 1
      Text1 = Text1 & Str(search (i))
   Next i
End Sub
```

```
Private Sub Command2_Click()
    Dim i As Integer，find As Integer
    Text2 = ""
    find = InputBox("输入要查找的数","search")
    For i = 1 To UBound(search)
        If search(i) = find Then Exit For
    Next i
    If i <= UBound(search) Then
        Text2 = "要查找的数"& Str(search(i)) &"是 search("& Str(i) &")"
    Else
        Text2 = "在数列中没有找到"& Str(find)
    End If
End Sub
Private Sub Command3_Click()
    Text1 = ""  ：    Text2 = ""
    Command1.SetFocus        '【生成数据】按钮聚焦,可以按【回车】键相当于单
击此按钮,以便快捷地生成下一组数据
    End Sub
```

运行结果如图 5-5-3 所示。

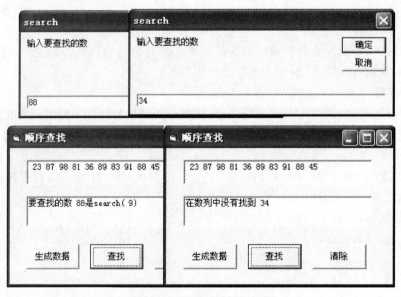

图 5-5-3　顺序查找运行界面

2. 二分法查找

　　顺序查找的方法虽然简单,当数据量很大时,这样一个一个地比较将会花费很多时间。如果数组已经排好序,就可以采用二分法查找来查找某个数。所谓"二分法"查找,就是每次操作都将查找范围一分为二,即将查找区间缩小一半,直到找到或查询了所有区间都没有找到要查找的数据为止。

注意:使用二分法进行查找的前题是必须先将数据进行排序。

【例 5 - 12】　设计二分法查找程序。生成 10 个三位随机整数并进行排序,然后在此数列中进行查找。

说明:先利用"直接排序"法既优化的选择排序方法对数据进行升序排序(改进后的排序算法中减少了交换数据的次数,提高了程序运行效率)。然后在已按排好序的 Search 数组中,设 Left 代表查找区间的左端,初值为 1,Right 代表查找区间的右端,初值为数组的上界。Mid 代表查找区间的中部位置,Mid = (Left + Right)/2。待查找的数存放在变量 Find 中。二分法查找的算法如下:

(1) 计算出中间元素的位置 Mid,判断要查找的数 Find 与 Search(Mid)是否相等,若相等,则要查找的数已找到,输出相关的数据找到的信息,结束程序;

(2) 若 Find 的值>Search(Mid)的值,则表明要查找的数 Find 可能在 Search(Mid)和 Search(Right)区间中,因此重新设置 Left = Mid + 1;

(3) 若 Find<Search(Mid),则表明 Find 可能在 Search(Left)和 Search(Mid)区间,因此重新设置 Right = Mid - 1;

重复上述步骤,每次查找区间减少一半,如此反复,当出现 Left>Right 时,表明数列中没有所要查找的数据,输出相关的数据没有找到的信息,结束程序。

二分查找的程序代码如下:

```
Option Explicit
Option Base 1
Dim search(10) As Integer
Private Sub Command1_Click()
    Dim pointer As Integer, temp As Integer
    Dim i As Integer, j As Integer
    For i = 1 To 10
        search(i) = Int(900 * Rnd) + 100
    Next i
    ' 优化的选择排序 - - "直接排序法"
    For i = 1 To 9
        pointer = i
        For j = i + 1 To 10
            If search(pointer) > search(j) Then
                pointer = j
            End If
        Next j
        If i <> pointer Then
            temp = search(i)
            search(i) = search(pointer)
            search(pointer) = temp
        End If
        Text1 = Text1 & Str(search(i))
```

```
        Next i
        Text1 = Text1 & Str(search(i))                    ' 连接第 10 个数
    End Sub
    Private Sub Command2_Click()                          ' 二分法查找按钮
        Dim left As Integer，right As Integer，mid As Integer
        Dim find As Integer，flg As Boolean
        find = InputBox("输入要查找的数","二分法查找")
        left = 1：right = UBound(search)
        flg = False
        Do While left ＜ = right
            mid = Int(left + right) / 2
            If search(mid) = find Then
                flg = True
                Exit Do
            ElseIf find ＞ search(mid) Then
                left = mid + 1
            Else
                right = mid - 1
            End If
        Loop
        If flg Then
            Text2 = "要查找的数"& Str(find) &"是 search("& Str(mid) &")"
        Else
            Text2 = "在数列中没有找到"& Str(find)
        End If
    End Sub
```

运行结果见图 5-5-4。

说明：清除按钮代码同【例 5 - 11】。

我们也可以在【例 5 - 9】和【例 5 - 10】的界面上添加【查找】按钮和相应代码来完成查找要求。运行时先生成一组随机数，利用排序按钮对数据排序，然后再进行查找。参考界面如图 5-5-5 所示。

注意：修改后的程序，窗体和工程都要通过【文件】菜单中的【窗体另存为】、【工程另存为】分别保存，这样才能不覆盖原有的程序而得到新的程序。

另外，用户也可以新建工程，用添加"现有窗体"的方法，将【例 5 - 9】和【例 5 - 10】的窗体添加进来，再对界面和代码

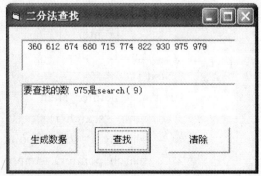

图 5-5-4　二分法查找运行界面

进行修改,从而得到新的工程。运用此类方法可以对已有的程序充分利用,提高编程效率。

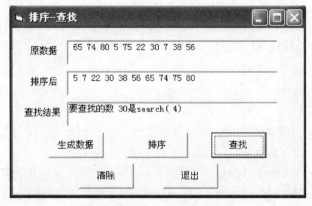

图 5-5-5　顺序-查找参考界面

5.6　综合应用

【例5‐13】　制作计算器。计算器的功能含四则运算和取余数,界面如图5-6-1所示。

图 5-6-1　计算器界面

说明:控件数组 cmdNum 由十一个按钮组成,按钮的下标 Index 与 Caption 属性 0～9 这十个数建立对应关系,小数点按钮控件的 Index 属性为 11。点击控件数组中的某个命令按钮时,Index 就取该控件数组元素的下标值。cmdNum 中的 11 个按钮共享 Private Sub cmdNum_Click(Index As Integer)事件过程。

控件数组 cmdCount 由五个按钮组成,分别表示"＋"、"－"、"×"、"/"运算符和"Mod",这是运算类型控件数组。

另外界面上还有命令按钮 cmdEqu、cmdC 和 cmdCE 分别代表"＝"、"C"(清零)和"CE"(退出)。它们均为单独的按钮控件,不是控件数组。

在界面上摆放一个文本框,将其 Alignment 属性设置为 1‐Right Justify。

程序代码如下:

```
Option Explicit
Dim op As Integer，first As Single              '声名共用变量
Private Sub cmdNum_Click(Index As Integer)      '数字控件数组按钮
    If Index = 11 Then
        Text1. Text = Text1. Text &". "         '连接小数点
    Else
        Text1. Text = Text1. Text & CStr(Index)  '连接数字
    End If
    '去除整数前面的 0
    If Len(Text1) = 2 And Left(Text1，1) = "0" And Mid(Text1，2，1) <
>". "Then
        Text1 = Mid(Text1，2)
```

```
        End If
    End Sub
    Private Sub cmdCount_Click(Index As Integer)        ' 运算符控件数组按钮
        first = Val(Text1. Text)                         ' 保存第一个操作数
        op = Index                                       ' 记录运算类型
        Text1. Text = ""
    End Sub
    Private Sub cmdEqu_Click()                           ' 等号按钮【=】
        Dim sec As Single
        sec = Val(Text1. Text)                           ' 取出第二个操作数
        Select Case op                              ' 根据不同的运算类型进行计算
            Case 0
                Text1. Text = Str(first + sec)
            Case 1
                Text1. Text = Str(first − sec)
            Case 2
                Text1. Text = Str(first  ∗  sec)
            Case 3
                If sec <> 0 Then
                    Text1. Text = Str(first / sec)
                Else
                    Text1. Text = "除数为 0"
                End If
            Case 4
                If sec <> 0 Then
                    Text1. Text = Str(first Mod sec)
                Else
                    Text1. Text = "除数为 0"
                End If
        End Select
    End Sub
    Private Sub cmdC_Click()                             ' 清除按钮【C】
        Text1. Text = ""
        first = 0
    End Sub
    Private Sub cmdCE_Click()                            ' 退出按钮【CE】
        End
    End Sub
```

【例 5‑14】 编写程序,删除一个数列中的重复数。运行结果如图 5-6-2 所示。

说明:随机生成具有 N 个元素的数列,将其存放在数组 A 中。第一轮用 A(1)依次和位于其后的所有数组元素比较,假设数组元素 A(i)与它相同,则将 A(i)删除。删除的方法是将位于 A(i)元素后面的数组元素依次前移,直到将 A(i)覆盖为止;然后继续用 A(1)和 A(i)、A(i+1)、A(i+2)等比较,若有相同数存在,仍然将其删除,直到比较完所有元素。第二轮用 A(2)依次和位于其后的所有数组元素比较,处理方法与第一轮相同。依此类推,直到处理完所有元素。

程序代码如下:

```
Option Explicit
Option Base 1
Dim A() As Integer
Private Sub Command1_Click()
    '生成数列
    Dim N As Integer, I As Integer
    Randomize
    Text1 = ""
    Text2 = ""
    N = InputBox("输入 N")
    Label1. Caption = "原数列"& N &"个"    '标签动态显示
    ReDim A(N)                            '定义动态数组
    For I = 1 To N
        A(I) = Int(10 * Rnd) + 1
        Text1 = Text1 & Str(A(I))
    Next I
End Sub
Private Sub Command2_Click()
    Dim Ub As Integer, I As Integer, J As Integer
    Dim K As Integer, N As Integer
    Text2 = ""
    Ub = UBound(A)
    N = 1
    '三重循环,删除重复数
    Do While N < Ub
        I = N + 1                           '移动的指针
        Do While I <= Ub
            If A(N) = A(I) Then             '有重复数
                For J = I To Ub - 1         '注意终值应 Ub-1,否则会数组越界
                    A(J) = A(J + 1)         '元素前移,删除重复数
                Next J
                Ub = Ub - 1                 '元素个数减 1
                ReDim Preserve A(Ub)        '重定义数组(缩小),注意参数 Preserve
            Else
```

```
            I = I + 1                        ' 不重复数指针后移,指向下一个比较元素
         End If
      Loop
      N = N + 1                              ' 比较的数据下标(指针)后移
   Loop
   Label2. Caption = "新数列"& Ub &"个"        ' 标签动态显示
   For N = 1 To Ub
      Text2 = Text2 & Str(A(N))              ' 输出结果
   Next N
End Sub
```

图 5-6-2　删除重复运行界面

思考:

程序中用双重的 Do 循环处理删除数组中的重复的数。能否用 For 循环替代 Do 循环? 为什么?

另外,如果想要生成 n 个无重复的随机数存放到数组 A 中,可以用下面的程序段实现:

```
j = 1
Do While j <= 10
   A(j) = Int(Rnd * 90) + 10
   For i = 1 To j - 1
      If A(i) = A(j) Then Exit For
   Next i
   If i = j Then j = j + 1
Loop
```

【例 5－15】 找出一个 m×n 数组的"鞍点"。所谓"鞍点",就是指一个在本行中值最大,在本列中值最小的数组元素。若找到了"鞍点",则输出"鞍点"行号和列号;若数组不存在"鞍点",则输出"鞍点不存在"。运行结果如图 5-6-3 所示。

```
Option Base 1
Private Sub Command1_Click()
   Dim A() As Integer, I As Integer, J As Integer
   Dim Max As Integer, Min As Integer, Maxi As Integer, Minj As Integer
   Dim M As Integer, N As Integer, K As Integer
   M = InputBox("请输入数组行数:")
   N = InputBox("请输入数组列数:")
```

```
        ReDim A(M, N)
        Randomize
        For I = 1 To M
            For J = 1 To N
                A(I, J) = Int(Rnd * 90 + 10)
                Picture1. Print A(I, J);
            Next J
            Picture1. Print
        Next I
        For I = 1 To M
            Max = A(I, 1)：Maxi = 1
            For J = 2 To N
                If A(I, J) > Max Then Max = A(I, J)：Maxi = J
            Next J
            Min = A(1, Maxi)：Minj = 1
            For J = 2 To M
                If A(J, Maxi) < Min Then Min = A(J, Maxi)：Minj = J
            Next J
            If Minj = I Then
                K = K + 1
                Picture1. Print"A("& I &", "& Maxi &")为鞍点"
            End If
        Next I
        If K = 0 Then Picture1. Print"鞍点不存在!"
    End Sub
    Private Sub Command2_Click()
        Picture1. Cls
    End Sub
```

图 5-6-3　找鞍点运行界面

习　题

一、选择题

1. 下列关于数组的叙述中,错误的是_____。

　　A. 数组的维界可以是负数

　　B. 数组是同类变量的一个有序的集合

　　C. 数组元素可以是控件

    D. 数组在使用之前,必须先用数组说明语句进行说明

2. 某过程的说明语句中,_____是正确的数组说明语句。

          Const N As Integer = 4

          Dim L As Integer

      ① Dim X(L) As Integer

      ② Dim A(K) As Integer

          Const K As Integer = 3

      ③ Dim B(N) As Integer

      ④ Dim Y(2000 to 2008) As Integer

    A. ①②④   B. ①③④   C. ③④   D. ②③

3. 下列有关数组叙述不正确的是_____。

    A. 两维数组在内存中的存放次序是按列优先原则存放

    B. 三维数组在内存中的存放次序是按列优先原则存放

    C. 没有特殊声明时,Dim A(8) As integer,A 数组可以存放 9 个元素

    D. Option Base 1 语句不可以放在过程中

4. 下列有关数组叙述不正确的是_____。

    A. 用 ReDim 不能定义新数组

    B. 使用 Preserve 参数后,就只能改变动态数组的最后一维的大小

    C. 动态数组重新说明时不能改变类型

    D. 可以将一维动态数组用 ReDim 语句说明成二维数组

5. 在 Vsuat Basic 中,以下声明_____是错误的。

    A. 控件数组中的控件可以在运行时用代码生成

    B. 控件数组中的控件响应同一个事件

    C. 控件数组中的控件都有相同的名字

    D. 控件数组中的控件可以是不同类型的控件

二、判断题

1. Erase 能够释放所有类型数组所占用的空间。

2. Dim X(3.6+2)As Integer 定义了一个维上界是 6 的整形数组。

3. Array 函数只能把一个数据集赋值给 Variant 变量。

4. 数组元素下标超过维界时,VB 会给出"下标越界"出错提示。

5. 用复制的方法建立控件数组,可以将第一对象的所有属性复制到其他控件中。

三、编程题

1. 随机生成 15 个 100 以内的正整数并显示在一个文本框中,再将所有对称位置的两个数据对调后显示在另一个文本框中(第 1 个数与第 15 个数对调,第 2 个数与第 14 个数对调,第 3 个数与第 13 个数对调,……)。

2. 随机生成 20 个 100 以内的两位正整数,统计其中有多少个不相同的数。

3. 编写一个求由一位随机整数构成的 5×5 数组每一行与每一列之和。

4. 在一个数列中,删除其中的重复数,使得数列只保留不同的数。

5. 有 20 个数围成一圈,找出每四个相邻数之和中的最大值,并指出是哪四个相邻的数。

6. 设有一个二维数组 A(5,5),试编写程序计算:

（1）所有元素之和；

（2）所有靠边元素之和；

（3）两条对角线元素之和。

7. 找出一个 m×n 数组的"鞍点"。所谓"鞍点"是指一个在本行中值最大，在本列中值最小的数组元素。若找到了"鞍点"，则输出"鞍点"的行号和列号，若数组不存在"鞍点"，则输出"鞍点不存在"。

8. 按金字塔形状打印杨辉三角形

```
        1
       1  1
      1  2  1
     1  3  3  1
    1  4  6  4  1
   1  5  10  10  5  1
```

9. 利用随机函数生成一个由两位正整数构成的 4 行 5 列矩阵，求出矩阵行的和为最大与最小的行，并调换这两行的位置。

10. 求一个 X 阶的矩阵 A 的转置矩阵。n 从键盘输入，A 矩阵和它的转置矩阵分别显示在两个文本框中。[提示：转置矩阵的第 i 行，第 j 列元素人 r(i,（一）二 A(j,0))]

11. 求出裴波拉契数列的前 18 项，并按顺序将它们显示在一个文本框内。裴波拉契数列的递推公式如下：

$$F(n) = \begin{cases} 1, & n=1; \\ 1, & n=2; \\ F(n-2)+F(n-1), & n \geqslant 3. \end{cases}$$

说明：利用未知项与已知项之间存在的某种关系，从已知项出发能一项一项地求出未知项的方法叫递推法。已知项是递推的初始条件。例如，上面递推公式中 $F(1)=1$ 和 $F(2)=1$。未知项对已知项的某种依赖关系称为递推公式，例如，$F(n)=F(n-11)+F(n-2)$。利用递推的初始条件和递推公式进行计算是程序设计中最常用的算法之一。

12. 编写一个矩阵相乘的程序。设 A 是 3×2 的矩阵，B 是 2×3 的矩阵，求 A·B。

说明：根据线形代数已知，若 A 是一个 m×k 的矩阵，B 是一个 k×n 的矩阵，那么 A·B 得到一个 m×n 的矩阵。设 C=A·B，则 C 矩阵的每一个元素可根据下面的公式计算：

$Cij = A_{i1} \cdot B_{1j} + A_{i2} \cdot B_{2j} + \cdots + A_{ik} \cdot B_{kj}$

第6章 过 程

Visual Basic 应用程序的主要代码是被组织在一个个的过程中的。过程是 VB 应用程序的基本逻辑部件,一个过程是用来执行一个特定任务的一段程序代码,相当于一个独立的功能模块。编写 VB 应用程序的主要工作就是通过编写一个个过程内部的代码来实现程序的功能。

6.1 概述

6.1.1 VB 程序的逻辑结构

一个 VB 应用程序由窗体界面和程序代码两部分构成。其中,程序代码是由若干个过程及"通用"部分的说明语句构成的。这些过程和说明语句被组织在各个窗体对应的代码区中。一个窗体的外观界面和所包含的代码会被共同保存在一个扩展名为".frm"的窗体文件中。

程序代码除了可以保存在窗体文件中,还可以保存在标准模块文件(扩展名为".bas")或类模块文件(扩展名为".cls")中。因此,从逻辑组成上看,一个 VB 应用程序可以看做是由成若干个"模块"组成的,这些模块可以是窗体模块、标准模块或类模块。一个模块会独立保存成当前工程的一个组成文件。

在编程中,最常用到的就是窗体模块。窗体模块通常包含窗体及窗体上各个控件对象的属性设置、相关说明,以及一些对象的事件过程和自定义的通用过程。一个新创建的工程默认只有一个窗体,若程序需要,可通过单击工具栏上的【添加窗体】按钮为当前工程添加一个新的窗体。一个工程中有几个窗体,就有几个窗体模块,每个窗体模块会独立保存成一个窗体文件。

若程序中要定义可被多个模块共享的通用过程,可将相应代码放在标准模块中。标准模块一般存放与特定窗体或控件无关的通用过程、全局变量的声明等。标准模块中定义的通用过程并不限于被当前应用程序所使用,还可供其他应用程序调用。若程序有需要添加一个标准模块,可通过单击工具栏上【添加窗体】按钮右侧的向下箭头,在出现的下拉列表中选择【添加模块】,随后在弹出的对话框中单击【打开】按钮,便可在"工程资源管理器"中看到新添加的标准模块"Module1",同时会弹出该标准模块对应的"代码编辑器"窗口,在其中输入的代码将会被保存在当前的标准模块中。

类模块包含用于创建新的对象类的属性和方法的定义,在学习中较少用到。

6.1.2 过程的分类

VB 应用程序各个模块中的代码,根据其执行方式的不同,VB 中的过程可分为事件过程和通用过程两类。

事件过程是 VB 应用程序中不可缺少的基本过程。当某个窗体或控件对象的对应事件发生时,系统就会执行编程者在该事件过程中预先编写好的代码,以实现程序的功能。

VB 应用程序还允许编程者自己定义过程,编程者自定义的过程称为"通用过程"。"通用过程"必须在其他过程中通过调用语句调用才能被执行。对于规模较大、较复杂的程序来说，将一些常用的功能编写成通用过程，供需要实现该功能的其他过程多次调用，可以实现代码的重复使用，减少重复编写代码的工作量，使程序变得简洁而便于维护。将功能独立的一段代码单独编写成通过过程，还可以简化程序的设计，使程序的逻辑结构更加清晰。

通用过程还可再分为 Sub 过程（子程序过程）、Function 过程（函数过程）、Property 过程（属性过程）和 Event 过程（自定义事件过程）四种。

综上所述，VB 中过程的分类如图 6-1-1 所示。

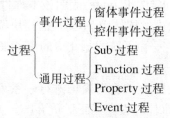

图 6-1-1 过程的分类

本章主要讨论 Sub 过程和 Function 过程。它们的主要区别在于：
- Sub 过程只完成一定的功能，运行完毕后没有返回值。
- Function 过程除了可以完成一定的功能，运行完毕后还会返回一个值。

6.2 Sub 过程

Sub 过程的代码框架是以关键字 Sub 开头、End Sub 结束的。在 Sub 与 End Sub 之间是实现某些功能的过程代码称为过程体。事件过程和用户自定义的通用 Sub 过程都可以归为 Sub 过程。

6.2.1 事件过程

本教材中第 1 章已介绍过 VB 采用的是事件驱动的程序设计思想。事件就是系统规定好的能够被对象（窗体或控件）识别的动作。程序设计者对某对象在某事件（例如 Command1 的 Click 事件）发生时计算机应当执行的各种操作预先编写相应的程序代码，并把这些代码放在一个以该对象和相应事件名称命名的事件过程中。这样程序运行后，当该对象的特定事件发生（例如用户单击了按钮【Command1】）时，对应的事件过程就会被自动调用执行，计算机就能根据该事件过程内部的代码执行相应的处理操作。

事件可由用户操作引发的，也可由系统引发的。例如，用户单击了某个按钮、在文本框输入了一些数据会触发相应的事件过程，而系统装载窗体的不同阶段也会触发相应的事件过程。

因此，所谓事件过程就是为窗体或窗体上的控件对象编写的用来响应用户或系统引发的各种事件的代码构成的过程。当指定事件发生时，对应的事件过程即会被自动调用执行。

事件过程又可以分为窗体事件过程和控件事件过程两类。事件过程代码和其所属的窗体界面一同被保存在窗体文件（文件扩展名为".frm"）中。

1. 窗体事件过程

窗体事件过程的一般形式如下：

Private Sub Form_事件名（［形参表］）

　　［局部变量和常量的声明］

　　　　语句块
　　　　［Exit Sub］
　　　　语句块
　　End Sub
说明：
　　① 不管窗体的实际名称是什么，窗体事件过程的名称都是由"Form_事件名"构成。如果使用了多文档界面窗体，则相应的窗体事件过程名称为"MDIForm_事件名"。
　　② 窗体事件过程的作用域固定为 Private，表明该事件过程是模块级的，因为和窗体相关的事件过程都只能在本窗体模块内发挥作用，不能被跨模块调用。
　　③ 窗体事件过程的形参表完全由系统根据相应的事件来确定，程序设计者不得随意添加或修改。
　　VB 应用程序在启动的过程中，系统会对窗体进行一系列配置、加载、激活和设置焦点等操作，由此可以触发相应的窗体事件过程。下面就介绍几个常见的窗体事件。
　　执行"启动"命令运行一个 VB 应用程序时，首先触发窗体的 Initialize（初始化）事件，系统对窗体进行配置。然后系统将窗体从磁盘或磁盘缓冲区读入内存，从而触发窗体的 Load（装载）事件。随后窗体被激活，显示在屏幕上，此时触发窗体的 Activate（激活）事件。窗体的这三个事件是在应用程序被启动后瞬间完成的，虽然这三个事件发生时没有任何的外在表现，但若程序中编写了对应的窗体事件过程代码，就会在这三个事件发生时被自动调用执行。
　　窗体被激活后，如果窗体上没有控件或只有无法获得焦点的控件（例如 Label、Frame 等控件），则窗体本身就可以获得焦点，从而触发窗体的 GotFocus 事件。但若窗体界面上有可以获得焦点的控件（例如 TextBox、CommandButton 等控件），则通常是在设计窗体界面时第一个被添加到窗体上的那个控件获得焦点。
　　由此可见，窗体的 Initialize、Load 和 Activate 事件是程序启动后必定会发生的，而 GotFocus 事件是否会发生还要视具体情况而定。
　　Initialize 和 Load 事件过程中通常可以放置一些命令来初始化应用程序，如定义一些符号常量或变量、设置窗体或控件的某些属性的初值等。例如某窗体上有一个名为 Text1 的控件数组，数组中有六个文本框，如图 6-2-1(a)所示，如果想在程序运行后所有文本框内都被初始化为空白的，如图 6-2-1(b)所示，就可以用如下代码来实现：

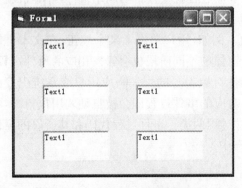

图 6-2-1　文本框数组的初始化(a)

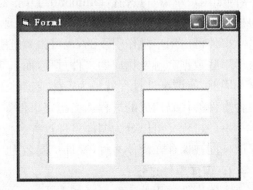

图 6-2-1　文本框数组的初始化(b)

```
Private Sub Form_Initialize()
    Dim i As Integer
    For i = 0 To 5
        Text1(i).Text = ""
    Next i
End Sub
```

上述功能也可放在窗体的 Load 事件过程中实现。

由于 Initialize 和 Load 事件发生在窗体被显示之前,因此这两个事件过程不能包含有与显示相关的代码,否则系统将因无法执行这些语句而发生运行错误。

例如:

```
Private Sub Form_Initialize()
    Form1.Print"Hello!"
End Sub
```

系统执行到上述代码时会产生一个"对象不支持该属性或方法"的实时错误。如果将该行代码放到窗体的 Load 事件过程中,虽然不会报错,但也无法在窗体上看到代码的运行结果。

若程序中需要设置一些与显示相关的初始化语句,可以将其放在窗体的 Activate 事件过程中。例如某窗体上有三个按钮【Command1】、【Command2】和【Command3】,程序启动后将是第一个被添加到窗体上的按钮【Command1】获得焦点。如果希望程序启动后获得焦点的是中间的按钮【Command2】,就可以在窗体的 Activate 事件过程中添加如下代码:

```
Private Sub Form_Activate()
    Command2.SetFocus
End Sub
```

若应用程序中有多个窗体,则系统仅在首次打开某个窗体时会进行 Initialize、Load 操作,若某个窗体在程序运行过程中被隐藏了之后又再次被打开,此时系统只会激活该窗体,由此只能触发窗体的 Activate 事件过程。言下之意,只要窗体不被卸载,程序通过 Show 和 Hide 方法在窗体与窗体间进行切换时,系统就只会 Activate 打开的窗体,而不会再去重新 Initialize 和 Load 该窗体。因此,编写代码时可以根据应用程序的需要选择在窗体的 Initialize、Load 还是 Activate 事件过程中去完成某些初始化操作。

2. 控件事件过程

控件事件过程的一般形式如下:

```
Private Sub 控件名_事件名([形参表])
    [局部变量和常量的声明]
    语句块
    [Exit Sub]
    语句块
End Sub
```

说明:

① 控件事件过程的名称由控件的 Name 属性值、下划线和事件名构成。控件的名称必须是窗体界面上实际存在的某个控件的名称,否则将产生"变量未定义"的运行错误。

② 控件事件过程的作用域也固定为 Private,只能在本窗体模块内发挥作用,不能被跨模

块调用。

　　③ 窗体事件过程的形参表也是系统规定好的，不得随意添加或修改。

6.2.2　通用过程

　　通用过程就是由程序设计者自定义的完成某一特定功能的独立程序段。如果应用程序中多处需要实现某个功能，仅仅是每次处理的数据不同而已，就可以将这个功能独立出来用一个通用过程来实现，在需要用到这个功能的地方，只需用一行语句调用一下这个通用过程就可以实现其相应的功能了。这样可以避免重复编写相同代码，使程序变得简洁而便于维护。如果应用程序中有比较复杂的算法，也可以将其独立出来用一个通用过程实现，这样可以增强程序的可读性。

　　通用过程的一般形式如下：

　　　　[Private|Public] [Static] Sub 过程名([形参表])

　　　　　　[局部变量和常量的声明]

　　　　　　语句块

　　　　　　[Exit Sub]

　　　　　　语句块

　　　　End Sub

　　说明：

　　① 通用过程的名称由程序设计者设定，过程名的命名规则与变量名相同。设置过程名称时尽量使用能反映过程功能的有意义的名称，这样看到过程的名称就能知晓过程的作用，从而可以保证程序具有良好的可读性。同一模块中，每个过程名都必须是唯一的，而且不能与模块级变量或调用该过程的主调过程中的局部变量同名。

　　② 过程名右边小括号内是参数列表，列表中的参数称为形式参数，简称形参。它可以是变量或数组，不能是常量或表达式。若有多个参数时，各参数之间用逗号分隔。过程可以没有形参，不含参数的过程称为无参过程；若过程没有形参，过程名右边的一对小括号不可以省略。

　　③ Private|Public 声明了通用过程的作用域：Private 表示该通用过程是私有的，只能被本模块中的其他过程调用，不能被其他模块中的过程调用。Public 表示该过程是公有的，可在程序的任意模块的任意过程中调用它。缺省作用域声明时，系统默认过程作用域为 Public。

　　④ Static 声明了过程内部的局部变量全部为"静态"变量。

　　⑤ 过程体中可以用 Exit Sub 语句提前结束过程，返回并执行该过程调用语句的下一条语句。Exit Sub 语句通常与 If 语句一起使用，用以实现在满足某个条件后无论过程是否执行完毕，都提前退出过程调用回到主程序中。

　　⑥ End Sub 是过程结束的标识，必须和 Sub 成对出现。过程运行到 End Sub 语句处会返回到主调程序中，执行该过程调用语句的下一条语句。

　　⑦ VB 应用程序内部的所有 Sub 过程都必须是独立定义的，不能嵌套定义。Sub 过程可以嵌套调用，但在一个 Sub 过程的过程体中不允许出现其他 Sub 过程的定义语句。

　　【例 6-1】　定义一个名为 Exchange 的通用过程，实现交换两个变量的值。

　　程序参考代码如下：

```
Private Sub Form_Click()
        Dim a As Integer，b As Integer
```

```
        a = InputBox("请输入变量 a 的值")
        b = InputBox("请输入变量 b 的值")
        Print"a = "; a;"b = "; b
        Call Exchange(a，b)
        Print"a = "; a;"b = "; b
    End Sub
    Private Sub Exchange(x As Integer，y As Integer)
        Dim Temp As Integer
        Temp = x
        x = y
        y = Temp
    End Sub
```

一个过程中只能包含调用其他过程的语句,而不能出现定义其他过程的语句。因此正确的程序应当是分别独立定义 Form_Click 事件过程和 Exchange 通用过程,然后在 Form_Click 中调用 Exchange 来实现两个变量值的交换。下面这段代码就存在过程嵌套定义的错误。

```
    Private Sub Form_Click()
        Dim a As Integer，b As Integer
        a = InputBox("请输入变量 a 的值")
        b = InputBox("请输入变量 b 的值")
        Print"a = "; a;"b = "; b
        Private Sub Exchange(x As Integer，y As Integer)
            Dim Temp As Integer
            Temp = x
            x = y
            y = Temp
        End Sub
        Print"a = "; a;"b = "; b
    End Sub
```

6.2.3 Sub 过程的创建

1. 事件过程的创建

事件过程的代码框架是由 VB 系统定义好的,因此程序设计者不得随意修改事件过程的名称及参数。事件过程的代码框架可以由 VB 集成环境自动生成。

双击窗体或控件,即可打开"代码编辑器"窗口,同时生成窗体或控件的默认事件过程框架。例如,窗体的默认事件为 Load,按钮的默认事件为 Click。

若要创建窗体或控件的非默认事件的过程框架,可以先打开"代码编辑器"窗口(双击窗体或控件,也可单击工程资源管理器中的【查看代码】按钮可以打开),在代码编辑区上方的"对象"下拉列表中选择一个窗体或控件对象,右边的"过程"下拉列表中即会列出该对象所有可以响应的事件,在其中选择特定的事件后即可在代码编辑区中生成相应的事件过程框架。如图 6-2-2 所示。

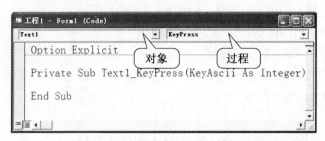

图 6-2-2　"对象"及"过程"下拉列表

当然,也可以在代码编辑区中完全手动输入事件过程的框架,但是不推荐这样去做。因为这样不仅会降低编码效率,而且很可能会因键入代码时的疏忽,造成过程名称或参数列表与标准形式不一致从而产生运行错误。

事件过程的框架生成好后,就可以在 Private Sub 与 End Sub 之间输入过程体的代码。

2. 通用过程的创建

由于通用过程的作用域、名称和参数完全是由程序设计者设定的,因此通常都是直接在代码编辑区的空白处通过手动输入通用过程的代码。在代码编辑器的"对象"列表中选择【通用】,光标即定位在代码编辑区的空白处。输入通用过程的第一行代码"[Private | Public] Sub 过程名(形参表)"后单击【Enter】键,系统会自动生成"End Sub"。过程框架创建好后,进而就可在过程体部分输入通用过程的代码。

通用过程的代码框架也可以通过菜单命令来自动生成,操作步骤如下:

① 打开【代码编辑器】,执行【工具】菜单中的【添加过程】命令,打开如图 6-2-3 所示的"添加过程"对话框;

② 在"名称"后的文本框中输入通用过程的名称,在"类型"选项区中选择【子程序】。若欲定义的过程是一个全局过程,就在"范围"选项区中选择【公有的】,若过程的作用域是窗体级或模块级的则选择【私有的】,设置完成后单击【确定】按钮。

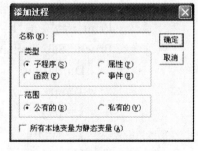

图 6-2-3　"添加过程"对话框

6.2.4　Sub 过程的调用

事件过程是事件驱动的,只要针对某个控件的某个事件发生了,系统就会调用执行相应的事件过程。事件过程也可以通过代码来调用执行。而通用过程完全是由程序设计者定义的,只能通过代码来调用执行,否则通用过程的代码将不可能被执行到。

Basic 语言有两种方式可以调用一个 Sub 过程:第一种方式是使用 Call 语句;第二种方式是直接把过程名当做语句来使用。

1. 用 Call 语句调用 Sub 过程

其一般形式为:

Call 过程名 [(实参表)]

说明:

① 这种形式用关键字 Call 来调用一个过程,过程名右边小括号内的参数列表是实在参数列表。实在参数可以是变量、常量或表达式。

② 若有多个实在参数,各参数之间要用逗号分隔。

③ 实在参数的类型、个数和顺序应与被调用过程的形式参数完全匹配,但是二者的名称可以相同可以不同。

④ 若被调用过程是一个无参过程,则过程调用语句中过程名右边就不要有括号。

2. 把过程名当做语句使用

其一般形式为:

　　过程名〔实参表〕

说明:这种调用形式没有使用关键字 Call,实参表外面就不要有括号,但实参表和过程名间必须有空格做间隔。

如【例 6 - 1】中,除了可以使用语句"Call Exchange(a, b)",还可以使用语句"Exchange a,b"来调用 Exchange 过程实现交换两变量的值。

以上介绍的两种调用语句既可以调用通用过程,也可以调用事件过程。主程序执行到过程调用语句时,会自动转到被调用子过程中去执行,同时实参按位置向形参传值。子程序运行到 End Sub 语句后会重新回到主程序中过程调用语句的下一条语句继续执行。如图 6-2-4 所示。

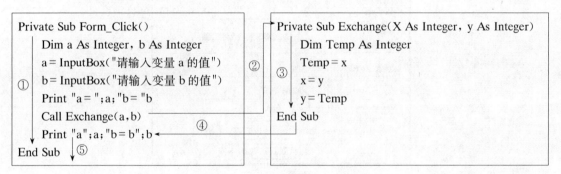

图 6-2-4　过程调用的执行流程

如果通用过程的作用域为公有的(Public),就既可以被当前模块中的其他过程调用,又可以被其他模块中的过程所调用。调用一个其他窗体模块(对应". frm"文件)中定义的公有过程与调用一个其他标准模块(对应". bas"文件)中定义的公有过程的方式是不同的:

① 若公有过程是在窗体模块中定义的,在其他模块中调用该过程时就必须指明其来自于哪个窗体模块。调用方式是在公有过程的名称前加上其所属窗体名作为前缀。

② 若公有过程是在标准模块中定义的,而且过程的名称在整个应用程序中是唯一的,在其他模块中调用该过程时就无需指明其来自于哪个模块,直接调用公有过程的名称即可。但如果在两个或两个以上的标准模块中定义了相同名称的公有过程,则在跨模块调用该过程时还是需要指明其来自于哪个模块。

【例 6 - 1】中如果工程中另外一个窗体 Form2 中定义了作用域为 Public 的通用过程 Exchange,就可以在 Form1 中调用它实现两变量值的交换。调用语句为:

　　Call Form2. Exchange(a,b)

若工程中有一标准模块 Module1 中也定义了作用域为 Public 的通用过程 Exchange,若其他标准模块中没有与其同名的过程,则在 Form1 中可以直接调用 Module1 中的 Exchange 过程。调用语句为:

　　Call Exchange(a,b)

若工程中还有一个标准模块 Module2 中也定义了作用域为 Public 的通用过程

Exchange,那么在 Form1 中调用 Module1 中的 Exchange 过程时就必须加上模块名作前缀。调用语句为:

　　　Call Module1.Exchange(a,b)

6.2.5　Sub Main 过程

　　应用程序总是默认从一个窗体开始启动,该窗体为 VB 集成环境下创建一个新的工程时系统自动提供的窗体 Form1(该窗体的名称可以修改,不是必须为 Form1,若该窗体重新命名了,工程的默认启动对象仍然是它,不会改变)。

　　若一个工程中有多个窗体,也可以将其他窗体设置为启动对象。设置步骤为:执行【工程】菜单下的工程【属性】命令,打开【工程属性】对话框,如图 6-2-5 所示。在【通用】选项卡中的【启动对象】下拉列表中选择想要设为启动对象的窗体,然后单击【确定】按钮。

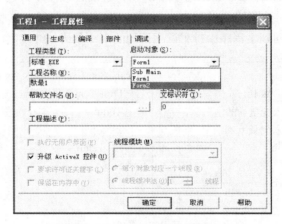

图 6-2-5　"工程属性"对话框

　　一个 VB 应用程序除了可以从窗体开始启动,还可以设置为从一个过程开始启动,但该过程必须是在标准模块中定义的一个名称为 Main 的通用 Sub 过程。

　　【例 6－2】　下面看一个既可以求两数最大公约数,也可以求两数最小公倍数的应用程序示例。该应用程序包含三个窗体 FrmMain、FrmGcd、FrmLcm 和一个标准模块 Module1。

　　说明:窗体 FrmMain、FrmGcd、FrmLcm 的界面分别如图 6-2-6(a)、(b)、(c)所示。启动应用程序,首先打开的是程序的主界面 FrmMain 窗体,单击【最大公约数】或【最小公倍数】可以关闭主界面,打开可以求两数最大公约数的窗体 FrmGcd 或求两数最小公倍数的窗体 Frm-Lcm。在窗体 FrmGcd 中,输入两个自然数,单击【求最大公约数】,可以显示两数的最大公约数。在窗体 FrmLcm 中,输入两个自然数,单击【求最小公倍数】,可以显示两数的最小公倍数。两个窗体中都有【返回主界面】的按钮。标准模块 Module1 中定义了求两数最大公约数的公有过程 Gcd。

图 6-2-6(a)　FrmMain 窗体界面

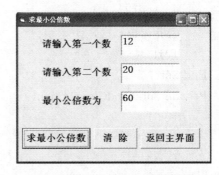

图 6-2-6(b)　FrmGcd 窗体界面　　　　图 6-2-6(c)　FrmLcm 窗体界面

窗体 FrmMain 中参考代码如下：

```
Private Sub Command1_Click()
    FrmMain. Hide
    FrmGcd. Show
End Sub
Private Sub Command2_Click()
    FrmMain. Hide
    FrmLcm. Show
End Sub
```

窗体 FrmGcd 中参考代码如下：

```
Private Sub CmdGcd_Click()
    Dim x As Integer，y As Integer，g As Integer
    x = Val(Text1)
    y = Val(Text2)
    Call gcd(x，y，g)
    Text3 = g
End Sub
Private Sub CmdClear_Click()
    Text1 = ""
    Text2 = ""
    Text3 = ""
    Text1. SetFocus
End Sub
Private Sub CmdReturn_Click()
    FrmGcd. Hide
    FrmMain. Show
End Sub
```

窗体 FrmLcm 中参考代码如下：

```
Private Sub CmdLcm_Click()
    Dim x As Integer，y As Integer，g As Integer
    x = Val(Text1)
```

```
        y = Val(Text2)
        Call gcd(x, y, g)
        Text3 = x * y / g
    End Sub
    Private Sub CmdClear_Click()
        Text1 = ""
        Text2 = ""
        Text3 = ""
        Text1.SetFocus
    End Sub
    Private Sub CmdReturn_Click()
        FrmLcm.Hide
        FrmMain.Show
    End Sub
```

标准模块 Module1 中参考代码如下：

```
    Public Sub gcd(ByVal a As Integer, ByVal b As Integer, g As Integer)
        Dim remainder As Integer
        Do
            remainder = a Mod b
            a = b
            b = remainder
        Loop While remainder <> 0
        g = a
    End Sub
```

若在启动工程后首先打开的是求最大公约数窗体，可以在【工程属性】对话框中将工程的【启动对象】设置成【FrmGcd】。

由于工程的启动对象只能为一个，若希望启动工程后能将求最大公约数和最小公倍数的两个窗体同时显示在屏幕上，就需要通过代码来实现了。在 Module1 中定义通用过程 Sub Main，程序代码如下：

```
    Private SubMain()
        FrmGcd.Show
        FrmLcm.Show
    End Sub
```

然后打开【工程属性】对话框，将工程的【启动对象】设置成【Sub Main】。重新启动程序，就可以看到求最大公约数和求最小公倍数的两个窗体同时显示在了屏幕上。

6.3   Function 过程

Function 过程是具有返回值的过程。本书第 3 章中介绍的 VB 内部函数就是系统预先定义好的 Function 过程。程序在执行到包含内部函数的代码时，会转到系统定义的函数内部去执行，执行完毕后产生一个返回值，该值被返回到主程序中调用内部函数的语句处，进而为主程序所使用。

　　程序设计者也可以根据程序的功能需要自己定义具有返回值的 Function 过程。由程序设计者定义的 Function 过程通常称为自定义函数，或简称为函数。

6.3.1　Function 过程的创建

　　自定义 Function 过程的一般形式如下：

```
［Private | Public］［Static］Function 函数名（［形参表］）［As 数据类型］
        ［局部变量和常量的声明］
        语句块
        ［Exit Function］
        ［函数名＝返回值］
        语句块
EndFunction
```

　　说明：

　　① Function 过程的代码框架是以关键字 Function 开头，End Function 结束的。在 Function 与 End Function 之间是实现某些功能的过程代码，称为过程体或函数体。程序执行到 End Function 语句时，退出该 Function 过程，将函数值返回到调用语句处。

　　② Function 过程的作用域、函数名的命名规则以及形参表的定义都与通用 Sub 过程相同。

　　③ 形参表右边的"As 数据类型"声明的是函数返回值的数据类型。若没有这个声明，函数的返回值缺省为变体型（Variant）。

　　④ Function 过程体中可以用 Exit Function 语句与 If 语句一起使用，以实现在满足某个条件后无论函数是否执行完毕，都提前结束 Function 过程，返回到该函数调用语句处。

　　⑤ Function 过程是通过"函数名＝返回值"语句产生返回值的，即将函数的返回值赋给与函数同名的变量，这样函数运行结束后就能产生一个返回值。若 Function 过程中没有这条赋值语句，就返回一个函数返回值类型对应的初始值。例如，若函数返回值类型为 Integer，缺省返回值就是 0；若函数返回值类型为 String，缺省返回值就是空字符串。

　　⑥ Function 过程也不能嵌套定义。

　　【例 6-3】　定义 Function 过程 Prime 判断一个数是否为素数

　　　分析：由于判断一个数是否为素数的结果只有两种："是"或者"不是"，因此函数的返回值应当定义为 Boolean 型。若判断结果是素数就给与函数同名的变量 Prime 赋值为 True，否则给 Prime 赋值为 False。

　　程序参考代码如下：

```
Private Function Prime(n As Integer) As Boolean
    Dim i As Integer
    Prime = False        '此行代码可略，因为 Boolean 型变量默认初值就为 False
    For i = 2 To Sqr(n)
        If n Mod i = 0 Then Exit For
    Next i
```

```
      If i > Sqr(n) Then
          Prime = True    '若 n 是素数,就将函数返回值设为 True,否则仍为 False
      End If
  End Function
```

6.3.2 Function 过程的调用

调用 Function 过程的形式为:

    函数名[(实参表)]

说明:

① 函数名右边小括号内的参数列表是实在参数列表。实在参数可以是变量、常量或表达式。若有多个实在参数,各参数之间要用逗号分隔。

② 实在参数的个数、类型和顺序应与被调用 Function 函数的形式参数完全匹配。

③ 若被调用函数没有参数,则函数调用语句中函数名右边可以有括号也可以无括号。

注意:由于 Function 过程有返回值,所以上述形式的调用不能单独写成一条语句,通常会作为表达式出现在赋值语句的等号右边、成为分支语句的判断条件或 Print 语句的输出对象等。

【例 6-4】 验证二重哥德巴赫猜想:任意一个不小于 6 的偶数都可以表示为两个素数之和。

要求:通过文本框输入一个不小于 6 的偶数,单击【判断】按钮,如果符合猜想,则输出"和为该偶数的两个素数",否则输出"哥德巴赫猜想不成立!"。程序参考界面如图 6-3-1 所示。

分析:若要找到和为偶数 x 的一对素数,可采用穷举法,将所有和为 x 的一对奇数(和为 x 的偶数对不用考虑,因为偶数除了 2 之外都不是素数)都考察一遍,若存在都为素数的一对奇数,就是符合哥德巴赫猜想的一对素数。判断一个奇数是否为素数部分的功能可通过调用【例 6-3】中的 Prime 函数实现,这里对 Prime 函数的定义便不再重复,只给出【判定】按钮 Click 事件过程的参考代码如下:

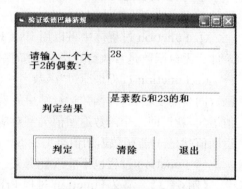

图 6-3-1 哥德巴赫猜想

```
Private Sub Command1_Click()
    Dim x As Integer, i As Integer
    x = Val(Text1.Text)
    For i = 3 To x\2 Step 2    '和为 x 的一对素数中不可能有 2,因此从 3 开始考察
        If Prime(i) And Prime(x - i) Then
            Text2.Text = "是素数"& CStr(i) &"和"& CStr(x - i) &"的和"
            Exit For '一旦找到符合要求的素数对就不用再往下考察了
        End If
    Next i
    If i > x\2 Then
```

```
        Text2. Text = "歌德巴赫猜想不成立!"
    End If
End Sub
```

【例 6‑5】 编写一个把十进制数转换成任意 K 进制数的通用程序,十进制数和 K 的值由用户在程序运行界面输入。

要求:定义 Function 过程 D2K 实现进制转换。程序的参考界面如图 6-3-2 所示。

分析:由于主调过程要向函数 D2K 传递十进制数和 K 的值,因此函数 D2K 需要设置两个形参。函数体内将十进制数转换成 K 进制数后,可以将 K 进制数的值作为函数的返回值带回到主调过程。十进制数转换为 K 进制数采用的是除 K 取余法,一直除到商为 0 为止,因此可以用条件循环来实现反复除 K 取余的操作。如果十进制数要转换为十六进制数,余数可能是一个大于 9 的数,因此循环体中对于 0~9 和 10~15 之间的余数要分别处理。

程序的主要参考代码如下:

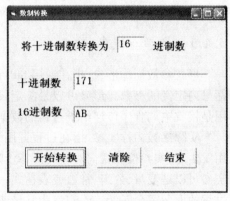

图 6-3-2 进制转换

```
Option Explicit
Private Sub Command1_Click()
    Dim num As Integer, k As Integer
    num = Val(Text2)
    k = Val(Text1)
    Text3 = D2K(num, k)
End Sub
Private Sub Text1_Change()
    Label4 = Text1 & "进制数"
End Sub
Private Function D2K(n As Integer, k As Integer) As String
    Dim r As Integer
    Do Until n = 0
        r = n Mod k
        Select Case r
            Case 0 To 9
                D2K = CStr(r) & D2K
            Case 10 To 15          '若余数是 10~15 间的数需要转换成 A~F
                D2K = Chr(r + 55) & D2K
        End Select
        n = n \ k
    Loop
End Function
```

Basic 语言还允许用 Sub 过程的调用语句形式调用一个 Function 过程,因此下面两种调用语句在语法上是正确的:

Call 函数名[(实参表)]

函数名 [实参表]

但是采用这两种方法调用 Function 过程等于就放弃了函数的返回值,因此实际应用程序中一般不会使用。

若 Function 过程的作用域为公有的(Public),就可以被跨模块调用,遵循的规则和通用 Sub 过程相同;窗体模块中定义的公有 Function 过程,跨模块调用它时必须加上其所属窗体的名称作为前缀;标准模块中定义的公有 Function 过程,跨模块调用它时要分情况:若该函数的名称在整个应用程序中是唯一的,则直接调用函数名即可;若标准模块中定义的 Function 过程的名称在整个应用程序中不是唯一的,调用该函数时还是需要指明其来自于哪个模块。

6.4 参数传递

调用通用 Sub 过程或 Function 过程时通常都需要从主调过程中传递一些数据给被调过程,被调过程运行完毕后通常也会将一些运行结果返回给主调过程。主调过程与被调过程之间这样的数据传递主要是通过参数来实现的。如何根据过程的需要来正确设置参数的个数、类型和传递方式等,是定义和调用过程的关键,也是 VB 初学者的难点之一。

6.4.1 形参与实参

形式参数简称形参,指在通用 Sub 过程或 Function 过程的定义语句中过程名或函数名后括号内定义的参数。形参可以是除定长字符串之外的任意类型的变量或数组。形参的主要作用是接收主调程序传递给子过程的数据。

实际参数简称实参,指在过程调用语句中过程名或函数名后括号内提供的参数。过程调用发生时,实参按位置向对应的形参传递数据,因此实参才是子过程真正要处理的数据对象。实参可以是变量、数组、常数或表达式。若实参为变量或数组,其类型、个数和顺序应与被调用过程的形参完全匹配。若实参为常量或表达式,则允许实参的类型与形参不一致,系统会自动进行数据类型转换,并将转换之后的数值传递给形参。

形参可以看作是实参的替身,在过程被调用之前,形参只是一个虚拟的变量,直到程序转到被调过程中执行后,系统才会为形参分配内存,同时将实参的值或地址赋予形参。因此,过程体中定义的所有对形参的处理操作,都是针对实参传递来的数据。

形参的一般形式为:

[Optional][ByVal][ByRef]变量名[()] [As 数据类型]

说明:

① 形参变量名必须符合 VB 变量的命名规则。若变量名后面有一对小括号,则表示这个形参是数组,形参数组名后的括号内不要有维界声明。

② "As 数据类型"用于声明形参的数据类型,缺省则表明该形参是变体型。若形参是变量,则该变量可以被声明为除定长字符串之外的任意数据类型。若形参变量被声明为 String 类型,在调用该过程时,对应的实在参数可以是定长字符串。若形参是数组,则形参数组允许被声明为包含定长字符串在内的任意数据类型。

③ 若形参前有关键字"ByVal"声明,则表明该过程的参数传递方式为按值传递(ByVal 是 Passed By Value 的缩写)。若形参前有"ByRef"声明或缺省这一项关键字,则表明该过程的参数传递方式为引用传递(ByRef 是 Passed By Reference 的缩写)或可更形象的描述为按地址传递。该项关键字若缺省,则默认为引用传递。

④ 若形参前有关键字"Optional"声明,则表示该参数为可选参数,没有 Optional 前缀的

参数为必选参数。所谓可选参数就是在调用过程时,该形参对应的实在参数不是必须得提供的。若没有提供对应的实参,可选参数就使用某个默认值。可选参数必须放在所有必选参数的后面,而且每个可选参数都必须用关键字 Optional 声明。

假设有通用 Sub 过程 Example1,过程的定义如下:

```
Private Sub Example1(a As Integer, b As String, c() As Single)
…
End Sub
```

若要在窗体单击事件过程中调用该通用过程,可以使用下面的语句:

```
Private Sub Form_Click()
    Dim x As Integer, y As String
    Dim arr(5, 5) As Single
    x = 5: y = "hello"
    Call Example1(x, y, arr)
End Sub
```

若另有通用 Sub 过程 Example2,过程的定义如下:

```
Private Sub Example2(d As Integer)
…
End Sub
```

若要在窗体单击事件过程中调用该通用过程,下面的调用语句就会报"参数类型不符"的错误,因为实参若为变量则必须与形参的类型完全一致。

```
Private Sub Form_Click()
    Dim x As Single, y As String
    x = 5.5: y = "hello"
    Call Example2(x)
End Sub
```

若将调用语句改成

```
Call Example2(5.5)
```

程序就可以正常执行了,因为实参为常量或表达式是允许其类型与形参不一致的,系统会自动进行数据类型转换,形参 d 将被赋值为类型转换后的结果 6。VB 语法规定在变量外加一对小括号可以把变量转换成表达式。因此下面的调用语句也是正确的:

```
Call Example2((x))
```

注意:并不是实参为常量或表达式就可以保证实参与形参类型不一致的过程调用都可以正确执行。上例过程中的调用语句如果改为:

```
Call Example2((y))
```

尽管实参是一个表达式,但字符串与数值变量间无法进行直接类型转换,程序仍然会产生"类型不匹配"的运行错误。

下面再来看一个可选参数的程序示例。

【例 6 - 6】 编写程序计算某顾客在药店购买药品的总价,如果购买者是药店会员可以享受九折优惠。

要求:通过文本框分别输入药品的单价和数量,计算得出这些药品的总价。程序的参考界

面如图 6-4-1 所示,参考代码如下:

> 分析:在定义计算药品总价的函数时可以将会员折扣作为一个可选参数,将折扣率的默认值设为1。如果顾客是会员就提供实际折扣率作为可选参数对应的实参,若顾客不是会员就不提供对应的实参,以折扣率1,即无折扣来计算药品总价。

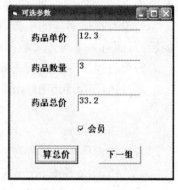

图 6-4-1　可选参数

```vb
Const discount As Single = 0.9
Private Sub CmdTotal_Click()
    Dim unit As Single, num As Integer, charge As Single
    unit = Val(Text1)
    num = Val(Text2)
    If Check1. Value = False Then
        charge = Total(unit, num)
    Else
        charge = Total(unit, num, discount)
    End If
    Text3 = Format(charge, "0.0")
End Sub
Private Function Total(per As Single, n As Integer, Optional dis = 1) As Single
    Total = per * n * dis
End Function
Private Sub CmdNext_Click()
    Text1 = ""
    Text2 = ""
    Text3 = ""
    Check1. Value = False
    Text1. Setfocus
End Sub
```

6.4.2　按值传递

　　调用通用 Sub 过程或 Function 过程时,主调过程中的实参会向被调过程中的形参传递数据。参数的传递方式主要通过形式参数前声明的关键字来指定。若形参前用关键字 ByVal 声明,表明参数的传递方式为"传值"。

　　所谓传值就是实参将其数值复制给形参。由于实参与形参各有自己的内存存储空间,因此实参将值传递给形参,等于只是将自己的一个副本给了形参,之后二者便再无关联。若在过程体中改变了形参的值,改变的只是形参对应内存中存放的数据,对实参的值不会产生任何影响。因此可以说按值传递参数时,参数的传递方式是单向的。

例如：

```
Private Sub Form_Click()
        Dim a As Integer，b As Integer
        a = 10：b = 20
        Print"交换前：";"a = "; a;"b = "; b
        Call Swap(a，b)
        Print"交换后：";"a = "; a;"b = "; b
End Sub

Private Sub Swap(ByVal x As Integer，ByVal y As Integer)
        x = x + y
        y = x - y
        x = x - y
End Sub
```

说明：由于子过程 Swap 中的两个形参 x 和 y 都是用 ByVal 声明的,因此过程调用发生时 x 和 y 可以获得实参 a 和 b 的值,但过程体中对形参 x 和 y 值的交换对实参 a 和 b 无任何影响。Swap 过程运行结束后实参 a 和 b 仍将保持原值。程序的运行结果为：

交换前：a = 10 b = 20

交换后：a = 10 b = 20

【例 6 - 7】 看一段小程序,思考一下单击窗体后程序的输出结果是什么。

```
Private Sub Form_Click()
        Dim x As Integer，y As Integer
        x = 10：y = 20
        Call Test(y，x)
        Print"主调过程中：";
        Print"x = "; x;"y = "; y
End Sub
Private Sub Test(ByVal x As Integer，ByVal y As Integer)
        x = x + 10
        y = y - 10
        Print"子过程中：";
        Print"x = "; x;"y = "; y
End Sub
```

说明：单击窗体后,在窗体单击事件过程中调用通用过程 Test,实参 y 和 x 按位置向对应的形参 x 和 y 传值,形参 x 和 y 分别获得值 20 和 10。在 Test 过程中,经过计算,x 和 y 值会变成 30 和 0。Test 过程运行结束后,程序回到窗体单击事件过程中。由于参数的传递方式为传值,因此实参 x 和 y 的值仍然为 10 和 20。程序的运行结果为：

子过程中：x = 30 y = 0

主调过程中：x = 10 y = 20

将参数定义为按值传递,在某些程序中是非常必要的。

【例 6-8】　编写程序求 S = 2! + 4! + 6! + ⋯ + (2n)!。

要求:在第一个文本框输入项数,单击【计算】按钮,在第二个文本框可以给出计算结果。定义一个名为 Fact 的自定义函数用于计算一个数的阶乘。程序的参考界面如图 6-4-2 所示。

程序的参考代码如下:

图 6-4-2　求通项和

```
Private Sub Command1_Click()
    Dim i As Integer，n As Integer，s As Long
    n = Val(Text1)
    For i = 2 To 2 * n Step 2
        s = s + Fact(i)
    Next i
    Text2 = CStr(s)
End Sub
Private FunctionFact(ByVal k As Integer) As Long
    Dim i As Integer
    Fact = 1
    Do
        Fact = Fact * k
        k = k - 1
    Loop Until k = 1
End Function
```

说明:函数 Fact 的形参必须声明为按值传递,因为调用 Fact 函数求某个数 i 的阶乘时,函数内部修改了形参 k 的值,当函数运行结束后 k 的值会变成1,而程序希望实参 i 的值不变,只有将参数传递方式定义为按值传递,才能保证 i 值不会受 k 的影响仍保持原值。

6.4.3　按地址传递

若形参前用关键字 ByRef 声明,表明实参与形参间的参数传递方式为"引用传递"或"按地址传递"。定义过程时,缺省的参数传递方式就是按地址传递。因此若形参前无关键字声明,也表明其参数传递方式为传地址。

所谓按地址传递就是过程调用发生时,实参向形参传递的是它的内存地址。形参根据该地址就可以找到实参在内存中的存放位置,从而实现在被调过程中访问实参。由于形参和实参使用的是同一内存单元,因此过程体中所有对形参的处理操作实质上都是针对相应实参的,形参值的变化就是实参值的变化。因此可以说按地址传递参数时,参数的传递方式是双向的。

下面来看一段程序示例:

```
Private Sub Form_Click()
    Dim a As Integer，b As Integer
    a = 10：b = 20
    Print"交换前:";"a = "; a;"b = "; b
    CallSwap(a，b)
    Print"交换后:";"a = "; a;"b = "; b
```

```
End Sub
Private Sub swap(x As Integer，y As Integer)
        x = x + y
        y = x - y
        x = x - y
End Sub
```

说明：上面这段程序中同样定义了实现变量交换的子过程。由于 Swap 中的两个形参 x 和 y 没有关键字声明，表明它们的参数传递方式为按地址传递，因此过程调用发生时 x 和 y 可以直接访问实参 a 和 b 的内存从而获得它们的值。过程体中对形参 x 和 y 值的交换，就是对实参 a 和 b 的交换。Swap 过程运行结束后，实参 a 和 b 的值也会发生交换。程序的运行结果为：

交换前：a = 10 b = 20
交换后：a = 20 b = 10

【例 6 - 9】 若把上一节例【例 6 - 7】中的 Test 过程的两个形参由按值传递改为按地址传递，思考一下单击窗体后程序的输出结果又该是什么。

```
Private Sub Test(ByRef x As Integer，ByRef y As Integer)
        x = x + 10
        y = y - 10
        Print"子过程中：";
        Print"x = "; x;"y = "; y
End Sub
```

说明：单击窗体后，在窗体单击事件过程中调用通用过程 Test，实参 y 和 x 按地址向对应的形参 x 和 y 传递参数，形参 x 与实参 y 共用内存，形参 y 与实参 x 共用内存，因此形参 x 和 y 的值分别为 20 和 10。在 Test 过程中，经过计算，形参 x 和 y 值会变成 30 和 0。由于形参与实参共用内存，对应实参 x 和 y 的值也会变成 0 和 30。程序的运行结果为：

子过程中：x = 30 y = 0
主调过程中：x = 0 y = 30

【例 6 - 10】 找出所有四位回文数输出到列表框中，所谓回文数就是把这个数从左往右读和从右往左读数值完全相同的数。例如：1221、4664、5335 都是回文数。

要求：单击【找回文数】按钮，即可在列表框中输出所有的四位回文数。程序的参考界面如图 6-4-3 所示。

分析：由于回文数顺着读和倒着读数值相同，判断一个数是否是回文数的时候可以考虑首先求出这个数的逆序数，再判断这个数的逆序数和它本身是否相等，如果相等这个数就是一个回文数。

图 6-4-3 找回文数

程序的参考代码如下：

```
Private Sub Command1_Click()
        Dim num As Integer, renum As Integer
        For num = 1000 To 9999
                CallReverse(num, renum)
                If num = renum Then
```

```
                    List1. AddItem CStr(num)
                End If
            Next num
        End Sub
        Private SubReverse(ByVal n As Integer，ren As Integer)
            Dim st As String，i As Integer
            For i = 1 To Len(CStr(n))
                st = Mid(CStr(n)，i，1) & st
            Next i
            ren = Val(st)
        End Sub
```

说明：通用 Sub 过程 Reverse 的两个参数中 n 表示原来的四位数，ren 表示逆序数。参数 n 最好声明为传值，这样可以保证主调程序中的原四位数也就是实参 num 的值不受形参 n 影响。参数 ren 一定要声明为传地址，因为 Reverse 过程中会求出原四位数的逆序数并赋值给 ren，只有将形参声明为传地址，实参 renum 才能与形参 ren 共用内存，成为逆序操作的对象。

【例 6－10】还展示了一种常用的编程方法：虽然 Sub 过程没有返回值，但将参数声明为按地址传递，就可以实现将 Sub 过程的运行结果"返回"到主调程序中。

定义过程的形参为按地址传递时，有一种情况需要注意：若调用过程时提供的实参是常量或表达式，则无论形参如何声明，都是按照传值方式传递参数的。

【例 6－9】中的过程 Test，形参已经声明过程是按地址传递参数，但如果调用 Test 的语句这样写：

```
        Call Test((y)，(x))
```

用这种方式调用 Test，实参就是两个表达式（前面已介绍过在变量外加一对小括号，可以把变量转换成一个表达式）。这种情况下，无论形参如何声明，过程都是按照传值方式传递参数的。单击窗体后，程序的输出结果是：

```
            子过程中：x = 30 y = 0
            主调过程中：x = 10 y = 20
```

关于参数按地址传递还有一点要注意：如果某个运算表达式中调用了一个参数声明为按地址传递的自定义函数，而该函数的实参也参与了表达式中的运算，则随着程序转入函数中执行，函数中形参值的改变就可能影响到参与表达式运算的实参的值。下面看一个程序示例。

【例 6－11】 阅读下面程序，思考一下单击窗体后程序的输出结果是什么。

```
        Private Sub Form_Click()
            Dim a As Integer，b As Integer
            a = 10：b = 20
            Print a + b + Test(a，b)
        End Sub
        Private Function Test(x As Integer，y As Integer) As Integer
            x = x + 1
            y = y + 1
```

```
        Test = x + y
    End Function
```

说明：单击窗体后，变量 a 和 b 的值分别为 10 和 20，接下来在窗体上打印表达式 a + b + Test(a，b)的值。在计算这个表达式的值时，函数的调用会优先执行。在函数 Test 内部，形参 x 和 y 的值会分别变为 11 和 21，函数的返回值为 32。由于函数 Test 为按地址传递参数，因此实参 a 和 b 的值也会变为 11 和 21。当函数 Test 运行结束回到窗体单击事件过程中，程序将在窗体上打印 11 + 21 + 32 的和 64。

但是，同样的 Test 函数，若把 Form_Click 中的调用语句作如下修改：

```
    Private Sub Form_Click()
        Dim a As Integer，b As Integer，c As Integer
        a = 10：b = 20
            c = a + b + Test(a，b)
        Printc
    End Sub
```

窗体上打印的将是 62 而不是 64。这是因为对于赋值语句，系统是从左往右进行运算的，先计算 10 + 20，再调用 Test 函数，函数运行结束后，变量 c 被赋值为 10 + 20 + 32 的和 62。但是如果赋值语句中调用函数 Test 时有强制类型转换，例如：

```
        c = a + b + Test(a，b) * 1!
```

系统则又会先执行函数 Test 再进行算术运算，窗体上将打印结果 64。

因此，若函数调用出现在某个运算表达式中并不是一定就先调用函数再进行运算。函数调用的优先级是由诸多因素决定的。这些因素包括函数在表达式中的位置、函数本身的返回值类型、参与运算的其他元素的类型等。既然存在着这么多不确定的影响因素，编写程序时就要尽量避免写出这样的语句：运算表达式中调用了形参声明为按地址传递的函数，函数的实参也参与了该表达式的运算。

6.4.4　数组参数

数组也可以作为通用 Sub 过程或 Function 过程的参数。声明形参为数组的一般形式为：

　　数组名()[As 数据类型]

说明：

① 数组名后的括号内不能有数组的维数和维界声明。

② 数组只能按地址传递参数，因此形参数组前不能用 ByVal 声明。

若形参为数组，对应的实参也必须为数据类型相同的数组。调用过程时，实参只需要提供数组名即可，数组名后不要有小括号。若实参为定长数组，则不能在过程体中用 Dim 语句重定义形参数组，否则会产生"当前范围内的声明重复"的编译错误。仅当实参为动态数组时，过程体中可以用 ReDim 语句重新定义形参数组。

尽管普通变量作形参不能被声明为定长字符串类型，但数组作形参还是可以被声明为定长字符串类型的，只是对应的实参数组也必须是定长字符串类型，字符串的长度不必相同。若形参数组被声明为变长字符串类型，则对应的实参也必须是变长字符串类型。

【例 6 - 12】　编写程序找出一个 5 * 5 两位随机整数数组中值最大的元素及其位置。

要求：定义名称为 Array_Ini 的通用 Sub 过程生成随机数数组，再定义名称为 Max 的

Function 过程查找二维数组中值最大的元素及其位置。程序参考界面如图 6-4-4 所示。

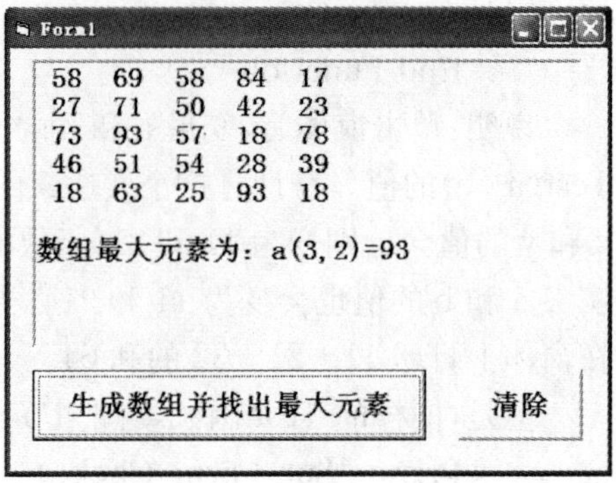

> 分析：由于两个自定义过程中都需要对数组中的全部数据进行处理，因此过程要传递的参数必须为数组。

图 6-4-4　找数组最大元素

程序的参考代码如下：

```vb
Option Base 1
Dim mr As Integer，mc As Integer
Private Sub Command1_Click()
    Dim arr(5，5) As Integer，m As Integer
    Call Array_Ini(arr)
    m = Max(arr)
    Picture1.Print
    Picture1.Print"数组最大元素为："&"a("& mr &"，"& mc &") = "& m
End Sub
Private Sub Array_Ini(a() As Integer)
    Dim i As Integer，j As Integer
    Randomize
    For i = 1 To UBound(a，1)
        For j = 1 To UBound(a，2)
            a(i，j) = Int(99 * Rnd) + 10
            Picture1.Print a(i，j)；
        Next j
        Picture1.Print
    Next i
End Sub
Private Function Max(a() As Integer) As Integer
    Dim i As Integer，j As Integer
    Max = a(1，1)
    mr = i：mc = j
    For i = 1 To UBound(a，1)
        For j = 1 To UBound(a，2)
            If Max < a(i，j) Then
                Max = a(i，j)
                mr = i：mc = j
            End If
        Next j
    Next i
End Function
```

```
Private Sub Command2_Click()
    Picture1.Cls
End Sub
```

说明:由于数组作参数传递的只是数组首元素的地址,因此被调过程中如果想得到实参数组的维界可以使用 UBound 或 LBound 函数。

【例 6 - 13】　编写程序将给定的整数分解成若干个质因子相乘的形式。

要求:从文本框输入一个整数,例如输入 28,单击【分解】按钮,在第二个文本框输出"28 = 2 * 2 * 7"。定义名为 PrimeFactor 的通用 Sub 过程,实现查找一个数的质因子。程序参考界面如图 6-4-5 所示。

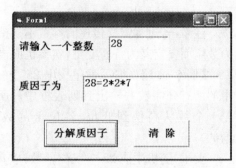

图 6-4-5　分解质因子

分析:由于不同整数分解得到的质因子个数无法预知,因此可以定义一个动态数组来存放某个数的所有质因子。在 PrimeFactor 过程中,可通过穷举法查找一个数的质因子,每找到一个新的质因子就存放到动态数组中。

程序参考代码如下:

```
Private Sub Command1_Click()
    Dim num As Integer, arr() As Integer, i As Integer
    Dim st As String
    num = Text1
    Call PrimeFactor(num, arr)
    st = CStr(num) & " = "
    For i = 1 To UBound(arr)
        st = st & arr(i) & " * "
    Next i
    Text2 = Left(st, Len(st) - 1)
End Sub
Private Sub PrimeFactor(ByVal n As Integer, a() As Integer)
    Dim p As Integer, i As Integer
    p = 2
    Do
        If n Mod p = 0 Then
            i = i + 1
            ReDim Preserve a(i)
            a(i) = p
            n = n \ p
        Else
            p = p + 1
        End If
```

```
      Loop Until n = 1
   End Sub
   Private Sub Command2_Click()
      Text1 = ""
      Text2 = ""
      Text1.SetFocus
   End Sub
```

注意：若过程需要传递的参数不是整个数组，而是数组中的某个元素，则形参就不能定义为数组而要定义为普通变量，实参也应当是对数组中某个元素的引用而不能是数组名。

【例 6‑14】 编写程序找出 25 个三位随机整数中的所有升序数并输出到列表框中。所谓升序数就是一个数从高位到低位，各位上的数字是依次递增的。

要求：随机生成 25 个三位整数，以每行 5 个的格式输出到图片框中。编写名为 Increase 的通用 Function 过程，判断一个数是否是升序数。如果随机数组中没有升序数，要在列表框中输出"没有升序数"。该程序的参考界面如图 6-4-6 所示。

图 6-4-6 找升序数

分析：由于自定义过程中只是对数组中的某个元素进行分析判断，因此过程传递的参数就不能是整个数组而应当是数组中某个元素，相应的形参也应该为一个变量。

程序参考代码如下：

```
   Option Base 1
   Dim arr(25) As Integer
   Private Sub Command1_Click()
      Dim i As Integer
      Randomize
      For i = 1 To 25
         arr(i) = Int(Rnd * 900) + 100
         Picture1.Print arr(i);
         If i Mod 5 = 0 Then
            Picture1.Print
         End If
      Next i
   End Sub
   Private Sub Command2_Click()
      Dim i As Integer, flg As Boolean
      For i = 1 To 25
```

```
        If Increase(arr(i)) Then
            List1.AddItem arr(i)
                flg = True
        End If
    Next i
    If Not flg Then
        List1.AddItem"无升序数"
    End If
End Sub
Private Function Increase(n As Integer) As Boolean
    Dim bai As Integer, shi As Integer, ge As Integer
    bai = n \ 100
    shi = (n Mod 100) \ 10
    ge = n Mod 10
    If bai < shi And shi < ge Then
        Increase = True
    End If
End Function
Private Sub Command3_Click()
    Picture1.Cls
    List1.Clear
End Sub
```

6.4.5　对象参数

　　VB 应用程序中允许将窗体或控件等对象作为通用 Sub 过程或 Function 过程的参数。若过程的参数是窗体,就要将形参的类型声明为"Form"。若过程的参数是某个控件,就要将形参的类型声明为"Control"。对象参数的传递方式只能为按地址传递,因此若形参定义为对象则不能用 ByVal 声明。

　　下面看一个对象参数的程序示例。

　　【例 6–15】　某工程中有两个窗体,它们的名称分别为 Form1 和 Form2。其中,Form1 的界面如图 6-4-7(a)所示,程序参考代码如下:

图 6-4-7(a)　对象参数窗体 1

```
    Private Sub Command1_Click()
        Call ShowForm(Form2)
    End Sub
    Private Sub ShowForm(nextform As Form)
        nextform.Show
        Me.Hide
    End Sub
```

Form2 的界面如图 6-4-7(b)所示,程序参考代码如下:

```
Dim Labelnum As Integer
Private Sub Form_Load()
    Labelnum = 1    'Labelnum 记录标签数组最
                     后一个元素的下标
End Sub
Private Sub Command1_Click()
    Dim displace As Integer
    Labelnum = Labelnum + 1
    ' 计算即将添加的标签和当前标签间的垂直
    距离
    displace = Label1(Labelnum - 1). Top + Label1(Labelnum - 1). Height + 100
    ' 调用 AddLabel 过程往标签数组 Label1 中加入 1 个新标签
    Call AddLabel(Label1(Labelnum)，displace)
End Sub
Private Sub AddLabel(newlabel As Control，displace As Integer)
    Load newlabel
    'Load 语句添加的新控件必须要调整 Visible、Top 或 Left 属性才能被看到
    newlabel. Visible = True
    newlabel. Top = newlabel. Top + displace
    newlabel. Caption = "标签"& Labelnum + 1
End Sub
```

图 6-4-7(b)　对象参数窗体 2

说明：

① 启动工程，单击 Form1 中的按钮【打开窗体 2】，触发执行 Command1_Click 过程，在其中调用通用过程 ShowForm。该过程的形参是一个窗体对象，对应的实参为 Form2，因此系统会显示 Form2，隐藏 Form1。

② Form2 界面上原有的两个标签构成了一个名为 Label1 的控件数组。单击按钮【添加新标签】，在其中调用通用过程 AddLabel。该过程的第一个形参是一个控件对象，其对应的实参为一个新的标签数组元素，此时会往窗体 2 上添加一个新的标签，再调整该标签的 Visible、Top 和 Caption 属性后就可以将其显示在窗体上。单击三次按钮，Form2 的界面将变成图 6-4-7(c)所示的样子。

图 6-4-7(c)　窗体 2 运行后

6.5　变量的作用域与生命期

定义过程或变量时都需要声明它们的作用域。所谓作用域就是标明过程或变量在什么地方才有意义，可以被多大区域范围内的程序访问。根据变量的定义位置和声明关键字的不同，VB 中可声明三种作用域类型的变量：过程级变量（局部变量）、模块级变量以及全局变量。

变量生命期是指变量从产生到消亡所经历的时间。变量的生命期与作用域有着很大的关联。不同作用域的变量，其生命期往往是不同的，但相同作用域的变量，其生命期也可能有所

不同。

6.5.1　过程级变量

过程级变量也称为局部变量,是在过程内部用关键字 Dim 声明的变量。过程级变量只在声明它的过程内部才有意义,只能在该过程内部访问它,不能被其他过程访问。过程级变量可在过程中任何位置声明,但只有在声明之后才能使用。

当程序转入过程中运行时,系统会为过程级变量在内存的栈区域中分配存储空间,过程级变量开始发挥作用。过程运行结束后,系统会回收分配给该过程的栈内存,所有在过程内定义的变量将随之消逝。若该过程再次被调用,过程内部的变量会被重新分配内存,但此时过程内部的变量与前一次调用该过程时产生的变量已毫无关联。因此过程级变量只在过程内部有效,它的生命期也是起于过程开始,终于过程结束。

【例 6 - 16】　阅读下面一段程序,思考单击两次按钮 1,再单击两次按钮 2,程序的输出是什么。

```
Private Sub Command1_Click()
    Dim a As Integer
    a = a + 1
    Print a;
End Sub
Private Sub Command2_Click()
    Dim a As Integer
    a = a + 1
    Print a;
End Sub
```

> 分析:第一次单击按钮 1,系统为 Command1_Click 内的局部变量 a 分配内存,a 的初值为 0,经过加 1 操作后值会变成 1。随着过程运行结束,局部变量 a 的值随之消失。第二次单击按钮 1,系统会重新为局部变量 a 分配内存,a 的初值还是 0,经过加 1 操作后值变成 1。第一次单击按钮 2,系统为 Command2_Click 内的局部变量 a 分配内存,a 的值变成 1。第二次单击按钮 2,a 的值还是变成 1。程序的输出为:
>
> 　1 1 1 1

过程内部还可以用关键字 Static 声明一个变量,这类变量不同于普通的局部变量,称为静态变量。静态变量的作用域和普通局部变量相同,也是仅在过程内部有意义,但它的生命期却和普通局部变量不同。它的生命期不止限于过程的起止,而是可以贯穿整个应用程序始终。程序开始运行时系统即为静态变量在数据区分配内存,随着程序的运行,静态变量的值一直被保留。因此不论过程被调用多少次,静态变量的值都是可以从前一次过程调用过程保持到下一次过程调用的。

【例 6 - 17】　给【例 6 - 2】的程序添加一个验证登录密码的界面。

要求:在登录界面的文本框中输入登录密码后单击【确定】按钮,若密码正确则程序转入 FrmMain 窗体,若密码错误则弹出消息框要求用户再次输入,密码输入次数达到三次就禁止使用该程序,直接退出程序。

程序的参考界面如图 6-5-1 所示,参考代码如下:

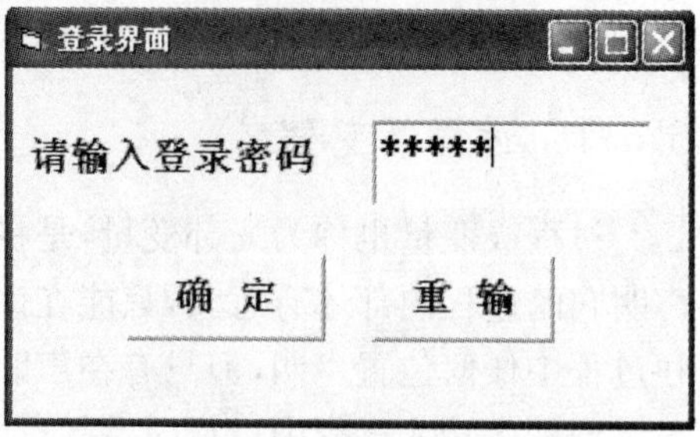

图 **6-5-1**　登录界面

```
Private Sub Command1_Click()
    Dim password As String
    Static num_input As Integer
    password = Text1
    If password = "admin" Then
        FrmMain. Show
    Else
        num_input = num_input + 1        ' 统计密码输错的次数
        If num_input = 3 Then
            MsgBox "你已输错三次,系统拒绝向你提供服务!", 16, "退出"
            End
        Else
            MsgBox "密码错误,请重新输入!", 48, "密码错误"
        End If
    End If
End Sub
Private Sub Command2_Click()
    Text1 = ""
    Text1. SetFocus
End Sub
```

说明:由于用户每输入一次密码,【确定】按钮对应的单击事件过程就会被触发执行一次。要统计用户输入密码次数是否达到三次,过程内部定义的统计输入次数的变量值就必须是连续的,即使过程运行结束,它的值也要被保留。将该变量声明为一个静态变量正好可以满足程序这个需求。

6.5.2　模块级变量

模块级变量是在窗体模块或标准模块的通用部分用关键字 Private 或 Dim 声明的变量。模块级变量在其所声明的模块内有效,可以被模块内所有的过程访问,但不能被其他模块中的过程访问,因此模块级变量的作用域是被限制在其所在模块内部的。

当程序加载某个模块时,系统就为其中的模块级变量在内存的数据区分配存储空间,模块级变量开始发挥作用。模块级变量的作用域虽然被限制在模块内部,但它们的生命期一直能延续到应用程序结束。即使其所在的模块在程序的运行过程中被卸载又被重新加载,其中各模块级变量的值仍可继续使用。

【例 6-18】　阅读下面程序,思考单击两次按钮 1,再单击两次按钮 2,程序的输出是什么。

```
Dim a As Integer
Private Sub Command1_Click()
    a = a + 1
    Print a;
End Sub
```

```
Private Sub Command2_Click()
    a = a + 1
    Print a；
End Sub
```

> 分析：第一次单击按钮 1，Command1_Click 内访问的是模块级变量 a，a 的值会变成 1。第二次单击按钮 1，访问的还是模块级变量 a，经过加 1 操作后 a 的值会变成 2。第一次单击按钮 2，Command2_Click 内访问的也是模块级变量 a，a 的值会变成 3。第二次单击按钮 2，a 的值再加 1 会变成 4。程序的输出为：
>
> 　　1 2 3 4

【例 6 - 19】　阅读下面程序，思考单击按钮 1 后程序的输出是什么。

```
Dim a As Integer
Private Sub Command1_Click()
    Dim b As Integer，c As Integer
    a = 100；b = 10
    c = Fun(a，b)
    Print a；b；c
End Sub
Private FunctionFun(x As Integer，y As Integer) As Integer
    x = x + 10
    y = y + 10
    a = x + 10
    Fun = x + y + a
End Function
```

说明：单击按钮 1 后触发执行 Command1_Click 事件过程。程序执行到 c = Fun(a，b)语句时调用 Fun 函数，形参 x 和 y 被赋值为 100 和 10。在 Fun 函数中，经过计算，形参 x 和 y 的值会变成 110 和 20，模块级变量 a 的值会变成 120。由于形参 x 声明为按地址传递，因此形参 x 和实参 a 共享内存，x 的值也会变成 120。接下来执行 Fun = 120 + 20 + 120，函数的返回值为 260。Fun 函数结束后回到 Command1_Click 过程中，变量 c 被赋予函数返回值 260，变量 a 和 b 则与形参 x 和 y 的值相同，分别为 120、20。程序输出结果为：

120 20 260

6.5.3　全局变量

全局变量是在窗体模块或标准模块的通用部分用关键字 Public 声明的变量。全局变量在整个应用程序中都有效，可以被应用程序中的任意过程访问，因此全局变量的作用域是整个应用程序。

在窗体模块中声明的全局变量和在标准模块中声明的全局变量，对它们的访问方式是不同的。若要访问某个在其他窗体模块中定义的全局变量，必须将全局变量所在的窗体模块名作为该变量的前缀，而要访问某个在其他标准模块中定义的全局变量，就不需要加模块名作前缀，直接引用该全局变量的名称就可以了。

例如,在窗体模块 Form2 中声明一个全局变量 a,在标准模块 Module1 中声明一个全局变量 b,在 Form1 中要打印全局变量 a 和 b 的值可以使用下面的语句:

```
Print Form2.a
Print b
```

虽然全局变量可以被应用程序的任意过程访问,但也不能认为将变量全部声明为全局作用域便可省去过程间参数传递的麻烦。相反,由于程序的任何地方都可以修改全局变量的值,滥用全局变量很可能会造成全局变量值被某些代码不明缘由的修改而导致程序的运行结果产生错误。因此定义变量为何种作用域,还是要根据变量在程序中所起的作用和其使用范围来具体设置。

全局变量的生命期贯穿于应用程序始终,全局变量所在模块被加载后,系统就会为其中声明的全局变量在内存的数据区分配存储空间,它们的生命期将一直延续到应用程序结束。

关于全局变量还有一点语法规定要注意,即符号常量、数组以及定长字符串类型的变量,固定长度字符串不允许作为窗体模块的 Public 成员,只能在标准模块中声明这几种类型的数据为全局作用域。

6.5.4　同名变量

作用域相同的两个变量不允许使用相同名称,这是变量的命名规则所规定的。但作用域不相同的两个变量是允许具有相同名称的。VB 规定,当变量作用域不同而名称相同时,在作用域范围,内优先访问局限性大的变量,即作用域较小的变量屏蔽作用域大的变量。

假设一个工程中有两个窗体 Form1 和 Form2,两个窗体中的代码如下:

Form1 中的代码:

```
Public a As Integer
Private b As Integer
Private Sub Form_Click()
    Print a                 '访问 Form1 中的全局变量 a
    Print Form2.a           '访问 Form2 中的全局变量 a
    Print b                 '访问 Form1 中的模块级变量 b
    Print Form2.b           '访问 Form2 中的全局变量 b
End Sub
Private Sub Command1_Click()
    Dim a As Integer
    Print a                 '访问 Command1 中的局部变量 a
End Sub
```

Form2 中的代码:

```
Public a As Integer, b As Integer
```

说明:

① 两个窗体中分别定义了作用域为 Public 的变量 a。虽然两个 a 都是全局变量,但它们分属不同的窗体模块,因此它们的名称是允许相同的。在 Form1 中要访问本模块内定义的 a 则直接引用其变量名称即可;若要访问 Form2 中的全局变量 a,就必须加上 a 所属的窗体模块的名称 Form2 作为前缀。

② Form1 中定义了模块级变量 b,Form2 中定义了全局变量 b。由于两个变量分属于不同的模块,因此它们的名称是允许相同的。在 Form1 中要访问本模块内的 b 就直接引用其变量名称;若在 Form1 中要访问 Form2 中的全局变量 b,则需加上 Form2 作为 b 的前缀。

③ Form1 中的 Command1 单击事件过程中也定义了局部变量 a。由于局部变量 a 的作用域被限制在过程内部,因此和通用部分声明的全局变量 a 不冲突,允许它们名称相同。在过程中直接引用变量 a,访问到的将是局部变量 a。因为若局部变量与全局变量或模块级变量同名,在过程内优先访问的是作用域较小的局部变量。

【例 6-20】 阅读下面程序段,思考单击按钮 1,再单击按钮 2,程序的输出是什么。

```
Dimn As Integer
Private Sub Command1_Click()
    Dimn As Integer
    n = n + 1
    Printn;
End Sub
Private Sub Command2_Click()
    n = n + 10
    Printn;
End Sub
```

说明:单击按钮 1,触发按钮 1 的单击事件过程,由于过程内部也定义了局部变量 n,n = n + 1 是针对局部变量 n 进行的加 1 操作,n 的值变成 1。再单击按钮 2,会触发按钮 2 的单击事件过程,n = n + 10 是针对模块级变量 n 进行的加 10 操作,而模块级变量 n 的初值仍然为 0,加法运算后模块级变量 n 的值变成 10。程序的运行结果为:

1 10

6.6 递归过程

过程调用通常都是发生在两个不同的过程之间的。过程的定义语句中也可以通过调用自身来完成某些功能,若一个过程的过程体中有直接或间接调用自身的语句,这类过程就称为递归过程。简单的说,递归就是过程自己调用自己。递归是推理和求解问题的一种重要方法,很多经典的数学模型和算法设计都采用了递归结构来求解问题,而且很多问题采用递归结构来描述算法比非递归结构显得更加简洁易懂,可读性更好。

递归过程的一个典型应用就是求一个数的阶乘。前面介绍过采用非递归方法求解一个数的阶乘的算法,假设要编写一个名称为 Fact 的自定义函数求一个数的阶乘,相应的程序代码如下:

```
Private Function Fact(n As Integer) As Long
    Dim i As Integer
    Fact = 1
    For i = 1 To n
        Fact = Fact * i
    Next i
End Function
```

若使用递归过程求解,可以经过下面的推理思考:

由于数学上定义

$$n! = \begin{cases} n! = 1, n=0 \text{ 或 } n=1 \\ n! = n*(n-1)!, n>1 \end{cases}$$

若自定义函数 Fact 可以求一个数的阶乘,就有 Fact(n) = n * Fact(n-1)。在定义函数 Fact 求解 n 阶乘的代码中,可以通过调用 Fact 来求 n-1 的阶乘。

根据上述分析,可以编写出使用递归过程求解 n! 的函数过程如下:

```
Private Function Fact(ByVal n As Integer) As Long
    If n = 0 Or n = 1 Then
        Fact = 1
    Else
        Fact = n * Fact(n - 1)          ' 注意,这里要赋值给与函数同名的变量
    End If
End Function
```

若调用该递归过程求解一个自然数的阶乘,主调程序可以如下定义:

```
Private Sub Form_Click()
    Dim n As Integer
    n = InputBox("请输入一个自然数")
    Print n; "! = "; Fact(n)
End Sub
```

分析:运行程序,单击窗体打开输入框,通过键盘输入自然数 3,窗体上将打印"3! = 6"。程序的执行流程如图 6-6-1 所示。第一次调用 Fact 函数时,形参 n 的值为 3,不满足分支语句的判断条件,程序会执行到 Fact = 3 * Fact(3-1)。由于该表达式中又有函数调用,于是系统进一步调用 Fact 函数求解 2 的阶乘。此时形参 n 的值为 2,程序会执行到 Fact = 2 * Fact(2-1),系统再一次调用 Fact 函数求解 1 的阶乘。在求解 1 阶乘的函数内部,由于形参值为 1,满足分支语句的判断条件,因此程序会执行到 Fact = 1,之后函数 Fact(1) 运行结束,程序带着 Fact(1) 的返回值 1 回到 Fact(2) 中调用 Fact(1) 的语句处,执行 Fact = 2 * 1。接下来函数 Fact(2) 也运行结束,程序带着返回值 2 回到 Fact(3) 中调用 Fact(2) 的语句处,执行 Fact = 3 * 2。最后,程序带着 Fact(3) 的返回值 6 回到主调程序中调用 Fact(3) 的语句处,在窗体上打印"3! = 6"。

从上述分析可以看出递归是一个逐层调用,之后再逐层返回的过程。编写递归过程时要特别注意设置递归的终止条件。因为正确的递归必须是有穷递归,逐层调用过程的次数必须是有限的,这就需要有一个终止条件,使得最内层的递归过程可以满足该终止条件后结束,这样才能层层返回。上例中的 n=1 就是递归的终止条件,它可以使得最内层的 Fact(1) 运行结束返回到上一层的过程中。一个缺乏递归终止条件的递归过程将会永无休止的递归下去,不但无法得到程序的运行结果,还会因过多次调用过程导致内存耗尽,引起更加严重的系统错误。

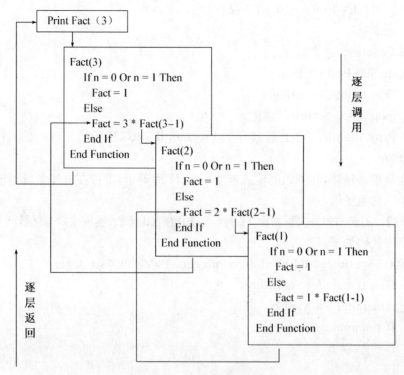

图 6-6-1 Fact(3)的递归过程

【例 6－21】 药理实验室买了一对小兔子,小兔子一个月后成年具有生育能力,之后每过一个月可以生出一对小兔子,新生的兔子一个月后有了生育能力,再过一个月后就可以再生出一对小兔子,编写程序统计一年后药理实验室共有多少对兔子?

> 分析:根据题目所描述的兔子的生长生育规律可以知道,第一个月有 1 对小兔子,第二个月有 1 对成年兔子,第三个月有 1 对可生育的兔子和 1 对小兔子,第四个月有 1 对可生育的兔子、1 对成年兔子和 1 对小兔子,第五个月有 2 对可生育的兔子、1 对成年兔子和 2 对小兔子。依此类推,可以发现兔子的数量刚好呈下面的数列规律递增:
> 　　1,1,2,3,5,8,13,21,34,…

该数列即为著名的 Fibonacci 数列,该数列第 12 项的数值即为一年后兔子的个数。若用 F_n 表示数列第 n 项,则 Fibonacci 数列可以用如下表达式描述:

$$F_n = \begin{cases} 1, & n=1,2 \\ F_{n-1}+F_{n-2}, & n \geqslant 3 \end{cases}$$

从该表达式中能看出求 Fibonacci 数列第 n 项值的算法若用递归过程来描述非常合适。因为数列第 n 项恰等于前两项之和。若定义函数 Fib 求数列第 n 项,那么在函数体中可以再通过调用 Fib 求数列前两项的值。该递归的终止条件为 n＝1 或 n＝2。

经过上述分析,可以编写如下代码求解一年后该实验室共有多少对兔子。

```
Private Function Fib(ByVal n As Integer) As Integer
    If n＝1 Or n＝2 Then
        Fib＝1
    Else
```

```
        Fib = Fib(n - 2) + Fib(n - 1)
    End If
End Function
Private Sub Form_Click()
    Dim month As Integer
    month = InputBox("请输入")
    Print month &"个月后共有 "& Fib(month) &"对兔子"
End Sub
```

启动程序后单击窗体,在弹出的输入框中输入 12 后确定,即可在窗体上看到输出结果"12 个月后共有 144 对兔子"。

【例 6‑22】 用递归的方法重新定义**【例 6‑2】**中的 gcd 函数,实现求两自然数的最大公约数。

程序的参考代码如下:

```
Public Function gcd(ByVal a As Integer, ByVal b As Integer)
    Dim remainder As Integer
    remainder = a Mod b
    If remainder = 0 Then
        gcd = b
    Else
        a = b
        b = remainder
        gcd = gcd(a, b)
    End If
End Function
```

【例 6‑23】 用递归的方法重新定义**【例 6‑5】**中的 D2K 函数,实现把十进制数 n 转换为 k 进制数。

> 分析:十进制数转换为 k 进制数采用的是除 k 取余法。若采用递归方法来实现进制转换,可以考虑这样来处理。假设要求解十进制数 27 对应的二进制数,首先,用 27 除以 2 得到余数 1 和商 13,接下来就可以调用 D2K 本身去求商 13 对应的二进制数,如果程序可以正确执行将会得到返回值"1101",将本轮的商"1"连到"1101"的后面就可以得到 27 对应的二进制数"11011"。另外要注意,若十进制数要转换为十六进制数,余数可能是一个大于 9 的数,因此递归过程中对于 0~9 和 10~15 之间的余数要分别处理。

程序的参考代码如下:

```
Private FunctionD2K(n As Integer, k As Integer) As String
    Dim r As Integer
    If n <> 0 Then
        r = n Mod k
        If r < 10 Then
            D2K = D2K (n\k, k) & r
        Else
```

$$D2K = D2K\,(n\backslash k,\ k)\ \&\ Chr(55 + r)$$
　　　　　　　　End If
　　　　　End If
　　End Function

习　题

一、选择题

1. 某窗体上有两个文本框,如果想要在启动程序后,光标在第二个文本框中跳动,可以在下面(　　)窗体事件过程中添加语句"Text2. SetFocus"。

　　A. Form_Initialize　B. Form_Load　　　C. Form_Activate　D. Form_GotFocus

2. 下面有关 Sub 过程的叙述中,正确的是　　　　　　　　　　　　　　(　　)

　　A. 事件过程不能被调用,仅当事件发生时才能被触发执行

　　B. 通用 Sub 过程的名称不能与模块级变量的名称相同

　　C. 调用其他模块中定义的公有过程,必须要以其所属模块名作为过程名的前缀

　　D. 通用 Sub 过程中只要有给过程名赋值的语句,过程就可以有返回值

3. 下列有关自定义 Function 函数的描述中,错误的是　　　　　　　　(　　)

　　A. 自定义 Function 函数只能有一个返回值

　　B. 可以用 Call 语句调用一个自定义 Function 函数

　　C. 若自定义 Function 函数内部没有给函数名赋值的语句,该函数就没有返回值

　　D. 自定义 Function 函数内部可以用 Exit Function 语句提前结束函数的调用,回到主调程序中调用函数的语句处

4. 下列有关通用 Sub 过程或自定义函数的叙述中,正确的是　　　　　(　　)

　　A. 可选参数可以放在必选参数的前面

　　B. 调用过程时,只要实参为常量或表达式,就可以与形参的数据类型不一致

　　C. 参数的缺省传递方式为引用传递

　　D. 若形参用 ReRef 声明,则参数只能按地址传递

5. 下列有关数组参数的说明中,错误的是　　　　　　　　　　　　　(　　)

　　A. 形参数组前用 ByVal 修饰,表明参数的传递方式为传值;形参数组前用 ByRef 修饰或无修饰,表明参数的传递方式为传地址

　　B. 形参数组可以定义为任意数据类型

　　C. 若过程的形参为数组,调用该过程时实参也必须为数组,且只要数组名即可

　　D. 过程体中不可以用 Dim 语句再次声明形参数组

6. Form1 的通用部分有下面几条声明语句,只有(　　)是正确的。

　　A. Public a As String * 5　　　　　　　B. Public b

　　　C. Public Const c As Integer = 5　　　　D. Puclic d(5) As Integer

7. 下列有关变量作用域的叙述中,正确的是　　　　　　　　　　　　　　（　　）

　　　A. 访问其他模块中的全局变量时,必须用其所属的模块名作为变量名的前缀

　　　B. 模块级变量就是在模块的通用部分用 Private 关键字声明的变量

　　　C. 作用域不相同的两个变量允许其名称相同

　　　D. 过程内部只能用 Dim 声明一个局部作用域的变量

8. 如果 Form1 的 Form_Click 事件过程中有这样几条定义语句:Dim x As Single,arr(5) As String,另有通用 Sub 过程定义为 Private Sub Sub1(a As Integer,b( ) As String),则在 Form_Click 事件过程中调用 Sub1 过程,下面几条调用语句中哪条是正确的　　（　　）

　　　A. Call Sub1(x,arr)　　　　　　　　B. Sub1 (x),arr

　　　C. Sub1 x,arr　　　　　　　　　　　D. Call Sub1(x,arr())

二、读程序写结果

1. Private Sub Command1_Click()

```
    Dim x As Integer，y As Integer
    x = 10：y = 100
    Call Example(x，y)
    Print x,y
End Sub
Private Sub Example(a As Integer，ByVal b As Integer)
    a = a + 10
    b = b + 10
End Sub
```

　　　输出结果为_____。

2. Private Sub Command1_Click()

```
    Dim n As Integer，i As Integer
    For i = 5 To 1 Step-1
        Call Example(i，n)
        Print i，n
    Next i
End Sub
Private Sub Example(x As Integer，y As Integer)
    Static n As Integer
    n = n + x
    x = x - 1
    y = n - y
End Sub
```

　　　输出结果为_____。

3. Private Sub Command1_Click()

```
    Dim a As Integer，b As Integer，c As Integer
    a = 10：b = 20
```

```
        c = Example(a, b)
        Print a, b, c
    End Sub
    Private Function Example(x As Integer, y As Integer) As Integer
        x = x - 2
        y = y - 5
        If x = 0 Or y = 0 Then
            Example = 1
        Else
            Example = Example(x - 2, y - 5)
        End If
        Print x, y
    End Function
```

输出结果为_____。

```
4. Dim a As Integer
   Private Sub Command1_Click()
        Dim b As Integer, c As Integer
        a = 1: b = 2
        c = a + b + Example(a, b)
        Print a; b; c
    End Sub
    Private Function Example(x As Integer, y As Integer) As Integer
        x = x + 1
        y = y + 2
        a = a + 4
        Example = x + y + a
        Print Example
    End Function
```

输出结果为_____。

三、编程题

1. 编写程序找出 1～100 之间的所有孪生素数。所谓孪生素数就是两个素数之差为 2。例如 3 和 5、5 和 7、11 和 13 都是孪生素数。要求定义独立的函数判断一个数是否为素数。

2. 编写程序找出所有的四位 Armstrong 数并输出到列表框中,所谓四位 ArmStrong 数就是这个数各位数的 n 次方之和等于这个数,n 为这个数的位数。例如:$1^4 + 6^4 + 3^4 + 4^4 = 1634$。要求自定义函数判断一个数是否为 Armstrong 数。

3. 用递归过程编写求两个自然数的最大公约数的程序。

4. 编写程序把一个 N 进制数转换为十进制数。要求通过文本框分别输入一个数的进制和数值,单击"转换"按钮可以在第三个文本框显示该 N 进制数数对应的十进制数,定义自定义函数实现 N 进制数到十进制数的转换。

5. 编写程序找出一个 5 * 5 二维随机数组的鞍点。所谓鞍点就是一个数值在其所在行最大,在其所在列最小的元素。如果数组中没有鞍点,也要有"该数组中无鞍点"的提示输出。要求定义通用 Sub 过程查找一个数组中的鞍点并输出。

6. 编写程序验证三重哥德巴赫猜想:每个不小于 9 的奇数都可以表示为三个素数之和。

7. 编写程序找出一个长度为 10 的随机数数组中第 n 大的数。要求在窗体装载事件里生成随机数数组,通过文本框输入 n 的值后单击"查找"按钮,即可在图片框输出数组和数组中第 n 大元素的值。定义通用 Sub 过程对数组进行排序。

8. 编写一个多窗体应用程序,一个窗体可以实现求一个数的排列,一个窗体可以实现求一个数的组合,两个窗体间可以相互切换。要求在标准模块中定义名为 Fact 的公共函数,实现求一个数的阶乘。

第7章 程序调试

在编写程序和运行 VB 程序的过程中,难免会出现错误,这就需要知道错误的原因,以便纠正错误。本章将简要介绍 VB 程序的调试方法。

7.1 错误类型

在 Visual Basic 程序设计过程中所产生的错误通常情况下可分为以下三类:语法错误、逻辑错误和运行错误。不同的错误处理方法不同。

7.1.1 语法错误(Syntax Error)

语法错误是指在程序编写过程中出现不符合 VB 语法规范的语句引起的错误。语法错误还可分为编辑错误和编译错误。

1. 编辑错误

用户在代码窗口编辑代码时,VB 集成开发环境会对录入的程序直接进行语法检查,当光标离开某行刚录入的包含编辑错误的代码时,VB 会提示出错信息,出错的那一行会变成红色。这时,用户必须单击【确定】按钮,关闭出错提示窗口,然后对出错行进行修改。常见的编辑错误有以下几种:

- 语句中的关键字拼写错误;
- 遗漏或错误地使用了标点符号。

2. 编译错误

单击【启动】按钮运行 VB 程序时,VB 会首先编译需要执行的程序段。如果程序中包含错误代码,导致 VB 编译器无法正确解释源代码,从而产生的错误称为编译错误。常见的编译错误有以下几种:

- 变量未声明或声明重复;
- 静态数组的声明中使用了变量;
- 分支结构或循环结构语句的结构不完整或不匹配;
- 循环嵌套时,内外循环产生交叉;
- 形参和实参的数据类型不匹配。

一旦发现编译错误,系统会自动加亮显示有错误的语句,并停止运行代码,弹出信息提示框来显示错误类型,此时,用户须单击【确定】按钮,关闭出错提示窗口,然后对出错行进行修改。如图 7-1-1 所示,循环嵌套时,内外循环骑跨,在运行时就会出现编译错误信息提示对话框。

在程序设计过程中,含有语法错误的程序是不能正常运行的。【自动语法检测】选项,可以帮助用户在设计程序的过程中发现大部分的语法错误,并提示用户予以改正。默认情况下,VB 集成开发环境会缺省选中【自动语法检测】选项,在用户输入代码时自动检测和提示语法错误。在 VB 集成开发环境下设置或清除【自动语法检测】选项的方法如下:

① 选择【工具】菜单下的【选项】命令,弹出【选项】对话框。

```
Option Explicit

Private Sub Form_Click()
    Dim i As Integer, j As Integer, sum As Integer, fact As Integer
    fact = 1
    For i = 1 To 5
        For j = 1 To j
            fact = fact * j
        Next i
        sum = sum + fact
    Next j
    Print "1!+2!+...+5!=" & sum
End Sub
```

图 7-1-1   编译错误信息提示

② 选择【编辑器】选项卡,然后选择【代码设置】中的【自动语法检测】选项,如图 7-1-2 所示。

③ 单击【确定】按钮,保存设置。

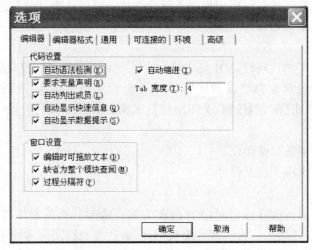

图 7-1-2   "自动语法检测"选项设置

7.1.2   运行错误(Run Time Error)

运行错误是指代码在语法上没有错误,在程序运行过程中却发生的错误,无法运行。常见的运行错误有以下几种:

- 做除法运算时除数为 0;
- 数据溢出;
- 无效属性值以及无效的过程调用和参数;
- 数据类型不匹配;
- 循环语句出现死循环;
- 使用了一个不存在的对象而导致出现"要求对象"错误提示信息;
- 数组下标越界;
- 文件未找到。

【例 7 - 1】   求两个正整数的最大公约数 Gcd 和最小公倍数 Lcd。界面设计如图 7-1-3

所示。

图 7-1-3　程序界面设计

程序代码如下：

```
Private Sub Command1_Click()
    Dim n1 As Integer, n2 As Integer, Gcd As Integer, Lcd As Integer
    n1 = Text1. Text
    n2 = Text2. Text
    Call Gld(n1, n2, Gcd, Lcd)
    Text3. Text = Gcd
    Text4. Text = Lcd
End Sub
Private Sub Gld(ByVal a As Integer, ByVal b As Integer, Gcd As Integer,_
Lcd As Integer)
    Dim t As Integer, r As Integer
    t = a * b
    Do
        r = a Mod b
        a = b
        b = r
    Loop Until r = 0
    Gcd = b
    Lcd = t / Gcd
End Sub
```

运行时，单击【计算】按钮，出现错误提示，如图 7-1-4 所示，提示"实时错误'11'：除数为零"。

Microsoft Visual Basic

实时错误 '11'：

除数为零

| 继续 (C) | 结束 (E) | 调试 (D) | 帮助 (H) |

图 7-1-4　错误信息提示

点击【调试】按钮后，如图 7-1-5 所示，可以发现一个黄色的光条停留在"Lcd = t / Gcd"这一程序行上，这是系统提示此行程序有除数为零的错误。除数为零也就是变量 Gcd 为零，Gcd 表示最大公约数，不应该为零。仔细观察这几行程序，发现用辗转相除法求最大公约数时，最大公约数应是最后一次除法的除数而不应是余数，因此在这里应执行 Gcd = a。单击工具栏上的停止按钮，结束程序运行，返回设计状态，修改后重新执行程序即可得到正确结果。

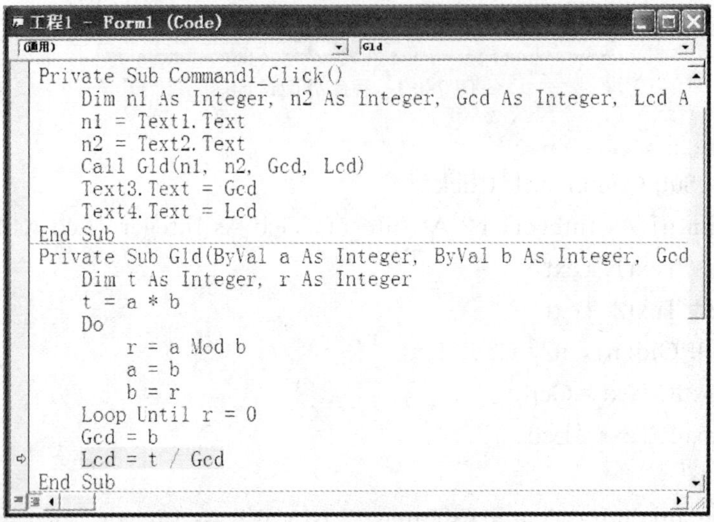

图 7-1-5　黄色光条提示错误

7.1.3　逻辑错误（Logic Error）

逻辑错误是指程序既没有语法错误也没有运行错误，而是由于程序代码未能实现预定的处理要求而导致了错误的运行结果。常见的逻辑错误有以下几种：

- 变量赋初值不正确或赋初值语句位置错误；
- 错误的使用字符串函数；
- 过程中错误地使用 Exit 语句；
- 动态数组重定义错误；
- 使用通用过程时参数声明错误。

除去上述几种情况，还有像算法不正确、变量没有初始化、运算符使用不正确、循环条件错误等等，都会引起逻辑错误。

【例 7-2】　在窗体上输出 $1\times2\times3\times4\times5\times6\times7\times8\times9\times10$ 的结果。

程序代码如下：

```
Private Sub Form_Click()
    Dim s As Single, i As Integer
    For i = 1 To 10
        s = s * i
    Next i
    Print"1×2×3×4×5×6×7×8×9×10 = "; s
End Sub
```

运行结果如图 7-1-6 所示。

图 7-1-6　运行结果

　　该事件过程的每条语句都符合语法规则,不存在运行错误,程序可以正常运行,但是却给出了错误的结果。仔细分析该程序中的每一条语句发现:s 变量用来表示乘积,却没有给它赋初值 1,系统就会默认给变量 s 赋一个初值为 0,导致连乘以后结果还是为 0。这就是所谓的"逻辑错误"。

　　对于逻辑错误,系统无法自动检测,只能由用户通过分析和测试代码来验证结果的正确性。如果程序的运行结果有误,则应检查是否存在逻辑错误,并加以排除。

7.2　程序调试

　　为了更正程序中出现的不同错误,Visual Basic 提供了多种程序调试工具,主要有程序中断、跟踪、设置监视点和监视表达式,利用调试窗口等手段可以帮助用户深入到应用程序内部观察变量和有关属性的变化,分析程序的运行过程,从而找到出错的原因。

7.2.1　调试工具

　　Visual Basic 提供了一个专用于程序调试的工具栏,利用该工具栏所提供的调试工具,可以方便有效地查找程序中的错误。在 Visual Basic 集成开发环境中,在任一工具栏上单击鼠标右键,在弹出的快捷菜单中选【调试】命令或打开【视图】菜单,在【工具栏】中选【调试】命令都可打开【调试】工具栏。如图 7-2-1 所示。

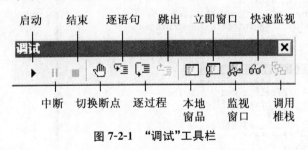

图 7-2-1　"调试"工具栏

表 7-2-1 列出了图 7-2-1 中"调试"工具栏各按钮的功能。

表 7-2-1　"调试"工具栏

按钮名称	功能
启动	运行程序
中断	暂时停止程序运行,并进入中断模式
结束	停止程序运行,并返回设计模式
切换断点	用于设置和取消断点。断点通常设置在程序中可能出现错误的地方
逐语句	逐条语句的执行程序,每执行完一条语句就发生中断。当要执行的下一条语句是另一个过程时,自动转到该过程内部去逐条语句执行

(续表)

按钮名称	功能
逐过程	逐条语句的执行程序,每执行完一条语句就发生中断。当要执行的下一条语句是另一个过程时,则完整执行该过程
跳出	执行当前过程剩下的可执行程序,并在调用本过程的下一行中断
"本地"窗口	显示局部变量的当前值
"立即"窗口	在中断模式下,可以执行代码或查询变量值
"监视"窗口	显示选定表达式的值
快速监视	在中断模式下,显示表达式的当前值
调用椎栈	在中断模式下,列出当前活动过程的调用,对话框中显示已经被调用但尚未结束的所有过程

7.2.2　调试窗口

Visual Basic 有三种窗口用于调试程序:"立即"窗口、"本地"窗口和"监视"窗口。在中断模式下,从"视图"菜单或从"调试"工具栏上选择相应按钮可打开相应窗口。

1. "立即"窗口

"立即"窗口用于显示当前过程中的有关信息,输出变量或属性的值,还可以重新设定变量或属性的值,允许用户在调试程序时执行单个的过程。在程序中可以通过 Debug. Print 语句将某些变量及属性值输出到"立即"窗口,也可以直接在该窗口中使用 Print 语句或"?"显示变量的值,以观察程序运行情况,如图 7-2-2 所示。

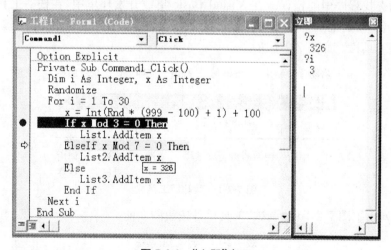

图 7-2-2　"立即"窗口

2. "本地"窗口

"本地"窗口显示当前过程中所有局部变量的名称、类型及取值,控件的属性名称、类型及取值,当程序的执行从一个过程切换到另一过程时,"本地"窗口的内容会发生改变,它只反映当前过程中可用的变量。如图 7-2-3(a)、7-2-3(b)所示。

其中"表达式"列显示了所有变量的名称;"值"列显示相应变量的值;"类型"列显示了各变量的数据类型。第一行的"Me"代表当前窗体,用鼠标单击"Me"前的加号将以树形结构显示窗体中各个控件对象的属性,即可查看当前窗体中各个控件属性的当前值。

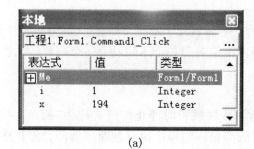
(a)

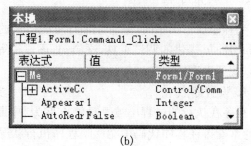
(b)

图 7-2-3 "本地"窗口

3. "监视"窗口

"监视"窗口用于显示当前所监视的表达式的值。指定的表达式称为"监视表达式"。利用【调试】菜单中的【添加监视】命令或【快速监视】命令可以添加或修改【监视表达式】并设置监视类型,如图 7-2-4 所示。

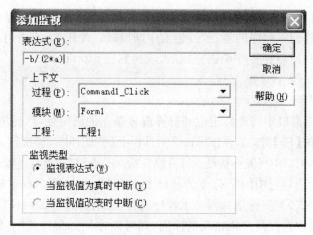

图 7-2-4 添加监视

在"表达式"文本框中输入要监视的表达式或变量名,再在"上下文"框内"过程"和"模块"列表中选定监视表达式的位置,最后根据情况确定监视类型即可。

添加了监视后,启动程序。当程序运行被中断时,打开【监视】窗口就可看到监视表达式的当前值。如图 7-2-5 所示。

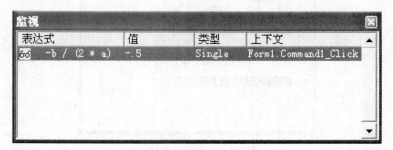

图 7-2-5 "监视"窗口

7.2.3　调试手段

当程序运行出错时,应首先估计可能出错的范围,设置几个断点,将问题区域隔离,然后用 Visual Basic 提供的调试工具,逐语句、逐过程等方法检查每一个语句或每一个过程的执行情况,以找到出现错误的语句行。

1. 设置断点

程序在执行的过程中被暂时停止称为"中断",程序被暂时停止的位置称为"断点"。"断点"通常安排在程序代码中能反映程序执行状况的部位。当程序执行到断点处即暂停程序的运行,进入中断模式。然后通过调试窗口检查相关变量、属性和表达式的值是否在预期的范围内。要使用调试工具对程序进行调试,必须首先进入中断模式,进入中断模式有以下四种方法:

(1) 在程序运行过程中,单击"运行"菜单中的"中断"命令或按[Ctrl＋Break]组合键。

(2) 在程序运行过程中,如果程序出现了错误,在弹出的对话框中单击"调试"按钮,则进入中断模式。

(3) 在代码中插入 Stop 语句,Visual Basic 专门提供了一个用于调试程序的 Stop 语句,作用是在 Stop 语句处暂停程序的运行,并进入中断模式。使用 Stop 语句在程序中设置断点,该断点将留在程序中,所以在程序调试完成后,应当删去 Stop 语句。

(4) 在设计模式下设置了断点行。

设计模式下设置断点有以下两种方法:

① 在代码编辑器窗口中将光标定位到打算设置断点的语句处,然后单击【调试】菜单中的【切换断点】命令,或按【F9】键,或单击"调试"工具栏上的"切换断点"按钮。

② 在代码编辑器窗口中将光标移动到打算设置断点的语句左边的灰色条状区域,然后单击。

被设置为断点的语句行中的字符变为粗体并反相显示,如图 7-2-6 所示。当程序运行到断点时便进入中断模式,当前行指示器指示程序暂停在该行,这时即可使用 Visual Basic 提供的调试工具检查和发现错误及产生错误的原因,如可以在代码窗口或"立即"窗口检查程序状态,在"立即"窗口中查看变量的输出,或将指针移动到变量位置上显示变量的当前值。

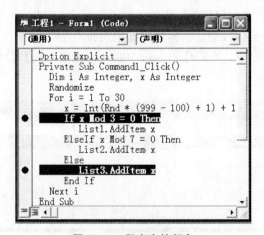

图 7-2-6　程序中的断点

在中断模式下,使用工具栏上的【继续】按钮或【运行】菜单中的"继续"命令可使程序继续运行。

通过检查,纠正了存在的错误,就应把断点取消。在断点行重复设置断点的操作就会取消断点。若要取消程序中所有的断点可以使用【调试】菜单中的【清除所有断点】命令或按【Ctrl + Shift + F9】组合键。

2. 逐语句执行

逐语句执行就是每次执行一条语句,即单步调试。每执行完一条语句程序就进入中断状态。通过调试窗口观察变量的变化,来分析和判断该语句是否正确,从而查找出错的原因和位置,以便进行相应的修改。

通过单击【调试】菜单中的【逐语句】命令或【调试】工具栏上的【逐语句】按钮,也可按【F8】键启动逐语句执行。每按一次【F8】键,便执行一条语句。箭头和彩色框所指示的语句为下一个将要执行的语句。如图 7-2-7 所示。

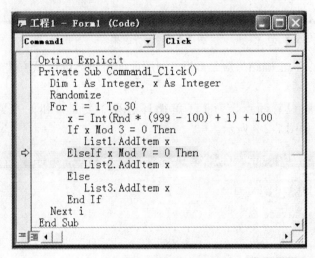

图 7-2-7　逐语句执行

3. 逐过程执行

若确定执行某个过程不会产生错误,就可以使用逐过程快速跟踪调试程序。它也是单步执行代码,但把过程仅作为一步,而不进入子程序内部跟踪语句。通过单击【调试】菜单中的【逐过程】命令或【调试】工具栏上的【逐过程】按钮,也可按【Shift + F8】组合键启动【逐过程】执行代码。每按一次【Shift + F8】键,便执行一条语句。

4. 从过程中跳出

逐语句执行进入过程内部后,可跳出当前过程。按【Ctrl + Shift + F8】组合键或选择【调试】菜单中的【跳出】命令可从过程中跳出。

5. 运行到光标处

在执行应用程序时,可以将光标定位到某一行上,然后执行"调试"菜单上的"运行到光标处"命令,应用程序会执行到光标定位的行上,然后采用逐语句等调试方式继续后面的调试。

【例 7 - 3】　计算 $0.1 + 0.2 + 0.3 + \cdots + 0.9 + 1$ 的值,并在窗体上输出。

程序代码如下:

```
Private Sub Form_Click()
    Dim t As Single, i As Single
    For i = 0.1 To 1 Step 0.1
```

```
            t = t + i
        Next i
        Print "0.1 + 0.2 + 0.3 + … + 0.9 + 1 = "; t
    End Sub
```

运行结果如图 7-2-8 所示。

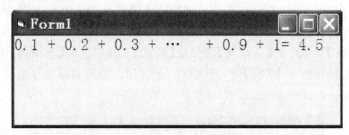

图 7-2-8　运行结果

这个结果是错误的,正确结果应是 5.5。利用前面所讲述的调试方法来查找出错原因,操作步骤如下:

1. 在代码窗口中设置断点。为了了解循环过程中变量 i 和 t 的变化情况,可在语句 Next i 处设置断点。如图 7-2-9 所示。

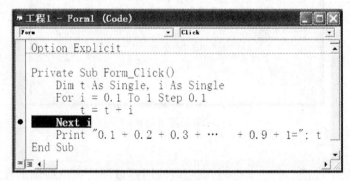

图 7-2-9　调试界面

2. 运行程序。程序在断点处中断运行,进入中断模式。如图 7-2-10 所示。

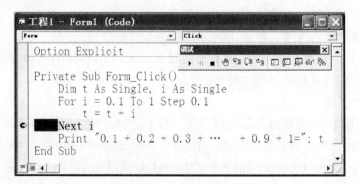

图 7-2-10　调试界面

3. 单击【调试】工具栏上的【本地窗口】按钮,利用本地窗口来监视过程中各量及属性值的变化情况。如图 7-2-11 所示。

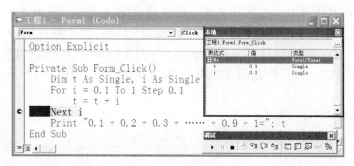

图 7-2-11　调试界面

4. 单击【调试】工具栏上的【逐语句】按钮，让程序单步执行。"本地窗口"会显示出当前过程中所有局部变量的当前值。当执行到第 8 次循环时，由于小数点在机器内存储和处理会发生微小误差，循环控制变量 i 的值为 0.8000001。如图 7-2-12 所示。

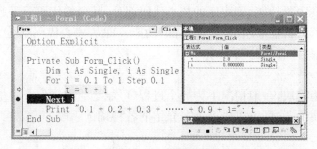

图 7-2-12　调试界面

5. 连续单击【逐语句】按钮，使程序在 For 语句循环执行 9 次，此时本地窗口显示的各变量值。如图 7-2-13 所示。

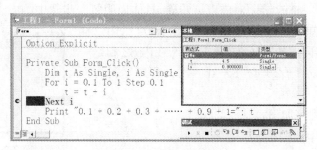

图 7-2-13　调试界面

6. 再次单击【逐语句】按钮。程序不再继续循环，而是退出循环，去执行 Next i 下面的 Print 语句。如图 7-2-14 所示。

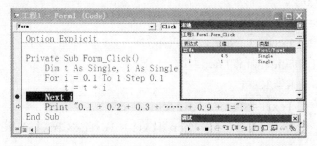

图 7-2-14　调试界面

可以发现上述循环语句只是循环 9 次。本来应该循环 10 次,但由于执行到第 9 次循环时,循环控制变量 i 的值为 0.9000001,再加上步长值 0.1 时,已经超过终值 1,因此就不再执行循环体了。实际上该循环执行了 9 次,即只计算 $0.1+0.2+0.3+\cdots+0.9(=4.5)$。

当步长值为小数时,为了防止丢失循环次数,可将终值适当增加,一般是加上步长值的一半。

例如:For i = 0.1 To 1.05 Step 0.1

7.2.4 调试步骤

调试程序没有一个严格的规律可循,调试的手段和方法也是多种多样,可以根据实际题目的要求采用不同的调试方法。一般来说,首先应通读程序,根据题目的要求分解程序的功能,按照"从整体到部分,再由部分到整体"的思路排查错误,调试程序,下列步骤可作为参考:

1. 程序分解

每个程序都有其主要功能,即程序的核心代码部分,其余的代码只是起辅助作用的。要把握题意,通读程序后,分析程序组成和各过程的功能。即从核心代码部分入手将程序分块,逐块调试。即实现"从整体到部分"。

2. 模块调试

分块的程序称为模块,一般情况下为一个过程(可能是通用过程或者是事件过程),也可能是一段代码。对模块的调试,可以借助上节介绍的各种调试手段。

3. 接口测试

接口测试是指在模块调试正确后,与其他代码部分进行联调的过程。例如,一个通用过程经调试是正确的,此时,应测试其与主调程序之间的调用是否正确。即完成对各通用过程调用和组装,从而实现"由部分到整体"。

下面,我们结合一道改错题对应以上步骤,具体说明每个步骤中的方法和技巧。

【例 7 - 4】 已知下面程序的功能是找出 2000 以内这样的正整数 N:它的不同值的因子(包括 1 和 N 在内)之和是一个素数。例如:16——$1+2+4+8+16=31$。程序运行界面如图 7-2-15 所示。

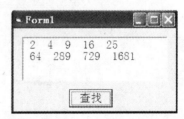

图 7-2-15 运行结果

含有错误的源程序如下:

```
Option Explicit
    Option Base 1
    Private Sub Command1_Click()
    Dim I As Integer, K As Integer, Sum As Integer
    Sum = 0
    For I = 2 To 2000
        Call Fctor(I, Sum)
        If Prime(Sum) Then
            K = K + 1
            Text1 = Text1. Text &Str(I) &""
            If K Mod 5 = 0 Then Text1 = Text1 &Chr(13) &Chr(10)
        End If
```

```
        Next I
    End Sub
    Private Sub Factor(N As Integer，S As Integer)
        Dim I As Integer，J As Integer
        Do While I < N
            If N Mod I = 0 Then
                S = S + I
            End If
            I = I + 1
        Loop
    End Sub
    Private Function Prime(N As Integer)As Boolean
        Dim m As Integer
        For m = 2 To Sqr(N)
            If N Mod m = 0 Then Exit Sub
        Next m
        Prime = True
    End Function
```

步骤 1:把握题意,泛读程序,分析程序组成和各过程的功能。

该程序的组成如图 7-2-16 所示:

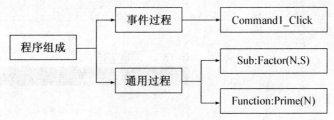

图 7-2-16　程序组成图

核心技巧是从输出语句着手,逆向推导,分析各个过程内变量的含义,进而根据过程的输入参数及其输出或者反馈,分析出该过程的功能。

(1)列出程序中的输出语句

输出语句有两句:

① Text1 = Text1. Text &Str(I) &" "

② If K Mod 5 = 0 Then Text1 = Text1 &Chr(13) &Chr(10)

(2)逆向推导,分析各变量的含义

对于输出语句①,显然是将符合条件的数 I 显示到文本框。而根据题意,符合条件的数必须满足:2000 以内和因子和为素数两个条件,因此,从语句①逆向推导可知 I 是由 2 到 2000 的循环变量,并且只有满足 Prime(Sum)为 True 的才能显示到文本框,因此知道 Sum 应该是 I 的因子和;对于输出语句②,后半句的功能是为了实现回车和换行,结合 K Mod 5 = 0 以及逆向找出的 K = K + 1,可以知道,K 的功能是统计符合条件的数值个数,也可以用来控制输出,按照每输出 5 个数值进行换行。

（3）分析过程功能

对于语句 Call Factor(I，Sum)，由于此时的 I 为 2 到 2000 的循环变量，Sum 为 I 的因子和，因此可以判定 Factor 过程的功能是求 I 的因子和，并将得到的和赋给变量 Sum；根据 Prime(Sum)可以判定，Prime 函数的功能是对 Sum 值是否是素数进行判定，如果是，该函数返回 True，否则返回 False。

步骤 2：从通用过程入手，逐过程调试。

核心技巧是根据步骤 1 中分析出的各过程的功能，用含有具体参数值的过程调用语句来调试过程，即给定具体的输入数据，看有无准确的输出结果或者反馈。

那么如何构造含有具体参数值的过程调用语句呢？

对于 Function 过程，由于有输入参数和返回值，因此比较好构造调用调试语句。譬如，对于 Prime 过程，由步骤 1 已经知道其作用是用于判断输入参数是否为素数，如果为素数则返回 True，否则返回 False。因此我们可以构造：Print Prime(7) ，Prime(10) 。

为此，只要在窗体上放置一个按钮 Command1，在 Command1_Click()事件过程中输入 Print Prime(7) ，Prime(10) 即可，若输出为"True False"，则该过程正确。运行时，弹出错误提示信息，如图 7-2-17 所示：

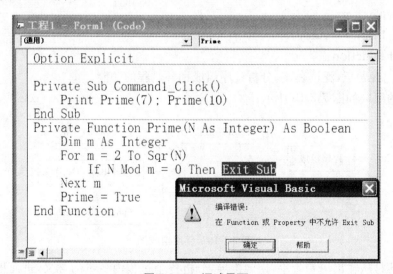

图 7-2-17　调试界面

由此，将 Exit Sub 修改为 Exit Function，程序运行正确。

对于 Sub 过程，其没有返回值，因此该过程的反馈信息将可以通过两种方式得到，一是直接在 Sub 中使用输出语句显示运行结果；二是利用按地址传递的参数将反馈信息由被改变的实参带出。对于 Factor(N，S)过程，根据步骤 1，知其功能是求 N 的因子和并由 S 带出。为此，首先，根据题目提供的范例，设定 N 为 16。复制 Factor 过程代码，并使用如下代码进行调试：

```
Dim s As Integer
Call fctor(16，s)
Print s
```

运行时，出现错误提示信息，提示"实时错误'11'：除数为零"。如图 7-2-18 所示：

点击【调试】按钮后，可以发现一个黄色的光条停留在"If N Mod I＝0 Then"这一程序行上,这是系统提示此行程序有除数 I 为零的错误。分析可知,如果 I 能被 N 整除,则 I 为 N 的因子,题目明确说明:"包括 1 和 N 在内",因此 I 的取值应从 1 开始,须将语句"I＝I＋1"作为循环中第 1 条语句执行。修改后,程序运行正确。

图 7-2-18　错误信息提示

步骤 2 完成后,可以确保通用过程与 Function 函数除参数传递外,其他代码均是正确的。

步骤 3:对于事件过程,若代码较长,则逐程序块输入并调试(程序块通常以循环来区分)。

核心技巧是在事件过程中完成对通用过程的调用组装,须特别留意以下三点:

(1) 循环:注意循环变量的初值、终值和步长以及累乘变量的初值。

(2) 数组:元素从 0 开始还是从 1 开始。

(3) 过程:注意参数传递(Byval、ByRef)方式、返回值类型、调用形式,具体来说包括:

① 实参与形参类型是否一致;

② 参数传递方法(ByVal 与 ByRef)是否正确;

③ 循环调用时,同一变量调用前后值有无干涉,具体体现在:前值没有清空遗留在后值中或者动态数组元素未清空等,此时错误表现在:清空语句放置位置不对。

点击【查找】按钮,出现错误提示信息,提示"实时错误'6':溢出"。如图 7-2-19 所示:

图 7-2-19　错误信息提示

点击【调试】按钮后,可以发现一个黄色的光条停留在 S＝S＋I 这一程序行上,如图 7-2-20 所示。

```
Private Sub Factor(N As Integer, S As Integer)
    Dim I As Integer, J As Integer
    Do While I < N
        I = I + 1
        If N Mod I = 0 Then
            S = S + I
        End If
    Loop
End Sub
```

图 7-2-20　调试界面

这时系统提示此行程序 S 的值超过了 Integer 类型取值范围 −32768～32767。Factor 过程中参数传递是合理的,在步骤 2 中确认 Factor 过程其他代码是正确的,S 的值由实参 Sum 传递,Sum 会溢出是因为前面 I 的因子累加和未及时清空。如想不到这一点,通过【例 7 - 3】

所演示的方法,逐过程执行配合本地窗口,观察 Command1_Click()事件过程中变量值的变化,也能快速找到这个错误。因此应将语句"Sum＝0"移至循环内,再次点击【查找】按钮,程序运行结果正确。

习 题

1. 在设计 VB 应用程序时有可能出现哪三种错误？各有什么特点？引起每种错误的原因是什么？

2. 怎样设置"自动语法检测"功能？

3. VB 有哪三种工作状态？如何相互切换？

4. 如何调出"调试"工具栏？

5. 什么是断点？如何设置和取消断点？

6. 程序调试中常用哪三种窗口？功能分别是什么？

第8章 文 件

文件是具有文件名并且存储在外部存储器中的相关信息的集合。VB 提供了从外部存储设备上进行数据输入/输出的功能,即 VB 的应用程序可以从文件中读取数据,也可以将数据写入文件,本章节将简要介绍文件的常用操作。

8.1 顺序文件

顺序文件按行组织信息,每行由若干项组成,行的长度不固定,每行由回车换行符结束。简单的说,顺序文件本质上就是文本文件("·txt"文件),VB 的文件操作中大部分都是顺序文件,顺序文件可以很方便地用记事本或写字板程序打开。

【引例】

```
Private Sub Command1_Click()
        Print "窗体"
End Sub


Private Sub Command2_Click()
        Open "c:\out.txt" For Output As ♯1          ' 打开文件
        Print ♯1,"文件"                              ' 写文件
        Close ♯1                                     ' 关闭文件
End Sub
```

以上程序显示了 VB 的两种输出方式,Command1_Click()事件过程是将字符串"窗体"输出到当前窗体上,Command2_Click()事件过程则是将字符串"文件"输出到 C 盘根目录下的"out.txt"这个文本文件中。

从【引例】,我们可以看出 VB 对顺序文件的操作分为三步:打开文件(Open)、访问文件(读/写文件)、关闭文件(Close)。其实不只是顺序文件,后面我们将提到的另外两种文件——随机文件和二进制文件的操作也同样遵循该步骤。

8.1.1 文件的打开

对文件进行任何操作之前都必须先将其打开,Open 语句用于打开一个现存的文件或先创建一个新文件再将其打开。

Open 语句的语法格式如下:

Open 文件名［For 模式］［Access 存取类型］［锁定］As ［♯］文件号［Len＝记录长度］

说明:

① 文件名:以字符串的形式指定文件路径及文件名,如【引例】中的"c:\out.txt"。

② 模式:指定文件的访问方式,其中关于顺序文件的主要有 Input、Output、Append。

● Input:读顺序文件模式,只能读已存在的文件,若要读取文件不存在,程序将会报错;

● Output:写顺序文件模式,无论指定的文件是否存在,都会新建同名文件。引例中用的

就是 Output 模式,若在程序运行之前 C 盘根目录下就已经有"out. txt"文件,并且里面已经有一些数据,那么程序运行之后,因为会新建的一个同名的"out. txt"文件覆盖掉原有文件,所以原文件中的数据并不能保留。

● Append:追加写顺序文件模式,若指定文件不存在,则会新建此文件,然后准备把数据写入新建的文件中,此时 Append 模式与 Output 模式的效果完全一样;若指定的文件是一个现存文件,则不会再新建文件,而是准备把数据追加写到现存文件中原有数据的后面。

③ 存取类型:指定对打开的文件可以进行的操作。主要有 Read、Write 和 Read Write 等可选。

● Read:对打开的文件只能进行读操作。

● Write:对打开的文件只能进行写操作。

● Read Write:对打开的文件可读可写。

若用 Input、Output 或 Append 方式访问文件,则不需要 Access 子句。

④ 锁定:指定其他进程对该文件可以进行的操作。主要有 Shared、Lock Read、Lock Write 和 Lock Read Write 等可选。该参数主要在多任务环境中使用。

● Shared:允许任何计算机上的任何进程对该文件进行读写操作。

● Lock Read:禁止读出。其他计算机可以对已打开的文件进行写操作,但不能进行读操作。

● Lock Write:禁止写入。其他计算机可以对已打开的文件进行读操作,但不能进行写操作。

● Lock Read Write:禁止访问。禁止其他程序和其他计算机访问。

⑤ 文件号:为指定文件所设置的编号,如引例中"c:\out. txt"这个文件的文件号就是 1。文件号的取值范围为 1~511 之间的一个整数。

⑥ 记录长度:对于顺序文件,该值是缓冲字符数,一般都省略。

8.1.2　文件的关闭

文件读写操作完成后,应将其及时关闭。Close 语句即用于关闭 Open 语句打开的文件,同时断开文件与文件号之间的关联。

语法格式如下:

Close[[♯]文件号][,[♯]文件号]…

说明:

① 文件号是通过某个 Open 语句分配的文件号。若要关闭多个文件,则将对应的文件号用逗号隔开。

② 若 Close 语句缺省文件号参数,则关闭 Open 语句打开的所有活动文件。当程序运行结束时,所有打开的文件也会自动关闭。

8.1.3　顺序文件的写操作

向顺序文件写数据通常以 Output 或 Append 模式访问文件,所采用的语句如下:

1. Print ♯语句

功能:将一个或多个数据写入顺序文件。

语法格式如下:

Print ♯文件号,〔输出列表〕

说明:输出列表是可选参数,若缺省该参数,则向文件写入一个回车换行符。

注意:即使省略"输出列表"参数,文件号后的","也不能省略。

Print ♯语句中的输出列表格式与 Print 方法中的输出列表格式完全相同,也可以使用 Spc(n)、Tab(n)等函数,分隔符也有逗号、分号或空格,输出效果也和 Print 方法一致。

若 VB 的当前路径(App.Path)下已有一个 TestFile.txt 文本文件,而且其中已经有两行数据(第一行为 1,第二行为 2),文件指针(可以理解为光标)此时在第三行的起始位置,示例如下:

```
Open App. Path & "\TestFile. txt" For Append As #1
Print #1,"1";"2";"3";"4"
Print #1, 1; 2; 3; 4
Print #1,
Print #1,"1","2","3","4"
Close #1
```

执行上段代码后,"TestFile.txt"文件中的内容为:

```
1234
1  2  3  4

1              2              3              4
```

右键点击 VB6.0 启动的快捷方式,点击【属性】,通过设置属性框中的【起始位置】项,可以修改 App.Path(当前路径)。

2. Write ♯语句

功能:与 Print ♯功能相同,将一个或多个数据写入顺序文件。

语法格式如下:

Write ♯文件号,〔输出列表〕

说明:输出列表中若有多个表达式要输出,表达式之间用逗号或分号分隔是等效的。与 Print ♯语句不同的是,将数据写入文件时,Write ♯语句会保留字符串的引号,会在 Boolean 类型数据两端添加"♯",并且自动在各输出数据之间添加逗号以示分隔。

例如:

```
Open "TestFile. txt" For Output As #1      ' 无 App. Path,默认的也是当前路径
Write #1,"1";"2";"3";"4"
Write #1, 1, 2, 3, 4
Write #1, True
Close #1
```

执行上段代码后,"TestFile.txt"文件中的内容为:

```
"1","2","3","4"
1,2,3,4
#TRUE#
```

8.1.4 顺序文件的读操作

要从顺序文件中读取数据,可以使用 Input 模式打开文件,再使用 Input ♯、Line Input

＃语句来读取数据。

1. Input ＃语句

功能：从已打开的顺序文件中读取数据，并将数据赋给指定变量。

语法格式如下：

     Input ＃文件号，变量列表

说明：

（1）变量列表由一个或多个变量组成。若有多个变量，各变量之间用逗号隔开。变量可以是简单变量、数组元素或用户自定义类型变量。变量列表中变量的顺序应与文件读出数据的各字段顺序、类型一致。

（2）用 Input ＃语句读出的数据赋给变量时将忽略前导空格、逗号、回车换行符。对于数值型数据，将遇到的第一个空格、逗号、回车换行符作为数据的结束；对于字符型数据，将遇到的第一个不在双引号内的逗号、回车换行符作为数据的结束。

例如：

```
Dim sname As String, sscore As Integer
Open App. Path & "\TestFile. txt" For Input As ＃1
Input ＃1, sname, sscore
Print sname, sscore
Close ＃1
```

设原 TestFile. txt 文件中的内容为："王林",91

程序执行后，窗体上打印的内容为：王林   91

2. Line Input ＃语句

功能：从已打开的顺序文件中读出一行数据，并将该行数据赋值给一个字符串变量。

语法格式如下：

     Line Input ＃文件号，变量名

说明：通常用 Line Input ＃语句从文件中读出一个数据行中除回车换行符以外的所有字符，并将其作为一个字符串赋给变量。

例如：

```
Dim LineSt As String
Open App. Path & "\TestFile. txt" For Input As ＃1
Do While Not EOF(1)
    Line Input ＃1, LineSt
    Text1. Text = Text1. Text & LineSt & vbCrLf
Loop
```

该段代码的功能是将"TestFile. txt"文件中的内容按行全部读出并显示在文本框中。EOF 函数的功能是判断文件指针是否已达文件尾部，若文件指针已到达文件尾部（即已经全部读完）则返回 True，否则返回 False。

3. Input 函数

功能：返回从以 Input 模式访问的文件中读出的一个或多个字符。

语法格式如下：

     Input(n,[＃]文件号)

说明：

① n 表示一次从文件中读出的字符数。

② 与 Input ♯语句不同，Input 函数返回它读出的所有字符，包括前导空格、逗号、回车换行符、引号等。

例如：

```
Dim St As String
Open App. Path & "\TestFile. txt" For Input As ♯1
St = Input(LOF(1)，♯1)
Text1. Text = St
Close ♯1
```

该段代码的功能与前面 Line Input ♯语句的示例功能相同，都是将 1 号文件("TestFile. txt")的全部内容读出并显示到文本框中。LOF 函数的功能是返回用 Open 语句打开的文件的大小，单位是字节，而 1 个西文字符正好占 1 个字节，字节数与字符数正好相等。若上例 TestFile. txt 文件中除了西文字符还有中文字符，则程序将会出错。

8.1.5 程序举例

【例 8-1】 单词分解程序。参考界面及顺序文件内容分别如图 8-1-1，8-1-2 所示。

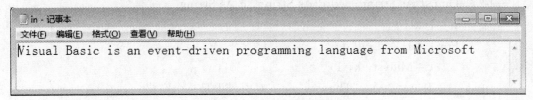

图 8-1-1 读取的顺序文件

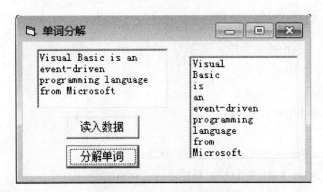

图 8-1-2 单词分解程序界面

参考界面使用的对象及属性设置见表 8-1-1：

表 8-1-1 相关对象及属性设置

对象	对象名	属性名	属性值
窗体	Form1	Caption	单词分解
命令按钮	Command1	Caption	读入数据

（续表）

对象	对象名	属性名	属性值
命令按钮	Command2	Caption	分解单词
文本框	Text1	Text	空
列表框	List1	List	空

程序功能：单击【读入数据】按钮，即可将指定文件中的一条英文短语（单词以空格隔开，不含标点，最后一个单词后面没有空格）读入，并显示到文本框中。单击"分解单词"，可将短语按顺序分解为单词，并添加到列表框中。关闭程序时，可将列表框中的单词按顺序写入另一个指定文件。

程序代码如下：

```
Private Sub Command1_Click()
    Open App. Path & "\in. txt" For Input As #1
    Text1 = Input(LOF(1)，1)
    Close #1
End Sub
Private Sub Command2_Click()
    Dim st As String, word As String, c As String
    st = Text1
    For k = 1 To Len(st)
        c = Mid(st，k，1)
        If c <> " "Then              ' 双引号里是一个空格
            word = word & c
        Else
            List1. AddItem word
            word = ""
        End If
    Next k
    List1. AddItem word
End Sub
Private Sub Form_Unload(Cancel As Integer)
    Open App. Path & "\out. txt" For Output As #1
    For i = 0 To List1. ListCount—1
        Print #1, List1. List(i)
    Next i
    Close #1
End Sub
```

8.2   随机文件

要访问随机文件，可以使用 Random 模式打开文件。若省略访问模式，也是默认采用随机访问模式。

8.2.1 记录类型定义

随机文件以记录为单位进行操作,如果需要访问的随机文件的记录是由多个字段组成的,那么就应用 Type…End Type 语句定义一个记录类型。需要注意的是,同一个随机文件中所有记录的长度都必须相同,所以自定义记录类型中的字符型数据都要是定长的。

例如:

```
Type Student                    ' 定义一个记录类型 Student
    Sno As Integer              ' Sno(学号)字段
    Sname As String * 10        ' Sname(姓名)字段
End Type
```

8.2.2 随机文件的读操作

Get ♯ 语句的功能:将已打开的文件中的数据读到变量中。

语法格式如下:

Get ♯ 文件号,[记录号],变量

说明:记录号为可选参数,记录号既可以是整型的常数,也可以是已赋值的变体型或长整型变量,取值范围为 $1 \sim 2^{31} - 1$。对于随机文件,"记录号"是要读入记录的编号。一个文件的第一个记录所在位置规定为 1,第二个记录所在位置规定为 2,依次类推。如果省略了"记录号"参数,则从文件指针当前位置读出记录至变量,即从最近一次执行的 Get ♯ 或 Put ♯ 语句读写过的记录的下一个记录位置,或者由 Seek 语句指定的位置读取数据。

注意:即使省略了"记录号"参数,该参数后的逗号亦不可省。

例如:

```
Dim Stu As Student                      ' 定义一个 Student 记录型的变量 Stu
Open App. Path & "\TestFile" For Random As ♯1 Len = Len(Stu)
Get ♯1, 2, Stu                          ' 获取第二条记录信息至 Stu 变量中
Print Stu. Sno, Stu. Sname
Get ♯1, , Stu                           ' 获取第三条记录信息至 Stu 变量中
Print Stu. Sno, Stu. Sname
Close ♯1
```

打开随机文件时需用 Len 子句指明记录的长度(字节数),上例 Open 语句中用 Len 函数求出 stu 变量(记录)的长度,再赋值给 Len 子句。

8.2.3 随机文件的写操作

Put ♯ 语句的功能:将变量的内容写入已打开的文件中。

语法格式如下:

Put ♯ 文件号,[记录号],变量

说明:参数含义均与 Get 语句类似,不再赘述。

例如：

```
Dim Stu As Student
Open App. Path & "\TestFile" For Random As #1 Len = Len(Stu)
Stu. Sno = 1
Stu. Sname = "王林"
Put #1, 2, Stu                  '将 Stu 变量中信息写入文件内的第二条记录位置
Close #1
```

8.3　二进制文件

二进制文件的访问采用"Binary"方式，即按字节访问，任何类型的文件（包括顺序文件和随机文件）都可以按二进制模式打开。

8.3.1　二进制文件的读写操作

二进制文件通过 Get ♯ 语句和 Put ♯ 语句来实现文件的读取和写入。Get ♯ 语句和 Put ♯ 语句的用法在随机文件的访问中已阐述，不过对于用"Binary"方式打开的二进制文件，"记录号"是要开始写入的字节位置。一个文件的第一个字节所在位置规定为 1，第二个字节所在位置规定为 2，依次类推。若省略了"记录号"参数，则在文件指针当前位置读写数据，即从最近一次执行的 Get ♯ 或 Put ♯ 语句读写过的数据的下一个字节位置，或者由 Seek 语句指定的位置读写数据。

对二进制模式访问的文件进行读操作时，除了可以用 EOF 函数判断文件是否结束外，还可以结合使用 LOF 和 LOC 两个函数确定文件是否结束。LOF 函数返回文件的长度，LOC 函数返回文件指针的位置，当两者相等时，表明文件已经读完。

下面的代码就是用二进制模式将一个文件中的内容完全复制到另一个文件中：

```
Dim s As String * 1
Open "Data1. txt" For Binary As #1
Open "Data2. txt" For Binary As #2
Do While Loc(1) < Lof(1)
    Get #1, , s
    Put #2, , s
Loop
Close
```

因为二进制文件是按字节读写，上例中的 s 变量必须定义为定长为 1 的字符型，即一次读写一个字节。

8.3.2　文件操作函数

从前面的例子可以看到 VB 提供了多个操作文件的函数，本节将总结常用的文件操作函数，若要获取未涉及的函数信息，请查阅 VB 帮助文件。

1. FreeFile 函数

FreeFile 函数的功能是返回可供 Open 语句使用的下一个有效文件号。

语法格式如下：

FreeFile[（文件号范围）]

说明：若"文件号范围"参数为 0 或缺省，则返回的可用文件号在 1～255 之间；若该参数为 1，则返回的可用文件号在 256～511 之间。

2. EOF 函数

EOF 函数的功能是表明文件指针是否已达文件尾部。

语法格式如下：

EOF（文件号）

说明：若文件指针已到达文件尾部则返回 True，否则返回 False。

3. FileLen 函数

FileLen 函数的功能是返回指定文件的长度，单位是字节。

语法格式如下：

FileLen（文件名）

说明："文件名"参数可以包含文件所在路径。若该文件已打开，则函数返回的是该文件打开前的大小。

4. LOF 函数

LOF 函数的功能是返回用 Open 语句打开的文件的大小，单位是字节。

语法格式如下：

LOF（文件号）

LOF 与 FileLen 的区别在于：FileLen 通过文件名获取文件的大小，而 LOF 通过文件号获取文件的大小；当文件已经被打开，FileLen 获取的是该文件打开前的大小，LOF 获取的是文件的当前大小。

5. LOC 函数

LOC 函数的功能是获取用 Open 语句打开的文件的最近一次读写位置。

语法格式如下：

LOC（文件号）

说明：若文件是以 Random 模式访问，则返回的是最近一次对文件进行读写的记录号；若文件是以 Binary 模式访问，则返回的是最近一次对文件读写的字节位置。

6. Seek 函数

Seek 函数的功能是获取用 Open 语句打开的文件的当前读写位置。

语法格式如下：

Seek（文件号）

说明：若文件是以 Random 模式访问，则返回的是下一个读写操作的记录号；若文件是以 Binary 模式访问，则返回的是下一个读写操作的字节位置。

8.4 文件系统控件

许多应用程序中要进行文件操作时需要显示有关磁盘驱动器、目录和文件等信息。因此 VB 提供了驱动器列表（DriveListBox）、目录列表框（DirListBox）和文件列表框（FileListBox）等三个文件操作控件。它们通常组合使用，以显示系统的磁盘、目录和文件的信息。文件管理控件在工具箱中的图标如图 8-4-1 所示。

—— 驱动器列表框

—— 目录列表框

—— 文件列表框

图 8-4-1 系统控件

8.4.1 驱动器列表框

驱动器列表框是一个用于显示用户系统中所有有效磁盘驱动器的下拉列表框。缺省状态下，驱动器列表框顶端的文本框中显示的是系统当前工作驱动器的名称。运行时可点击驱动器列表框右侧箭头，再从下拉列表中选择一个驱动器，从而选择一个有效的磁盘驱动器，同时该磁盘驱动器名称显示在驱动器列表框顶端的文本框中。

1. 常用属性

驱动器列表框控件最常用的属性是 Drive 属性。该属性用于返回或设置运行时选择的驱动器，属于运行时属性，即 Drive 属性只能在程序代码中设置，不能在属性窗口中设置。Drive 属性的缺省值为当前工作驱动器。

在代码窗口设置 Drive 属性值的语法格式如下：

        驱动器列表框名.Drive = "驱动器盘符"

例如：

        Drive1.Drive = "D:"   '设置 DriveListBox 的驱动器为 D 盘。

不过，通过以上语句只能改变驱动器列表框顶端显示的驱动器名，并不能改变系统当前工作驱动器。若要改变系统当前工作驱动器，则需要通过 ChDrive 语句来设置。

其语法格式如下：

        ChDrive"驱动器盘符"

使用 ChDrive 语句不会改变驱动器列表框的 Drive 属性值，即不会改变驱动器列表框顶端的文本框显示的内容，只会改变当前工作驱动器。

例如：

        ChDrive"D:"   '将 D 盘设为当前工作驱动器

        ChDriveDrive1.Drive   '将驱动器列表中选定的驱动器设为当前工作驱动器

2. 常用事件

Change 事件是驱动器列表框控件最常用的事件。每当用户在驱动器列表框的下拉列表中选择一个驱动器单击，或者输入一个合法的驱动器标识符，或者在程序中给 Drive 属性赋一个新的值都会改变列表框顶端显示的驱动器名，Change 事件就会发生，并激活 Change 事件过程。

8.4.2 目录列表框

目录列表框(DirListBox)用于显示用户系统的当前驱动器的目录结构，并突出显示当前目录。该控件可以显示分层的目录列表。

1. 常用属性

目录列表框控件最常用的属性是 Path 属性。该属性用来设置和返回目录列表框的当前目录，属于运行时属性。

在代码窗口设置 Path 属性值的语法格式如下：

        目录列表框名.Path = "路径"

例如：

        Dir1.Path = "C:\Program Files" '设置目录列表框的路径为"C:\Program Files"

单击目录列表框中的某一目录时，该目录项就被突出显示，表示该目录被选中，但是 Path 属性值并未改变；双击某一目录时，Path 属性值即被设置为该目录的路径，目录列表框中显示的内容也发生相应变化。

目录列表框与驱动器列表框可以通过该属性结合使用,语法如下:

　　目录列表框名.Path = 驱动器列表框名.Drive

该语句应置于驱动器列表框的 Change 事件中,当驱动器列表框中的驱动器发生改变,即单击某个盘符时,就激发了驱动器列表框的 Change 事件,从而执行了上述语句,使得目录列表框显示驱动器列表框中选中的驱动器的目录列表。

2. 常用事件

目录列表框控件的最常用的事件即 Change 事件。

当用户双击目录列表框中的目录项,或在程序代码中通过赋值语句改变其 Path 属性值,则会激发 Change 事件。

8.4.3　文件列表框

文件列表框(FileListBox)用于显示指定目录中的文件。运行时,通过 Path 属性的指定,文件列表框将定位指向目录并列举出该目录下的文件。

1. 常用属性

(1) Path 属性

文件列表框的 Path 属性用来返回或设置文件列表框的路径,属于运行时属性。

在代码窗口设置 Path 属性值的语法格式如下:

文件列表框名.Path = "路径"

例如:

　　File1.Path = "C:\Program Files"　'将文件列表框路径设置为"C:\Program Files"
　　File1.Path = Dir1.Path　　　　'将文件列表框路径设置为目录列表框中指定的路径

(2) Pattern 属性

文件列表框的 Pattern 属性用来设置文件列表框中显示的文件类型。该属性可以在设计阶段在属性窗口进行设置,也可以通过程序代码来设置。缺省时 Pattern 属性值为"*.*",即显示所有类型的文件。

在代码窗口设置 Pattern 属性值的语法格式如下:

文件列表框名.Pattern = "文件类型"

例如:

　　File1.Pattern = "*.txt"　　　　　'文件列表框中只显示以".txt"为扩展名的文件

(3) FileName 属性

文件列表框的 FileName 属性用来设置或返回文件列表框中选中的文件的文件名,该属性为运行时属性,只能在代码窗口进行设置。

在代码窗口设置 FileName 属性值的语法格式如下:

文件列表框名.FileName = "文件名"

例如:

　　File1.FileName = "D:*.jpg"　　　　'文件列表框中显示 D 盘所有以".jpg"文件
　　Print File1.FileName　　　　　　'在窗体上打印出文件列表框中选中的文件名

(4) ListCount 属性

文件列表框的 ListCount 属性的用法与列表框、组合框等相同。它用来返回控件内所列文件的数目。该属性为运行时属性且为只读属性。

例如：

  Print File1.ListCount   ' 在窗体上打印出文件列表框中的文件数

（5）ListIndex 属性

文件列表框的 ListIndex 属性的用法也与列表框、组合框等相同。它用来设置或返回文件列表框中选中的文件的索引值（文件列表框中第一项的索引值为 0，第二项的索引值为 1，以此类推）。若没有选中任何文件，则返回的 ListIndex 属性值为 -1。该属性为运行时属性。

例如：

  Print File1.ListIndex   ' 在窗体上打印出文件列表框中选中文件的索引值

（6）List 属性

文件列表框的 List 属性的用法也与列表框、组合框等相同。它通过"List（索引值）"来显示对应位置的显示内容。

例如：

```
Dim i As Integer                    ' 在窗体上打印文件列表框中所有文件的名称
For i = 1 To File1.ListCount
    Print File1.List(i-1)
Next i
```

2. 常用事件

（1）PathChange 事件

当文件列表框的 Path 属性改变，PathChange 事件即被激发。

有两种情况均会改变文件列表框控件的 Path 属性：

① 改变驱动器列表框中的当前驱动器或在目录列表框中重新选取当前目录。

② 在程序代码中给文件列表框控件的 FileName 属性重新赋值。

（2）PatternChange 事件

当文件列表框的 Pattern 属性改变，PatternChange 事件即被激发。

（3）Click 事件

当单击文件列表框，Click 事件即被激发。通常希望在文件列表框中单击某一个文件，即进行相应操作，则将对应操作代码写入文件列表框的 Click 事件中。

8.4.4　程序举例

【例 8‑2】　文本文件显示程序。参考界面及顺序文件内容如图 8-4-2 所示。

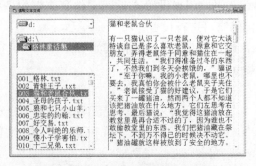

图 8-4-2　文本文件显示程序界面

参考界面使用的对象及属性设置见表 8-4-1。

表 8-4-1 相关对象及属性设置

对象	对象名	属性名	属性值
窗体	Form1	Caption	读取文本文件
驱动器列表框	Drive1	——	——
目录列表框	Dir1	——	——
文件列表框	File1	Pattern	* . txt
文本框	Text1	Text	空
		Multiline	True

程序功能：在驱动器列表中选中对应驱动器，在目录列表框中显示对应目录列表，在列表中双击对应目录，在文件列表框中显示对应的文本文件，在右侧文本框中显示对应文本文件的内容。

程序代码如下：

```
Private Sub Drive1_Change()
    Dir1. Path = Drive1. Drive
End Sub

Private Sub Dir1_Change()
    File1. Path = Dir1. Path
End Sub

Private Sub File1_Click()
    Dim s As String
    Open Dir1. Path &"/"& File1. FileName For Input As #1
    Do While Not EOF(1)
        Line Input #1, s
        Text1. Text = Text1. Text & s & vbCrLf
    Loop
    Close 1
End Sub
```

习 题

一、选择题

1. 要向文件 TestFile. txt 添加数据,正确的文件打开命令是_____。
   A. Open "TestFile. txt" For Input As ♯1
   B. Open "TestFile. txt" For Output As ♯1
   C. Open "TestFile. txt" For Append As ♯1
   D. Open "TestFile. txt" For Write As ♯1

2. 要关闭所有用 Open 语句打开的文件,正确的操作是_____。
   A. Close   B. Close All   C. Close ♯1   D. Close *

3. 以下关于文件的叙述中,错误的是_____。
   A. 用 Output 模式打开一个顺序文件,即使不对它进行写操作,原来的内容也被清除
   B. 可以用 Print ♯语句或 Write ♯语句将数据写到顺序文件中
   C. 若以 Output、Append、Random、Binary 方式打开一个不存在的文件,系统会出错
   D. 在 Open 语句中缺省 For 子句,则按 Random 方式打开文件

4. 当改变目录列表框控件 Dir1 中的当前目录时,希望同步改变文件列表框 File1 中显示的文件,在 Dir1_Change 事件过程中使用的命令是_____。
   A. File1. Path = Dir1. Path
   B. Dir1. Path = File1. Path
   C. File1. Path = Dir1. Drive
   D. Dir1. Drive = File1. Path

二、填空题

1. 在 VB 中,按照文件的存取访问方式,可以将文件分为_____、_____和_____。

2. 设名为"TestFile"的文件,其大小为 50 字节。现执行以下代码:

```
Private Sub Command1_Click()
    Open "TestFile" For Append As ♯1
    Print ♯1,"a";
    Print LOF(1)
    Print FileLen("TestFile")
    Close ♯1
End Sub
```

则窗体上显示的第一行为_____,第二行为_____。

提示:LOF 与 FileLen 都可以获得文件的字节数,但区别在于 FileLen 通过文件名获取文件的大小,而 LOF 通过文件号获取文件的大小与当文件已经被打开,FileLen 获取的是该文件打开前的大小,LOF 获取的是文件的当前大小。

3. 下面程序的功能是从文件中读取 10 个整数并排为升序,再将结果写入另一个文件。

```
Dim a(10) As Integer
Public Sub Save()
    Open App. Path & "\out. txt" For _____ As #1
    Print #1,Label4. Caption
    Close #1
End Sub


Private Sub Command1_Click()
    Open App. Path & "\in. txt" For Input As #1
    Do While Not _____
        For i = 1 To 10
            Input #1,_____
                s = s & Str(a(i))
        Next i
    Loop
    Close #1
    Label2. Caption = _____
End Sub


Private Sub Command2_Click()
    For i = 1 To 9
        For j = _____
            If a(i) > a(j) Then
                t = a(i)
                a(i) = a(j)
                a(j) = t
            End If
        Next j
    Next i
    For i = 1 To 10
        s = s & Str(a(i))
```

```
        Next i
        Label4. Caption = s
        Save
End Sub
```

第9章 图形与多媒体

VB 是运行在 Windows 环境下的一款功能强大的可视化编程软件,不仅提供丰富的图形功能,也提供对多媒体的支持。VB 可以通过图形控件进行绘图操作,也可以通过图形方法在窗体、图片框或打印机对象上输出文字和图形。本章将主要介绍 VB 中的坐标系统、图形控件、常用绘图方法以及利用多媒体控制接口控件在程序中加入音频多媒体资源的方法。

9.1 绘图操作基础

在 VB 程序设计中,每个对象都位于存放它的容器内。例如,在窗体内绘制控件,窗体就是容器;在框架或在图片框内绘制控件,框架和图片框就是容器。当移动容器时,容器内的对象也随着一起移动,并且与容器的相对位置保持不变。

每个容器都有一个坐标系统。坐标系统是表示图形对象位置的平面二维网格,可在屏幕(screen)、窗体(form)、容器(container)上定义。坐标原点、坐标度量单位和坐标轴的长度及方向三个要素构成了一个坐标系统。在 VB 中,任何容器的缺省坐标的坐标原点都是在容器的左上角。其中,x 坐标轴水平向右,最左端是缺省位置 0;y 坐标轴垂直向下,最上端是缺省位置 0,原点的坐标为(0,0),如图 9-1-1 所示。在 VB 坐标系中,沿坐标轴定义位置的测量单位统称为刻度,坐标系统的每个轴都有刻度,默认坐标的刻度单位是 Twip。坐标轴的方向、起点和刻度都是可以重新定义的。

图 9-1-1 VB 窗体坐标系

9.1.1 坐标系统

1. 坐标系相关属性

(1) Top 属性和 Left 属性

对象左上角在其容器坐标系中的纵坐标和横坐标,单位取决于其容器坐标系纵横坐标轴的刻度单位,如图 9-1-2 所示。

(2) Height 属性(高度)和 Width(宽度)属性

对象的高度和宽度,单位取决于其容器坐标系纵横坐标轴的刻度单位。如图 9-1-2 所示。

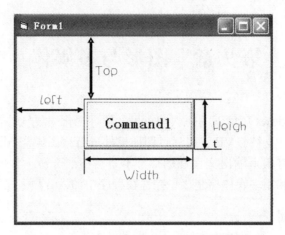

图 9-1-2　**Top、Left 和 Height、Width 属性示意图**

（3）ScaleWidth 属性和 ScaleHeight 属性

分别用来确定容器内部的水平方向和垂直方向的单位数，即容器可操作区域的大小，如图 9-1-3 所示。用户可以在对象的属性窗口中设置，也可以在代码中设置。

例如：

　　Form1.ScaleWidth ＝800

　　Form1.ScaleHeight ＝600

这两条语句将窗体 Form1 工作区水平方向设置为 800 个单位，垂直方向上设置为 600 个单位。

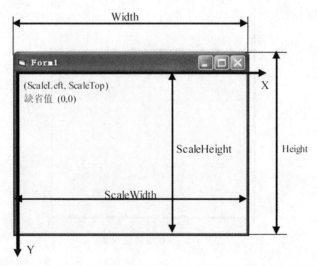

图 9-1-3　**ScaleLeft、ScaleTop 和 ScaleHeight、ScaleWidth 属性示意图**

（4）ScaleLeft 属性和 ScaleTop 属性

分别用来设置一个对象左边和顶端的坐标，根据这两个属性来形成坐标原点。所有对象的 ScaleTop 属性和 ScaleLeft 属性默认值为 0，即坐标原点在对象的左上角。如图 9-1-3 所示。用户可以在对象的属性窗口中设置，也可以在代码中设置。

例如：

　　Form1.ScaleLeft ＝200

Form1.ScaleTop = 500

这两条语句将 Form1 窗体的坐标原点设置为(200,500)。尽管这两条语句不会改变当前对象的大小和位置,但却会影响后面一些语句的效果。例如,将窗体的原点位置设为(200,500)后,下面的语句将使得命令按钮位于窗体 Form1 的最左端。

Command1. Left = 200

(5) ScaleMode 属性

容器对象的 ScaleMode 属性值决定了容器对象所用的坐标系统,ScaleMode 属性有八种取值,见表 9-1-1。用户可以在属性窗口中的【ScaleMode】下拉列表框中设置该属性。

表 9-1-1　ScaleMode 属性设置

选项	说明
0 - User	用户自定义类型
1 - Twip	缇,1 英寸 = 1440 缇,1 厘米 = 567 缇
2 - Point	磅,1 英寸 = 72 磅
3 - Pixel	像素
4 - Character	字符,水平每个单位为 120 缇,垂直每个单位为 240 缇
5 - Inch	英寸
6 - Millimeter	毫米
7 - Centimeter	厘米

当 ScaleMode = 0 时,即为用户自定义模式。若用 ScaleLeft、ScaleTop、ScaleWidth 和 ScaleHeight 属性设置坐标系统后,ScaleMode 将会自动设置为 0。

当 ScaleMode 属性值为 1～7 时,坐标系统为标准坐标系统。此时,ScaleMode 设置的是坐标系统的刻度单位。在缺省状态下,VB 使用缇(twips)为单位,1 缇的长度为 1/1440 英寸、1/567 厘米、1/20 磅。

2. 自定义坐标系

VB 中每个容器对象都有一个独立的默认坐标系统,除了标准坐标系统外,VB 还允许用户通过两种方法自定义坐标系统。一种是通过设置对象的 ScaleTop、ScaleLeft、ScaleWidth 和 ScaleHeight 四个属性来实现。另一种是利用 Scale 方法改变坐标系统。

(1) 设置对象 ScaleTop、ScaleLeft、ScaleWidth 和 ScaleHeight 属性创建坐标系

自定义坐标系的坐标原点位置和坐标刻度单位由四个属性 ScaleLeft、ScaleTop、ScaleWidth 和 ScaleHeight 的值决定。

① 确定自定义坐标系的原点

ScaleLeft 和 ScaleTop 属性值用来控制容器对象左上角的坐标,因而可用这两个属性重新定义坐标系原点的位置。

ScaleTop = N,表示将 X 轴向 Y 轴的负方向平移 N 个单位

ScaleTop = - N,表示将 X 轴向 Y 轴的正方向平移 N 个单位

同样,ScaleLeft 的设置值可向左或向右平移坐标系的 Y 轴。将坐标系 X 轴向左平移 M 个单位,Y 轴向上平移 N 个单位的语句为:

ScaleLeft = - M ; ScaleTop = - N

如图 9-1-4 所示。

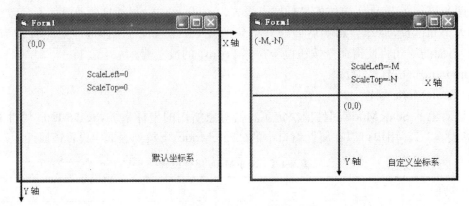

图 9-1-4　自定义坐标系

② 确定坐标刻度单位

X 轴和 Y 轴的刻度单位分别为 1/ScaleWidth 和 1/ScaleHeight。

（2）Scale 方法创建坐标系

　　［Object.］Scale（x1，y1）-（x2，y2）

x1，y1 定义对象左上角的坐标，x2，y2 定义对象右下角的坐标。因此，自定义的坐标系统与 ScaleTop、ScaleLeft、ScaleWidth 和 ScaleHeight 属性的关系为：

ScaleLeft = x1：ScaleTop = y1

ScaleWidth = x2 - x1：ScaleHeight = y2 - y1

例如：

　　Scale（150，200）-（200，300）

该语句定义等同于以下属性设置：

ScaleTop = 150：ScaleLeft = 200：ScaleWidth = 50：ScaleHeight = 100

若 Scale 不带参数，则取消用户自定义的坐标系，采用默认坐标系。

9.1.2　颜色设置

为了使图形更加丰富多彩，在设计中通常需要给图形添加各种颜色。在 VB 中，可以通过多种方法设定颜色属性的值。用户既可以通过控件的颜色属性设置，也可以通过调色板设置，还可以通过颜色函数如 RGB 函数及 QBcolor 函数设置，或者还可以直接输入十六进制的颜色代码或系统定义的颜色常数。

1. 通过控件属性或调色板设置

（1）背景色属性（BackColor）

该属性用于设置对象的背景色，若在绘图后改变该属性，则已有的图形将会被新的背景色所覆盖。用户可以在属性窗口中的【BackColor】下拉列表框中设置该属性。

（2）前景色属性（ForeColor）

该属性用于设置在窗体或控件中创建文本或图形的颜色。用户可以在属性窗口中的【Forecolor】下拉列表框中设置该属性。

（3）边框颜色属性（BorderColor）

该属性用于设置形状控件的边框颜色。语法为：

Object. BorderColor[＝color]

（4）填充颜色属性（FillColor）

该属性用所设置的颜色填充利用图形方法生成的各种形状。语法为：

Object. FillColor[＝color]

（5）调色板

选择【视图】菜单下的【调色板】命令，打开调色板来设置颜色，如图 9-1-5 所示。

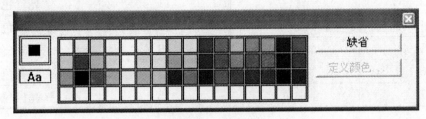

图 9-1-5　调色板

调色板上的 ■ 按钮代表当前控件的前景色和背景色； Aa 按钮代表当前控件中文本的前景色和背景色。

2. 使用 RGB 函数

RGB 函数通过红、绿、蓝三种原色混合产生各种颜色，其语法为：

RGB(红,绿,蓝)

其中，参数红、绿、蓝均为 0～255 之间的整型数，0 表示亮度最低，255 表示亮度最高。表 9-1-2 为常见颜色的 RGB 值。

表 9-1-2　常见颜色的 RGB 值

颜色	红色值	绿色值	蓝色值
黑	0	0	0
蓝	0	0	255
绿	0	255	0
青	0	255	255
红	255	0	0
洋红	255	0	255
黄	255	255	0
白	255	255	255

3. 使用 QBColor 函数

QBColor 函数返回一个长整型数，用来表示所对应颜色值的 RGB 颜色码。语法为：

QBColor(颜色码)

其中，参数颜色码是一个界于 0 到 15 的整型数。

表 9-1-3   QBColor 函数中颜色码参数设置

color 值	颜色	color 值	颜色
0	黑色	8	灰色
1	蓝色	9	亮蓝色
2	绿色	10	亮绿色
3	青色	11	亮青色
4	红色	12	亮红色
5	洋红色	13	亮洋红色
6	黄色	14	亮黄色
7	白色	15	亮白色

4. 使用十六进制颜色数

VB 中的颜色通常用六位十六进制的颜色数表示,格式为:

   &HBBGGRR

其中,BB 指定蓝颜色的值,GG 指定绿颜色的值,RR 指定红颜色的值。每种颜色都用两位十六进制数表示,即 00～FF。如:

   &H000000 黑   &H0000FF 红   &H00FF00 绿   &HFF0000 蓝   &HFFFFFF 白

例如语句 Picture1. BackColor＝&HFF0000,可设定图片框背景为蓝色。

5. 使用系统定义的颜色常数

VB 系统中预先定义了常用颜色对应的常数(见表 9-1-4),这类常数在设计态和运行时均可直接使用。比如,无论任何时候若想指定蓝色来作为颜色属性值,都可以直接使用常数 vbBlue。例如将图片框背景设为蓝色,则利用以下语句即可实现:

Picture1. Backcolor = vbBlue

表 9-1-4   系统预定义的常用颜色常数

文字常量	颜色	文字常量	颜色
VbBlack	黑	VbBlue	蓝
VbRed	红	VbMagenta	洋红
VbGreen	绿	VbCyan	青
VbYellow	黄	VbWhite	白

9.2 图形控件

VB 作为可视化编程工具,在应用程序的界面上显示图形和图像的方法十分重要。VB 主要包含四个控件来实现与图形有关的操作。

9.2.1 图片框 Picturebox

图片框控件可以作为图片和其他控件的容器,既可以显示图形,也可以用来输出图形或使用 Print 方法输出文本。图片框控件的属性主要有 Picture、AutoSize 等,方法主要有 Load-

Picture、Print 和 Cls 等。

1. 图片框控件的主要属性

（1）Picture 属性：

本属性用来设置图片框中要显示的图片，用户可以在设计态通过属性窗口进行设置。使用图片框可以显示各种不同类型与格式的图形文件，如位图文件、图标文件、矢量图文件等，还包括 JPEG 格式和 GIF 格式的文件。

（2）AutoSize 属性

该属性设置图片框是否根据图片的大小自动调整自身尺寸。用户可以在设计态通过属性窗口中的【AutoSize】下拉列表进行设置。

当该属性值为默认的 False 时，如果图片框控件的显示区域小于实际图片的大小，则只能显示图片的局部；当该属性值设为 True 时，图片框可以自动调整大小与显示的图片相适应。

2. 常用方法

（1）LoadPicture 方法

程序运行时可以通过 LoadPicture 方法改变 Picture 属性来动态的改变图片。其语法如下：

LoadPicture（[Fname]，[Size]，[Colordepth]，[x，y]）

表 9-2-1　LoadPicture 方法参数说明

参数	说　明
Fname	可选项。加载的图片文件及其路径名。如果缺省，将清除图片框控件
Size	可选项。如果 filename 是光标或图标文件，可以指定图片大小
Colordepth	可选项。如果 filename 是光标或图标文件，可以指定图片颜色深度
x，y	可选项。指定所选图片的最佳位置

注意：

① 在设计阶段为 Picture 属性加载图片，若保存窗体，则图片同时被保存；若将应用程序编译成可执行文件，图片将保存在可执行文件中，可以在任何计算机上运行。

② 在运行阶段加载图片，当 VB 程序执行时，能够按照代码中存放图片的路径访问到图片后，才能显示图片，当应用程序编译成可执行文件时，图片将不会保存到可执行文件中。

（2）Print 方法

该方法的作用是在图片框中输出文本（Print 方法的使用在第 2 章中有详细介绍），语法是：

图片框名称.Print "文本内容"

（3）Cls 方法

该方法的作用是把图片框在运行时生成的图形和文本清空，语法是：

图片框名称.Cls

9.2.2　图像框 Image

和图片框类似，图像框控件也是用来显示各种不同类型与格式的图片文件的控件。

1. 图像框控件与图片框控件的区别

（1）图片框是"容器"控件，可以包含其他控件，而图像框则不能。图片框作为一个"容器"，当其位置移动时，它包含的控件也会跟着一起移动。这是考察其他控件是否被包含在图片框控件中的好办法。

（2）图片框可以通过 Print 方法显示与接收文本，而图像框则不能。

（3）图像框的最大优势是使用系统资源比较少且刷新速度快，因此，在图片框与图像框都能满足设计需要时，应该优先考虑使用图像框。

2. 图像框的主要属性

（1）Stretch 属性

图像框的 Stretch 属性与图片框的 AutoSize 属性功能类似，但区别是：Stretch 属性调整图片的大小以适应图像框控件，而 AutoSize 属性则为调整图片框大小来适应图片。Stretch 属性默认值为 False。当 Stretch 属性值为 True 时，加载到控件中的图像可以自动调整尺寸以适应图像框控件的大小。

（2）Picture 属性

同图片框控件一样，Picture 属性在设计阶段可以直接在属性窗口中用来装载图片，也可以在运行阶段使用 LoadPicture 函数将图片加载到图像框控件中。

9.2.3   直线控件 Line

直线 Line 控件作为一种图形控件，可以在窗体上画出简单的水平线、垂直线和对角线等，并且通过修改 Line 控件的属性，可以改变线条的粗细、线型及颜色等。Line 控件的主要属性如下：

1. BorderStyle 属性

该属性用来设置直线边框类型，也可以用来设置形状控件的边框类型。它有七种取值，如下表 9-2-2 所示。

表 9-2-2   BorderStyle 属性

边框线类型	设置值	说明
TransPrant	0	透明，边框不可见
Solid	1	默认值，实线
Dash	2	虚线
Dot	3	点线
Dash－Dot	4	点化线
Dash－Dot－Dot	5	双点化线
Inside Solid	6	内实线

具体图形如图 9-2-1 所示：

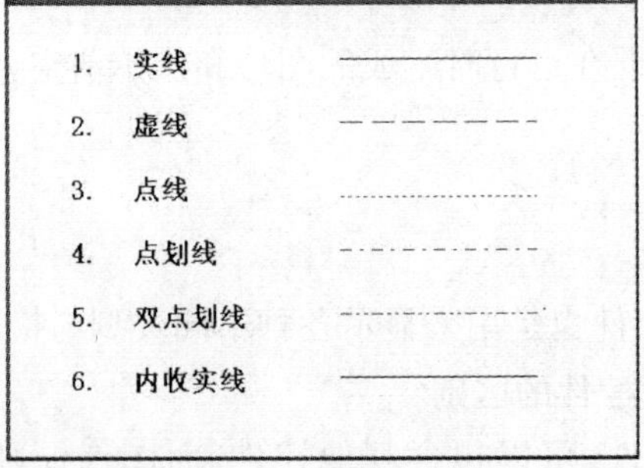

图 9-2-1   BorderStyle 属性取值示例

2. BorderWidth 属性

该属性用来指定直线的边框宽度，也可用来设置形状控件的边框宽度。BorderWidth 属性缺省时以像素为单位，值为 1。

3. x1、x2、y1、y2 位置属性

该属性用来设置直线的起点和终点。程序运行阶段可以使用 x1、x2、y1、y2 属性的值来调整 Line 控件的位置和长短尺寸。

9.2.4　形状控件 Shape

形状控件 Shape 用来在窗体或图片框中绘制图形。它可以绘制出矩形、正方形、椭圆、圆形、圆角矩形、圆角正方形等基本图形，并可以通过设置形状控件的属性来改变形状的颜色与填充图案等。Shape 控件的主要属性如下：

1. shape 属性

该属性用来确定所画图形的几何形状，见表 9-2-3。

表 9-2-3　Shape 属性

常数	值	说明
VBShapeRectangle	0	默认值，矩形
VBShapeSquare	1	正方形
VBShapeOval	2	椭圆形
VBShapeCircle	3	圆形
VBShapeRoundedRectangle	4	圆角矩形
VBShapeRoundedSquare	5	圆角正方形

Shape 属性取值及对应的形状如图 9-2-2 所示。

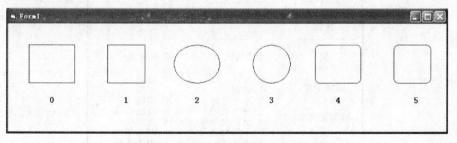

图 9-2-2　Shape 属性取值与对应的形状

2. FillStyle 属性

FillStyle 属性用来为形状控件指定填充的图案，该属性有八种取值，见表 9-2-4。

表 9-2-4　FillStyle 属性

常数	值	说明
VBFSSolid	0	实线
VBFSTransparent	1	缺省值，透明
VBHorizontalLine	2	水平直线

(续表)

常数	值	说明
VBVerticalLine	3	垂直直线
VBUpwardDiagonal	4	上斜对角线
VBDownwardDiagonal	5	下斜对角线
VBCross	6	十字线
VBDiagonalCross	7	交叉对角线

具体填充图案如图 9-2-3 所示。

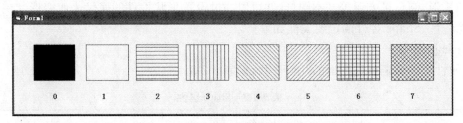

图 9-2-3　FillStyle 属性取值与填充的图案

Fillcolor 属性可以为形状控件设置填充色，默认的颜色与 ForeColor 相同。BorderStyle 及 BorderWidth 属性的含义和取值与 Line 控件相同，不再赘述。

【例 9－1】　编写程序，通过窗体上的命令按钮和列表框选项，在窗体上绘制相应图形并且设置填充样式和边框样式。界面如图 9-2-4 所示，控件的属性设置见表 9-2-5：

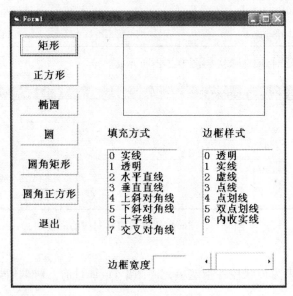

图 9-2-4　控件及属性

表 9-2-5 控件的属性设置

控件		属性	设置值
Command1 控件数组	Command1(0)	Caption	矩形
	Command1(1)	Caption	正方形
	Command1(2)	Caption	椭圆形
	Command1(3)	Caption	圆
	Command1(4)	Caption	圆角矩形
	Command1(5)	Caption	圆角正方形
	Command1(6)	Caption	退出
Shape1		Name	Shape1
Listbox1		Name	fills
Listbox2		Name	borders
Label1		Caption	填充方式
Label2		Caption	边框方式
Label3		Caption	边框宽度
Text1		Text	空
HScroll1		Min	1
		Max	10

(2) 编写代码：

```
Private Sub Command1_Click(Index As Integer)
    Select Case Index
        Case 0    '绘制矩形
            Shape1.Shape = 0
        Case 1    '绘制正方形
            Shape1.Shape = 1
        Case 2    '绘制椭圆
            Shape1.Shape = 2
        Case 3    '绘制圆
            Shape1.Shape = 3
        Case 4    '绘制圆角矩形
            Shape1.Shape = 4
        Case 5    '绘制圆角正方形
            Shape1.Shape = 5
        Case 6    '退出
            End
    End Select
End Sub
```

```
Private Subborders_Click()
    If borders. ListIndex <> -1 Then
Shape1. BorderStyle = borders. ListIndex        '设置边框样式
    End If
End Sub
Private Sub fills_Click()
    If fills. ListIndex <> -1 Then
Shape1. FillStyle = fills. ListIndex            '设置填充方式
    End If
End Sub
Private Sub HScroll1_Change()
    Shape1. BorderWidth = HScroll1. Value        '设置边框宽度
Text1 = HScroll1. Value                         '边框宽度实时显示在文本框中
End Sub
Private Sub Form_Load()
    fills. AddItem "0 实线"
    fills. AddItem "1 透明"
    fills. AddItem "2 水平直线"
    fills. AddItem "3 垂直直线"
    fills. AddItem "4 上斜对角线"
    fills. AddItem "5 下斜对角线"
    fills. AddItem "6 十字线"
    fills. AddItem "7 交叉对角线"
    borders. AddItem "0 透明"
    borders. AddItem "1 实线"
    borders. AddItem "2 虚线"
    borders. AddItem "3 点线"
    borders. AddItem "4 点划线"
    borders. AddItem "5 双点划线"
    borders. AddItem "6 内收实线"
End Sub
```

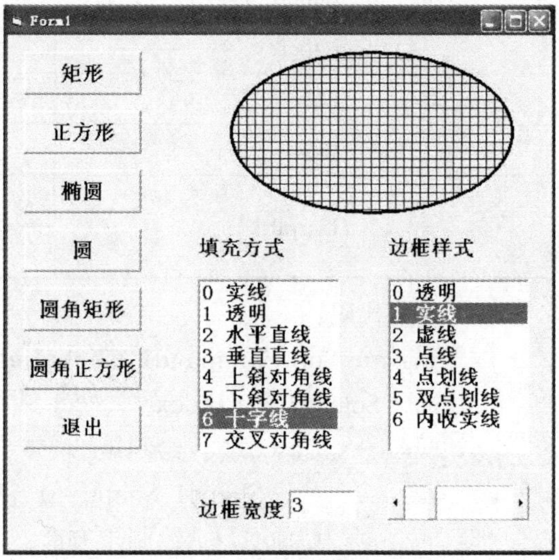

图 9-2-5 运行效果

运行效果如图 9-2-5 所示。

9.3 绘图方法

在 VB 程序中创建图形时，不仅可在设计态使用 9.2 节中的几种图形控件，还可以在程序运行时采用图形方法创建。用图形方法创建图形是在代码中进行的，必须运行应用程序才能看到图形方法的效果。本节主要介绍如何通过图形方法来绘制图形。

9.3.1 Pset 方法

该方法用于在窗体、图片框或打印机中的指定位置处绘制点，通过改变绘制点的颜色可以设置该处像素的色彩，若使用背景色描绘点还可以清除某位置的点。我们也可以通过绘制若干点组成任意形状的图形。Pset 方法的语法为：

〔Object〕. Pset〔Step〕(x,y)〔,Color〕

表 9-3-1　Pset 方法关键字说明

关键字	说明
Object	可选参数，如果省略，则表示当前窗体
Step	可选参数，指定相对于由 CurentX 和 CurrentY 属性提供的当前图形位置的坐标
(x,y)	必选参数，单精度浮点数，指定设置点的坐标
Color	可选参数，为长整型数，为指定点设置颜色。如果省略，则使用当前的前景色属性值

【例 9-2】　单击窗体时，在窗体上随机画一些带颜色的点，实现满天星的效果。

在窗体的 click 事件中编写代码如下：

```
Private Sub Form_Click()
    ScaleWidth = 200        '设置窗体内部区域的大小
    ScaleHeight = 200
    DrawWidth = 5           '设置点的大小
    x = Rnd * ScaleWidth    '设置随机点的坐标
    y = Rnd * ScaleHeight
    red = Rnd * 255          '设置随机颜色
    green = Rnd * 255
    blue = Rnd * 255
    PSet (x, y), RGB(red, green, blue) '画点
End Sub
```

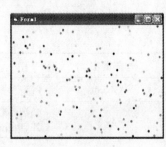

图 9-3-1　运行效果

运行效果如图 9-3-1 所示。

【例 9-3】　编写在窗体上画正弦曲线的程序。

方法：首先用反正切函数来确定所画正弦曲线自变量的取值范围。反正切 $Atn(1) = \pi/4$，利用 $Atn(1)$ 定义坐标系，坐标原点在窗体中心，左上角的坐标为 $(-2\pi,1)$，右下角的坐标为 $(2\pi,-1)$。

则程序代码如下：

```
Private Sub Form_Click()
    Dim i As Single, twopi As Single
    DrawWidth = 6                        '设置线宽
    twopi = 8 * Atn(1)
    Scale (-twopi, 1)-(twopi, -1) '定义坐标系
    For i = -twopi To twopi Step 0.1  '在 -2π~2π 的范围内画正弦曲线
        PSet (i, Sin(i))
    Next i
End Sub
```

程序运行结果如图 9-3-2 所示。

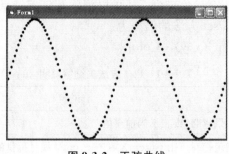

图 9-3-2   正弦曲线

9.3.2   Point 方法

该方法用于返回在窗体或图片框控件上指定点的 RGB 颜色,其语法为:

［Object］. Point(x,y)

表 9-3-2   Point 方法关键字说明

关键字	说明
Object	可选参数,为对象表达式,如果省略,则指带有焦点的 Form
x, y	必选参数,单精度值,取颜色点的坐标,若由 x 和 y 坐标所引用的点位于 Object 之外,Point 方法将返回 −1

【例 9－4】 编写程序,将窗体上图片框 Picture1 中的图像复制到图片框 Picture2 中。

> 分析:本题中利用 Point 方法将图片框 Picture1 中的每个像素对应的颜色值取出,然后采用 PSet 方法用同样的颜色在图片框 Picture2 中画出。另外,题目中的两个图片框的大小不同,复制时应对两个图片框的坐标按照比例进行转换。

程序运行结果如图 9-3-3 所示。

```
Private Sub Form_Click()
    Dim x1 As Integer,y1 As Integer        '图片框 Picture1 中的坐标点
    Dim x2 As Integer,y2 As Integer        '图片框 Picture2 中的坐标点
    Dim color As Long                      'color 为颜色值
    For x1 = 1 To Picture1. ScaleWidth
        For y1 = 1 To Picture1. ScaleHeight
            color = Picture1. Point(x1, y1)    '取出 Picture1 中的每个像素点的
                                               颜色
            '按比例计算 Picture1 中(x1,y1)对应于 Picture2 中的(x2,y2)
            x2 = Picture2. ScaleWidth / Picture1. ScaleWidth  ∗  x1
            y2 = Picture2. ScaleHeight / Picture1. ScaleHeight  ∗  y1
            Picture2. PSet (x2, y2), color     '利用 PSet 方法画点
        Next y1
    Next x1
End Sub
```

图 9-3-3 图片复制结果

9.3.3 Line 方法

该方法用于在对象上绘制直线或矩形。其语法为：

Object.Line [Step](x1,y1)−[Step](x2,y2) [,Color][,B][F]

其中各关键字的作用说明如表 9-3-3 所示。

表 9-3-3 Line 方法关键字说明

关键字	说明
Object	可选参数，为对象表达式。如果省略，则表示当前窗体
Step	可选参数，指定起点坐标相对于由 currentX 和 CurrentY 属性提供的当前图形位置
(x1,y1)	可选参数，为单精度浮点数，指定直线或矩形的起点坐标
Step	可选参数，指定相对于起点的终点坐标
(x2,y2)	必选参数，单精度浮点数，指定直线或矩形的终点坐标
Color	可选参数，长整型数，设定划线时的 RGB 颜色。若省略，则使用 ForeColor 属性值
B	可选参数，表示绘制矩形
F	可选参数，若使用 B 参数，F 表示用绘制矩形的颜色填充矩形。F 与 B 选项必须同时使用，不能不用 B 而只用 F。如果不用 F 而只用 B，则矩形用由当前的 FillColor 和 Fill-Style 属性填充

例如：

(1) 在当前窗体上画一条从(300,300)到(500,500)点的直线，对应的语句为：

Line (300,300)−(500,500)

(2) 从当前位置(由 CurrentX,CurrentY 决定)画到(1000,1000)的直线，对应的语句为：

Line−(1000,1000)

(3) 画直线，起点是(100,100)，终点是向 X 轴正向移动 200，向 Y 轴正向移动 300 的点。对应的语句为：

Line (100,100)−Step (200,300)

或 Line (100,100)−(300,400)

(4) 画出左上角在(100,100)，右下角在(500,500)的矩形。对应的语句为：

　　　　Line（100,100）-（500,500），，B

　　B 前面的逗号均不能省略,边框线条颜色利用 ForeColor 属性值设定,矩形由当前 Fill-Color 和 FillStyle 属性填充。

　　（5）从（100,100）到（300,300）画一个绿色实心的矩形。对应的语句为:

　　　　Line（100,100）-Step（200,200），RGB(0,255,0)，BF。

9.3.4　Circle 方法

　　该方法用于在对象上画圆、椭圆、弧以及扇形。其语法为:

　　　　Object. Circle [Step](x,y)，Radius,[Color,Start,End,Aspect]

　　其中各关键的作用说明如表 9-3-4 所示。

表 9-3-4　Circle 方法关键字说明

关键字	说明
Object	可选参数,为对象表达式。如果省略,则表示当前窗体
Step	可选关键字,用于指定圆、椭圆或弧的中心,相对于当前对象的 CurrentX 和 CurrentY 属性提供的坐标
(x,y)	必选参数,为单精度浮点数,指定圆、椭圆或弧的圆心坐标
Radius	必选参数,为单精度浮点数,指定圆、椭圆或弧的半径
Color	可选参数,长整型数,设置圆轮廓的颜色。若省略,则用 ForeColor 属性值
Start,End	可选参数,单精度浮点数,设定弧的起点和终点弧度,范围为 -2-2,当两个参数前面均有负号时,表示绘制扇形
Aspect	可选参数,单精度浮点数,指定圆的纵横尺寸比。默认值为 1,即标准圆

　　【例 9-5】　在窗体的 Click 事件中通过 Circle 方法绘制圆、椭圆、弧和扇形。

```
Const PI = 3.14159                           '定义符号常量 PI
Private Sub Form_Click()
    DrawWidth = 3                            '画线的宽度
    Circle（1500，1500），1000，vbBlack       '画一个空心圆
    Print"圆"                                '当前输出位置在圆心
    FillStyle = 0                            '填充成实心椭圆
    FillColor = vbRed
    Circle（3500，1500），1000，vbBlack，，，3   '画红色椭圆,纵横轴比例为3
    Print"红色椭圆"
    FillStyle = 1                            '不填充
    Circle（1200，4000），1000，vbBlack，-0.0001，-PI * 1/ 2   '画扇形
    Print"扇形"
    Circle（3300，4000），1000，vbBlack，0.0001，PI * 1/ 2       '画弧形
    Print"弧形"
End Sub
```

　　程序运行效果如图 9-3-4 所示:

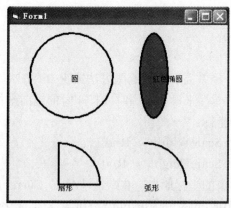

图 9-3-4 运行效果

【例 9 - 6】 使用 Circle 方法绘制艺术图案。让一个圆的圆心在另外一个圆的圆周上滚动，画出如图 9-3-5 所示的具有艺术效果的图案。

分析：将作为轨迹的圆等分为 100 份，以 100 个等分点为圆心画圆，圆心的坐标为[x0 + r * Cos(i)，y0 + r * Sin(i)]，其中"i"为从水平轴右侧逆时针旋转的角度（以弧度为单位），r 为半径。设单击窗体时，开始绘图，则代码如下：

```
Private Sub Form_Click()
        Const pi = 3.1415926                      '定义符号常量
        Dim r，x0，y0 As Single
        r = Form1.ScaleHeight / 4                 '轨迹圆半径
        x0 = Form1.ScaleWidth / 2                  '轨迹圆圆心坐标
        y0 = Form1.ScaleHeight / 2
        pr = pi / 50                              '将轨迹圆的圆周等分成 100 份
        For i = 0 To 2 * pi Step pr
            x = x0 + r * Cos(i)                    '得到轨迹圆圆周上的等分点
            y = y0 + r * Sin(i)
            Circle (x, y), r * 0.6, RGB(255, 0, 50 * i)   '以每个等分点为圆心画圆
        Next i
End Sub
```

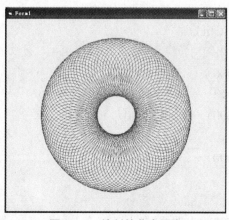

图 9-3-5 绘制的艺术图案

9.3.5 与绘图有关的基本操作

1. 设置绘图坐标

在 VB 图形设计程序中,经常需要控制绘图方法或 Print 方法输出的位置,常用的方法为使用 CurrentX 和 CurrentY 属性来设置绘图时或打印时的当前坐标。例如,通过以下语句可以获得窗体上任意位置处的坐标:

CurrentX = Form1.ScaleWidth ＊ Rnd

CurrentY = Form1.ScaleHeight ＊ Rnd

当前坐标总是相对于对象的坐标原点。在默认情况下,CurrentX 和 CurrentY 的值为 0,当使用了某些图形方法后,CurrentX 和 CurrentY 的值将发生变化,具体改变见表 9-3-5。

表 9-3-5　图形方法与当前坐标的关系

方法	CurrentX 和 CurrentY 的值
Line	线的终点
Circle	对象的中心
PSet	画出的点
Print	下一个打印位置
Cls	(0,0)

2. 自动重画

在 VB 中,窗体和图片框控件都具有自动重画 AutoRedraw 属性,该属性值为 Boolean 型,缺省值为 False。当 AutoRedraw 值为 False 时,窗体或图片框中任何由图形方法创建的图形如果被另一个窗口暂时遮挡,或者将该窗口最小化再重新打开后,创建的图形均会丢失。但是若将 AutoRedraw 值设为 True 后,被遮挡的界面上的内容在遮挡物移走或者最小化窗口再重新打开后,窗体或图片框中原来创建的图形会自动重画。

3. 线宽和线型

(1) DrawWidth 属性

该属性用来指定利用图形方法输出时线的宽度或点的大小,以像素为单位,默认取值为 1。以下语句将利用 Line 方法画出三条不同宽度的线。

```
Private Sub Form_Click()
    DrawWidth = 1
    Line(1000,1000) - (5000,1000)
    DrawWidth = 3
    Line(1000,2000) - (5000,2000)
    DrawWidth = 5
    Line(1000,3000) - (5000,3000)
End Sub
```

(2) DrawStyle 属性

该属性决定利用图形方法输出的线型样式,它有七种取值,分别见表 9-3-6。

表 9-3-6　**DrawStyle 属性值**

常数	设置值	说明
VBSolid	0	实线(默认值)
VBDash	1	虚线
VBDot	2	点线
VBDashDot	3	点化线
VBDashDotDot	4	双点化线
VBInvisible	5	无线
VBInsideSolid	6	内实线

说明:当 DrawWidth 的值大于 1 并且 DrawStyle 为 1~4 时,只能产生实线效果。

若使用控件绘图(如用 Line 控件画线或用 Shape 控件画点),则通过 BorderWidth 属性定义线的宽度或点的大小,通过 BorderStyle 属性设定所画线的形状。

9.4　多媒体控件

VB 的 MMControl(Multimedia Control)控件包含强大的播放功能和广泛的设备支持,可以非常容易的实现多媒体文件播放功能。MMControl 控件为多媒体设备提供了一个公共接口,通过一套高层次的与设备无关的命令来控制多媒体设备。MMControl 控件属于 ActiveX 控件,使用前应首先将其添加到工具箱中。添加方法为:

选择【工程-> 部件…】,在弹出的"部件"对话框(如图 9-4-1 所示)中选择【Microsoft Multimedia Control 6.0(SP3)】,单击【确定】按钮后,工具箱中就会出现该控件的图标。双击工具箱中的【多媒体控件】图标,即可将其添加到窗体上。

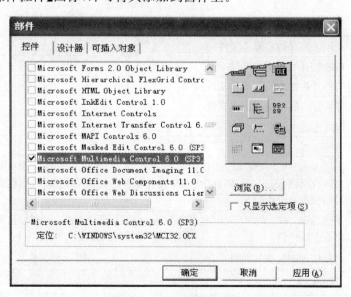

图 9-4-1　打开部件对话框

MCI 控件事实上就是一组按钮,外观如图 9-4-2 所示。从左到右共九个按钮,依次为:Prev(前一个)、Next(下一个)、Play(播放)、Pause(暂停)、Back(后退)、Step(向前)、Stop(停止)、Record(录制)和 Eject(弹出)。

图 9-4-2　多媒体接口控件

2. 常用的属性

(1) AutoEnable 属性

该属性决定 MCI 控件是否自动启动或关闭控件中的某个按钮。若 AutoEnable 属性值为 True,MCI 控件就启用指定 MCI 设备类型在当前模式下所支持的全部按钮。这一属性还会禁用那些 MCI 设备类型在当前模式下不支持的按钮。

(2) Visible 属性

该属性决定按钮在 MCI 控件中是否可见,每个按钮都对应一个 Visible 属性。例如:编写 CD 播放器,Record 按钮是不需要的,则应将该按钮对应的 Visible 设为 False,即 MMControl. RecordVisible = False。

(3) Filename 属性

该属性指定 MCI 控件控制操作的多媒体文件名。语法为:

MMControl. FileName = 完整的文件路径及名称

若存放多媒体文件与 VB 工程文件所在的路径一致,则路径可写为 APP. Path。

(4) Command 属性

Command 属性有多个值,可以执行多个操作命令,见表 9-4-1。

表 9-4-1　Command 属性值

属性值	命令描述
Open	打开一个由 filename 属性指定的多媒体文件
Close	关闭已打开的多媒体文件
Play	播放打开的多媒体文件
Pause	暂停正在播放的多媒体文件
Stop	停止正在播放的多媒体文件
Back	向后步进
Step	向前步进
Prev	使用 Seek 命令跳到当前曲目的起始位置。如果在前一个 Prev 命令执行后三秒内再次执行,则跳到前一曲目的起始位置;或者如果已经是第一曲目,则跳到最后一个曲目的起始位置
Next	使用 Seek 命令跳到下一个曲目的起始位置(如果是最后一个曲目,则跳到最后一个曲目的起始位置)
Seek	向前或者向后查找曲目
Record	录制 MCI 设备的输入
Eject	从 CD 驱动器中弹出音频 CD
Save	保存打开的多媒体文件

（5）DeviceType 属性

指定要打开的 MCI 设备的类型，语法为：MMControl.DeviceType ＝设备类型

表 9-4-2　MCI 常见的设备类型

设备类型	DeviceType 值	文件类型	说明
CD audio	Caudio		音频 CD 播放器
Digital Audio Tape	Dat		数字音频磁带播放器
Digital video	Digitalvideo		窗口中的数字视频
Other	Other		未定义的 MCI 设备
Overlay	Overlay		覆盖设备
Scanner	Scanner		图像扫描仪
Sequencer	Sequencer	.mid	音响设备数字接口（MIDI）序列发生器
Vcr	VCR		视频磁带录放器
AVI	AVIVideo	.avi	视频文件
videodisc	Videodisc	—	视频播放器
waveaudio	Waveaudio	.wav	播放数字波形文件的音频设备

DeviceType 属性一般可以不设置，但以下两种情况必须设置。

① 播放 CD、VCD 文件时，必须指定设备类型。

② 若文件的扩展名没有指定将要使用的设备类型，则打开复杂 MCI 设备时也必须指定设备类型。

（6）Position 属性

返回正在播放的多媒体文件的当前位置，设计时属性不可用，运行时是只读的。

【例 9－7】 编写程序，实现窗体加载时，播放背景音乐，窗体卸载时，关闭背景音乐。在窗体上添加 MMControl 控件，并将其设置为程序运行起来后不可见，代码如下：

```
Private Sub Form_Load()        '播放背景音乐
    MMControl1.Visible = False                    '设置 MMControl1 控件不可见
    MMControl1.FileName = App.Path &"\1.wav"
                                '指定与工程文件存放在一个路径下的声音文件
    MMControl1.Command = "Open"              '打开多媒体文件
    MMControl1.Command = "play"              '播放多媒体文件
End Sub
Private Sub Form_Unload(Cancel as Integer)
    Form1.MMControl1.Command = "Close"         '关闭多媒体文件
End Sub
```

习 题

一、单选题

1. 以下的属性和方法中，_____ 可重新定义坐标系。
   A. DrawStyle 属性　　　　　　　　　B. DrawWidth 属性
   C. Scale 方法　　　　　　　　　　　D. ScaleMode 属性

2. 默认情况下，VB 中的图形坐标的原点在图形控件的_____。
   A. 左下角　　　　　　　　　　　　　B. 右上角
   C. 左上角　　　　　　　　　　　　　D. 右下角

3. 语句"Circle（1000，1000），800，，，，2"绘制的是_____。
   A. 弧　　　　　　　　　　　　　　　B. 椭圆
   C. 扇形　　　　　　　　　　　　　　D. 同心圆

4. 对象的边框类型由属性_____ 来决定。
   A. DrawStyle　　　　　　　　　　　B. DrawWidth
   C. BorderStyle　　　　　　　　　　D. ScaleMode

5. 下面选项中，能绘制填充矩形的语句是 _____。
   A. line(100,100) - (200,200),B
   B. line(100,100) - (200,200),BF
   C. line(100,100) - (200,200),,BF
   D. line(100,100) - (200,200)

6. 下列关于 ScaleLeft 属性说法不正确的是 _____。
   A. 它是可作为容器的对象持有的属性
   B. 该属性值为容器的左上角的横坐标，缺省值为 0
   C. 该属性之最小为 0
   D. 该属性值可以在程序过程中修改

7. 如果执行"Scale(- 100, - 200) - (500,500)"，则_____。
   A. 当前窗体的宽度变为 600
   B. 当前窗体的宽度变为 500
   C. 当前窗体的宽度变为 400
   D. 程序出错

8. 方法 Point(X, Y)的功能是_____。
   A. (X, Y)点的 RGB 颜色值
   B. 返回该点在 Scale 坐标系中的坐标值
   C. 在(X, Y)画点
   D. 将点移动到(X, Y)处

9. 在执行了语句"Line(500,500) - (1000,500)：Line(750,300) - (750,700)"后，所绘制
   的图形是_____。
   A. 一条折线　　　　　　　　　　　　B. 两条分离的线段
   C. 一个人字形图形　　　　　　　　　D. 一个十字形图形

10. 下列可以把当前目录下的图形文件 pic. jpg 载入图片框 Picture1 中的语句是_____。

A．Picture = "pic.jpg"

B．Picture1.Handle = "pic.jpg"

C．Picture1.Picture = loadPicture("pic.jpg")

D．Picture1 = LoadPicture("pic.jpg")

二、填空题

1．容器的实际高度和宽度由_____和_____属性确定。

2．对象的边框类型由_____决定。

3．改变容器对象的 ScaleMode 属性值,容器的大小_____改变,它在屏幕上的位置_____改变。

4．以窗体 Form1 的中心为圆心,画一个半径为 1000 的圆的方法是_____。

5．有关图形方法有:_____清除所有绘制图形和 Print 输出内容;_____画圆、椭圆或圆弧;_____画线、矩形或填充框;_____返回指定点的颜色值;_____设置各个像素的颜色。

第10章 数据库

数据库在各种规模的软件中都有着普遍应用：大到银行和电信的客户系统，小到学校或办公室的人员管理，数据库软件在日常生活中发挥着巨大作用。Visual Basic 也为其开发数据库应用程序提供了有力的支持。

10.1 数据库概述

数据库（DataBase，DB）是按照数据结构来组织、存储和管理数据的仓库，是一个长期存储在计算机内的有组织的可共享的统一管理的数据集合。数据库按其存储的数据的组织方式的不同可分为网状模型、层次模型和关系模型三种。其中以关系模型的应用最为普遍。以关系模型表示的数据库称为关系数据库。

在关系数据库中，数据被组织在一张或多张二维数据表中，表与表之间存在着一定的关系，对数据的操作几乎全部建立在这些关系表格上，通过对关系表格的分类、合并、连接或选取等运算来实现数据的管理。

表 10-1-1 某医院出诊医生情况表

编号	姓名	性别	所属科室	职称	挂号费
DC0001	赵泽宏	男	外科	主任医师	￥50.00
DC0002	钱旭华	男	内科	副主任医师	￥7.00
DC0003	孙舍	男	口腔科	主任医师	￥20.00
DC0004	李瑾琳	女	妇科	主治医师	￥5.00
DC0005	周翔	男	皮肤科	副主任医师	￥7.00
DC0006	吴黛玉	女	外科	主治医师	￥5.00
DC0007	郑莉丽	女	内科	主任医师	￥10.00
DC0008	王娜	女	外科	副主任医师	￥7.00

下面介绍几个关系数据库的常用概念。

● 表（Table）：关系数据库中，数据被组织在一张张的二维表中。一个关系数据库通常由若干张表构成，每张表都有一个名称。表 10-1-1 某医院出诊医生情况表，就是一张典型的关系数据库表。

● 记录（Record）：二维表中的每一行称为一条记录，记录是一组用于存储相关数据的字段的集合。一张表中不允许出现完全相同的两条记录。表 10-1-1 中每位医生的信息就是一条记录。

● 字段（Field）：二维表中的每一列称为一个字段，字段的每个组成元素描述了其所在记录的某方面属性。表就是由其包含的各个字段定义的，建立数据表时需要指定每个字段的名称、数据类型、最大长度等属性。二维表的第一行为各字段的名称。表 1-1-1 中"编号"、"姓名"、"性别"、"所属科室"、"职称"和"挂号费"都是组成表的字段。

● 主键（Primary Key）：主键即主要关键字。关键字是为实现快速检索而被索引的一个或多个字段，关键字可以唯一也可以重复，但主要关键字一定是表中可以唯一标识每条记录的一个字段。表 10-1-1 中"编号"字段就可以作为表的主键。

● 索引（Index）：索引是对数据库表中一个或多个字段的值进行重新排序的一种结构。使用索引可快速访问数据库表中的特定信息。索引中仅列出原数据表中某个关键字段的值及其相应记录的地址，且采用了比表搜索算法快许多的排序算法，可以大大加快对索引字段中数据的检索速度。

● 关系：数据库中的表之间通过相关联的字段建立联系。用来建立表与表之间关系的关键字称为外键。

常见的关系型数据库有分布式数据库 Oracle、SQL Server、Sybase 等以及桌面数据库 Visual FoxPro、Access、dBASE 等。分布式数据库主要为大型的、分布式的、多用户访问的数据库应用软件的开发提供支持，桌面数据库主要为小型的、单机操作的数据库应用程序的开发提供支持。

10.2　数据库的创建与访问

创建某个应用程序的关系数据库之前，首先需要按照关系数据库设计原则对用户提供的信息和要求进行综合分析，对现实世界的事物进行抽象，然后确定应用程序需要建立几个数据库，每个数据库包含几张表，每张表要包含哪些字段以及表与表之间如何建立关联，最后再利用数据库管理软件完成数据库的创建，并以文件的形式保存起来。

VB 支持对多种类型数据库的访问和维护，无论是 Visual FoxPro、Access 等小型桌面数据库，还是 Oracle、SQL Server 等大型分布式数据库，都可以成为 VB 应用程序的后台数据库。但受 Basic 语言自身条件限制，VB 开发的数据库应用程序主要还是针对中小型数据库系统的。

VB 集成开发环境提供了非常实用的可视化数据管理器来建立和管理某些特定的数据库，分别是 Microsoft Access、Dbase、Visual FoxPro 和 ParaDox。其中 Access 作为适合中小型数据库应用的数据库管理系统，在 VB 开发的数据库软件中的得到了最广泛的应用。下面即以 Access 为例介绍在 VB 集成环境中创建和维护数据库的方法。

10.2.1　在 VB 环境中创建 Access 数据库

【例 10–1】　利用 VB 的可视化数据管理器创建一个名为"Hospital"的数据库，保存到 F 盘的 DataBase 文件夹下，并在数据库中建立一张如表 10-1-1 所示名为"Doctors"的表。

1. 启动可视化数据管理器

在 VB 集成环境中执行【外接程序】菜单中的【可视化数据管理器】命令，打开【VisData（可视化数据管理器）】窗口，如图 10-2-1 所示。

2. 建立数据库

在 VisData 窗口中选择【文件】菜

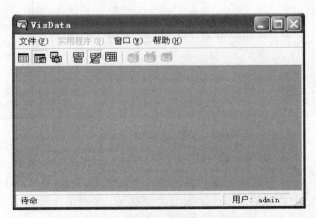

图 10-2-1　可视化数据管理器窗口

单中的【新建】,在下一级子菜单中选择【Microsoft Access】再选择【Version 7.0 MDB】,在弹出的对话框中输入要创建的数据库文件的名称"Hospital.mdb"并保存到指定位置。随后在VisData 窗口的工作区将出现如图 10-2-2 所示的"数据库窗口"和"SQL 语句"窗口。

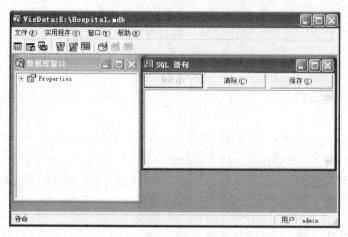

3. 建立数据表

图 10-2-2 数据库窗口与 SQL 语句窗口

在"数据库窗口"中的空白处单击右键,从弹出的菜单中选择【新建表】菜单项,打开如图10-2-3 所示的"表结构"对话框,输入表名称"Doctors"后,单击"添加字段"按钮,打开如图10-2-4 所示的"添加字段"对话框。在"名称"文本框中输入字段的名称,在【类型】下拉列表中选择字段的类型,若字段为"Text"类型,则还要在"大小"文本框中设置字段值的长度,然后单击【确定】按钮,刚添加的字段便会出现在"表结构"窗口的字段列表中。表中所有字段都添加完成后,单击【生成表】按钮即可完成数据表的建立。新建成功的数据表名称会出现在"数据库窗口"中。单击表名称前的加号可以展开和表有关的一些信息。

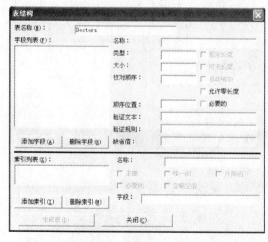

图 10-2-3 "表结构"对话框

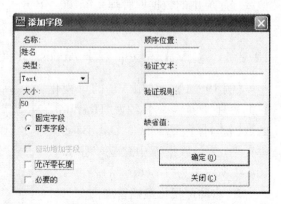

图 10-2-4 "添加字段"对话框

4. 添加索引

若想提高数据检索的速度可以给数据表添加索引。给表添加索引的方法是:在数据库窗口中右键单击要添加索引的表名称,在弹出菜单中选择【设计】,即可再次打开"表结构"对话框。在对话框中单击【添加索引】按钮可打开如图 10-2-5 所示的"添加索引到 Doctors"对话框。在"名称"文本框中输入索引名称(如"Num"),在"索引列表"列表框中选择需要为其设置索引的字段(如"编号"),并设置其是否为"主要的"或"唯一的"。

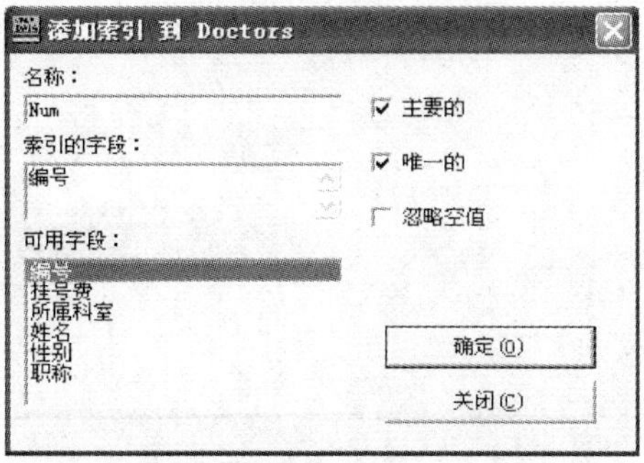

图 10-2-5　"添加索引"对话框 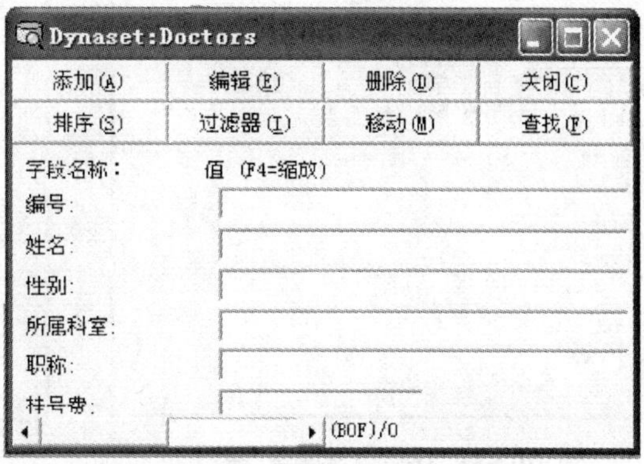　　　　　图 10-2-6　"Dynaset"对话框

5. 输入记录

表的结构定义完成后,接下来就要输入表中的数据记录了。双击"数据库窗口"中的表名称,或右键单击表名称后选择【打开】命令,都可打开如图 10-2-6 所示的"Dynaset:Doctors"对话框,在此对话框中可以对表进行如下一些基本操作。

(1)添加记录

单击【添加】按钮,在弹出的对话框中输入一条记录中的每个字段的值后单击【更新】按钮即可向表中添加一条新的记录。

(2)删除记录

通过窗口下方的滚动条定位到需要删除的记录,单击【删除】按钮,在随后弹出的"删除当前记录吗?"的消息框中选择【是】按钮。

(3)修改记录

通过窗口下方的滚动条定位到需要修改的记录,单击【编辑】按钮,在弹出的对话框中修改记录中内容,然后单击【更新】按钮,即可完成记录的修改。

除此之外,还可以利用对话框中的按钮对数据表进行一些简单的查找、排序和过滤操作。

10.2.2　用 Microsoft Access 创建数据库

若计算机中安装有 Microsoft Office Access 软件,可以使用它来创建数据库和表。

首先启动 Microsoft Office Access(下面以 Access 2003 的界面为例介绍),在【文件】菜单下选择【新建】,在工作区右侧打开的"新建文件"浮动面板中单击【空数据库】命令。在弹出的"文件新建数据库"对话框中设置数据库文件的名称和保存位置,然后单击【创建】按钮。

数据库创建成功后,在 MS Access 窗口会出现如图 10-2-7 所示的"数据库"窗口。在该窗口中双击【使用设计器创建表】命令,可以打开表设计器窗口"表 1:表",如图 10-2-8 所示。在表设计器窗口中可以根据需要输入数据表中各字段的名称、数据类型及其他常规字段属性。

如果要往【例 10-1】中已创建的数据库 Hospital 中添加一张医院就诊病人情况表,见表10-2-1,表名设为 Patients。可以先在 Access 中打开"Hospital"数据库,双击【使用设计器创建表】打开"表 1:表"的表设计视图窗口,然后输入表 10-2-1 中各字段的名称、数据类型及其他常规属性。

图 10-2-7　Access"数据库"窗口

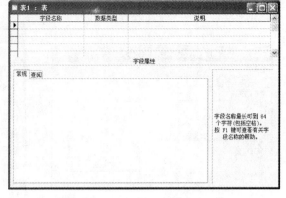

图 10-2-8　"表 1：表"设计视图

表 10-2-1　某医院就诊病人情况表

编号	医保卡号	姓名	性别	出生日期	联系电话
PT0001	2304667868784	刘胜利	男	1942-3-10	64755754
PT0002	3464558855327	张建国	男	1953-7-4	76534354
PT0003	3446557588797	周爱华	女	1936-10-3	85673578
PT0004	2305676878743	朱巧珍	女	1958-4-5	53466783
PT0005	3217898534578	陈文斌	男	1964-8-14	13844578345
PT0006	5678995323667	陆卫国	男	1975-9-12	57689932
PT0007	3355768797997	李莉	女	1985-5-18	24788358
PT0008	2306745634524	秦卿	男	1972-11-6	13846565768

图 10-2-9　"表 1"设计完成后

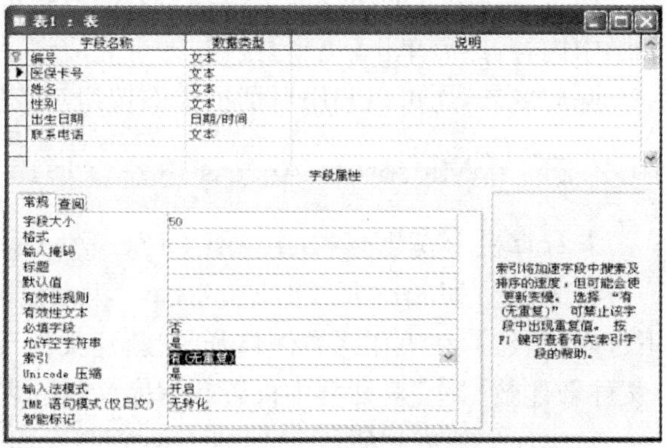

图 10-2-10　添加索引

　　表中的各个字段添加完成后，最好再给表设置一个主键，虽然主键对于表来说不是必须的，但对于关系数据库来说，只有定义了主键，才能定义该表与数据库中其他表之间的关系，因此每张表都要尽量选择一个字段来作为主键。设置主键的方法是在需要设置为主键的字段名（例如"编号"）上单击右键选择【主键】即可。字段和主键设置完成的表如图 10-2-9 所示。

　　表结构定义完成后，执行【文件】菜单下的【保存】命令，在弹出的"另存为"对话框中设置表的名称为"Patients"。

　　通常系统会自动给设置为主键的字段添加索引,若要给表中其他字段添加索引,可以右击表名"Patients",选择"设计视图",在打开的设计视图中单击要设置为索引的字段(例如"医保卡号"),再在下方的"常规"选项卡中找到"索引"设置项,在右边的下拉列表中选择"有(无重复)"选项即可,如图 10-2-10 所示。

　　在数据库窗口中双击表名称"Patients"将打开表格形式显示的数据表,如图 10-2-11 所示,在其中输入表中各条数据记录后保存。

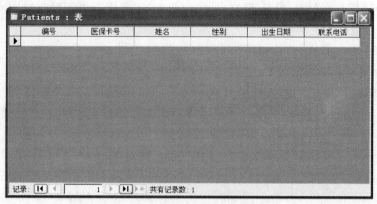

图 10-2-11　"Patients"表

10.2.3　如何在 VB 程序中访问数据库

　　数据库和其中的表文件创建完成后,接下来就需要将 VB 程序与数据库提供的接口连接起来,通过接口对数据库中的数据进行操作。由于不同的数据库提供的访问接口各异,因此就需要一些数据库访问技术来屏蔽这些接口的差异,为应用程序提供统一的数据访问接口,这样才可以使用相同的编程技术实现对不同数据库的访问。

　　VB 的数据库访问技术有三种:Jet(数据库引擎技术)、ODBC(开放式数据库连接)、OLE DB(万能的数据访问技术)。

　　(1) Jet(Joint Engineering Technology)数据库引擎技术

　　Jet 技术是 Microsoft 公司开发的一个应用程序与数据库之间的接口。这个接口不仅 VB 可使用,微软公司的其他产品也可使用该项技术与数据库建立连接。Jet 数据库引擎是 VB 与数据库连接的中间层,它为 VB 访问数据库提供了基本方法。

　　(2) ODBC(Open DataBase Connectivity)开放式数据库连接

　　ODBC 提供了存取服务器端数据库的快捷而有效的途径,它是一个公共接口,能够使基于 Windows 的应用程序连接到多种数据库(包括 SQL Server、Sybase、Oracle 等),不需为各种数据库编写不同的代码。

　　(3) OLE DB

　　OLE DB 是 Microsoft 公司提供的一个万能的数据访问接口,其核心是对各种不同的数据源提供一种相同的数据访问接口,使得数据使用者可以用同样的方法访问各种不同的数据,而不必考虑数据的具体存储地点、格式和类型。

　　基于上述数据库访问技术,VB 还为程序开发人员提供了更为便捷的数据库访问工具——数据对象。使用数据对象则不需要掌握复杂的数据库访问技术就能实现对数据库的访问,这样便大大简化了数据库应用程序的开发工作。VB 可以使用三种数据对象实现对数据库的访问：DAO（数据访问对象）、RDO（远程数据对象）、ADO（ActiveX 数据对象）。其中 ADO 是我们学习的重点，也是当今数据库应用程序开发中主要采用的数据访问对象。

（1）DAO（Data Access Objects）

DAO 称为数据访问对象，是 VB 最早引入的数据库访问技术，可通过 Jet 引擎和 ODBC 两种方式访问数据库。

（2）RDO（Remote Data Object）

RDO 称为远程数据对象，是从 DAO 派生出来的，主要用于访问远程数据库。RDO 一般通过 ODBC 访问数据库。

（3）ADO（Active Data Object）

ADO 称为 ActiveX 数据对象，是 Microsoft 推出的最新数据库访问对象。ADO 是独立于开发工具和开发语言的数据访问接口，它采用 OLE DB 接口访问数据库，使数据使用者能用同样的方法访问各种不同的数据，而不必考虑数据的具体存储地点、格式和类型。这样开发人员在编写访问数据的代码时就不用关心数据库是如何实现的。ADO 扩展了 DAO 和 RDO 所使用的对象模型，具有更加简单灵活的操作性能。除此之外，ADO 的功能更强大、通用性好、效率高、占空间少，因此几乎已经取代 DAO 和 RDO 成为微软数据库发展的主流。

ADO 和 DAO 对象在 VB 数据库编程中的具体体现就是 Adodc（ADO 数据控件在 VB 工具箱中的名称）和 Data 这两种数据控件。其中 Adodc 是 VB 开发数据库应用软件使用的主要数据控件，是数据库应用软件开发人员必须掌握的技术；而 Data 数据控件因其具有数据库访问的简便易行性，对学习 VB 数据库访问技术和开发单机版小型应用程序具有很好的现实意义。

通过数据控件可以将 VB 应用程序与数据库建立起联系，并操作数据库中的数据。但数据控件只能从数据库获得程序所需要的数据记录集（Recordset），其本身不能显示数据，必须再将数据控件与某些数据感知控件绑定起来，才能通过这些数据感知控件显示记录集中的数据。常用的数据感知控件有标签、文本框、图片框、列表框和组合框等。所谓绑定就是在数据控件与数据感知控件间建立起约束关系，通常是通过设置数据感知控件的 DataSource 属性来实现的。数据库、数据控件、数据感知控件三者之间的关系如图 10-2-12 所示。

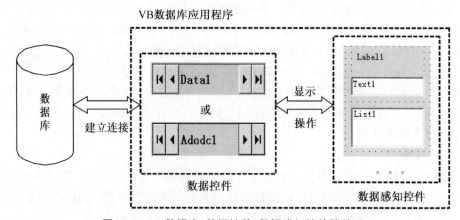

图 10-2-12　数据库、数据控件、数据感知控件的关系

10.3　VB 的 Data 数据控件

数据控件 Data 是 VB 编写数据库应用程序时常用的控件对象,使用它不需要编写代码就可以方便快捷的打开、访问并操作已有的数据库。Data 控件使用 Microsoft 的 Jet 数据库引擎来实现数据访问,用户只需要设置控件的几个关键属性,并用一些数据感知控件把数据显示出来就可以创建数据库应用程序,实现对多种格式标准的数据库的无缝访问。但 Data 控件在很多方面的功能都不够完善,因此通常只适用于单机版小型应用软件的开发。

从 VB 工具箱中找到 Data 控件,并在窗体上添加一个 Data 控件对象。Data 控件的图标和控件对象的外观如图 10-3-1 所示。Data 控件的默认名称为 Data1,通过控件的 Caption 属性可以修改这个名称。Data 控件上有四个按钮,第一个按钮

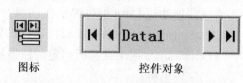

图标　　　　　　　　控件对象

图 10-3-1　Data 图标与控件对象

的作用是访问记录集的第一条记录,第二个按钮的作用是访问当前记录的前一条记录,第三个按钮的作用是访问当前记录的后一条记录,第四个按钮的作用是访问记录集的最后一条记录。

10.3.1　Data 控件的常用属性、方法和事件

1. Data 控件的常用属性

● Connect:用于指定与 Data 控件连接的数据库类型,缺省为 Access 数据库文件。

● DataBaseName:用于指定 Data 控件所连接的数据库文件的名称和保存路径。

● RecordSource:用于指定 Data 控件的记录源。当程序与数据库正确建立连接后,就应当通过 Data 控件的 RecordSource 属性确定所访问的数据,这些数据构成记录集对象 Recordset。RecordSource 属性既可以指定为 Data 控件所连接数据库中的某张表的名称,也可以是一条 SQL(结构化查询语言)语句。

● RecordsetType:用于指定 Data 控件连接的记录集类型,包括表、动态集、快照三种类型,缺省值为 1,表示动态集。

● Readonly:用于设置 Data 控件记录集的只读属性,缺省值为 False。若 Readonly 属性设置为 True,则只能对记录集进行读操作,不能对记录集进行写操作。

● Exclusive:用于设置被打开的数据库是否被独占。若 Exclusive 属性设置为 True,表示该数据库被独占,此时其他应用程序将不能再打开和访问该数据库;若设置为 False,则该数据库允许被其他应用程序共享。

2. Data 控件的常用方法

● AddNew:用于添加一条新记录。

● Delete:用于删除当前记录。

● Edit:用于对可更新的当前记录进行编辑修改。

● Refresh:在程序运行中,若改变了 Data 控件的 Connect、DatabaseName、RecordSource 等属性的值,则必须用 Refresh 方法使这些更新及时生效。

● UpdateControls:可以将数据从数据库中重新读到与 Data 控件绑定的控件上。此方法可以防止用户对绑定控件上显示的数据做修改,执行 UpdateControls 方法后,绑定控件即恢复为原先所显示的数据库中记录内容。

3. Data 控件的常用事件

● Reposition：当某条记录成为当前记录之后引发该事件。

● Validate：当某条记录成为当前记录之前，或在 Update、Delete、Unload 或 Close 操作之前引发该事件。

10.3.2　数据感知控件的介绍

VB 中常用的数据感知控件有：Label、TextBox、PictureBox、ListBox、ComboBox 等。若要将这些控件与 Data 控件绑定在一起并显示数据库中的记录，就必须对这些数据感知控件的 DataSource 和 DataField 属性进行设置。

DataSource 用于设置所绑定的数据控件的名称，DataField 用于设置数据感知控件中要显示的字段名称。

【例 10-2】 编写 VB 数据库应用程序，要求使用 Data 控件与【例 10-1】中的数据库 Hospital 建立连接，再通过文本框控件查看数据库中的表 Doctors 中记录的所有医生信息。

（1）首先设计程序界面：在窗体上放置六个标签、六个文本框和一个 Data 控件，调整好各控件的位置、大小、外观和字体。

表 10-3-1　窗体及各控件的属性设置

对象	属性	属性值	对象	属性	属性值
Form1	Caption	出诊医生		Text	空
Label1	Caption	姓名	Text2	DataSource	Data1
Label2	Caption	编号		DataField	编号
Label3	Caption	科室		Text	空
Label4	Caption	性别	Text3	DataSource	Data1
Label5	Caption	职称		DataField	科室
Label6	Caption	挂号费		Text	空
	Caption	查看出诊医生	Text4	DataSource	Data1
	Connect	Access		DataField	性别
Data1	DataBaseName	F:\DataBase\Hospital.mdb		Text	空
	RecordSource	Doctors	Text5	DataSource	Data1
	RecordsetType	0-Table		DataField	职称
	Text	空		Text	空
Text1	DataSource	Data1	Text6	DataSource	Data1
	DataField	姓名		DataField	挂号费

（2）然后按照表 10-3-1 设置窗体及各控件的主要属性。

① 先设置好窗体和各标签的属性。

② 然后设置数据控件 Data1 的属性。其中 Connect 属性就使用缺省值"Access"；单击 DataBaseName 属性设置项中的【……】按钮，在弹出的"DatabaseName"对话框中找到 F 盘 DataBase 文件夹下保存的数据库文件"Hospital.mdb"，这样 Data1 控件就和数据库建立好了

连接；接下来在 RecordSource 属性设置项的下拉列表
中选择表 Doctors，表示 Data1 要访问表 Doctors 所包
含的所有数据记录。最后设置 RecordsetType 属性为
"0－Table"。

③ 接下来设置各文本框的属性。其中：DataSource
属性都指定为 Data1，表示六个文本框都与 Data1 绑定；
与数据控件建立好绑定关系后，各文本框的 DataField 属
性设置项的下拉列表中就会列出 Doctors 表的所有字段
名称，选择各文本框将要显示的字段内容即可。

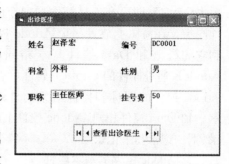

图 10-3-2　运行界面

（3）运行程序。可以看到表 Doctors 的第一条记录中各字段的值显示在对应的文本框
中，如图 10-3-2 所示。单击 Data1 上的【首记录】、【前一记录】、【下一记录】或【末记录】按钮，
可以切换查看表中其他各条记录的内容。

（4）若修改表 Doctors 中某条记录，只要先定位到要修改的那条记录，在文本框中直接对
记录的内容进行修改，然后单击数据控件上的任意一个按钮，系统就会把修改后的记录内容重
新保存到数据库的 Doctors 表中。

（5）若往表 Doctors 中添加记录或删除已有记录，通过界面操作就无法完成了，需要通过
编写代码来实现，在此不再赘述。

10.4　ADO 访问数据库

在 VB 数据库编程中，使用 Data 控件访问数据库是一种简单直观的方法，编程人员不需
要进行复杂的代码设计就能完成一个数据库应用程序。但 Data 控件只适用于 Access 和
VFP 等小型桌面数据库的控制，如果要访问网络数据库或实现更为复杂灵活的数据库应用程
序，就需要用到 ADO 数据访问对象来完成。

VB 提供了利用 ADO 访问数据库的两种方式：ADO 数据控件和 ADO 对象编程模型。
这两种方法可以单独使用，也可以结合使用。使用 ADO 数据控件的优点是代码少，一个简单
的数据库应用程序甚至可以不用编写任何代码。它的缺点是功能简单，不够灵活，不能满足编
制较复杂的数据库应用程序的需要。使用 ADO 对象编程模型的优点是具有高度的灵活性，可
以编制复杂的数据库应用程序。它的缺点是代码编写量较大，对初学者来说有一定困难。

10.4.1　ADO 数据控件

使用 ADO 数据控件访问数据库的过程与 Da-
ta 控件类似。通过设置 ADO 数据控件的一些基
本属性就可快速建立与数据库的连接。

1. 创建 ADO Data 控件

由于 ADO Data 控件不是 VB 工具箱中的标
准控件，因此使用前需要先将其添加到工具箱。

单击【工程】菜单中的【部件】选项（或在工具箱
中空白处单击右键，在弹出菜单中选择【部件】），打
开如图 10-4-1 所示的"部件"对话框，在其中选中
【Microsoft ADO Data Control 6.0（OLEDB）】后

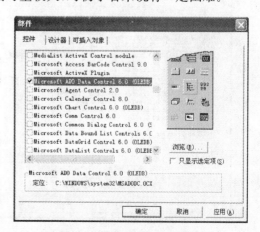

图 10-4-1　添加 Adodc 控件

单击【确定】,即可在工具箱中看到新添加的 Adodc 控件图标。在窗体上放置一个 Adodc 控件对象,可以看到它的外观和 Data 控件基本相同,但默认名称为 Adodc1,通过控件的 Caption 属性可以修改这个名称。Adodc 控件的图标和控件对象的外观如图 10-4-2 所示。和 Data 控件相同,Adodc 控件上也有四个按钮,四个按钮的功能分别为首记录、前一记录、下一记录和末记录。

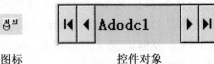

图标   控件对象

图 10-4-2   Adocdc 图标与控件对象

2. Adodc 控件的基本属性

Adodc 控件的属性既可在设计状态通过属性窗口设置,也可在程序代码中进行设置。其中和数据库连接相关的几个基本属性如下:

(1)ConnectionString:用于将 Adodc 控件连接到一个指定的数据库。设置 ConnectionString 属性时,会弹出一个"属性页"对话框,如图 10-4-3 所示,对话框中提供了三种连接数据库的方法:

● 选择【使用 Data Link 文件】,则可以单击【浏览】按钮,在外存储器中选择一个已创建好的 Microsoft 数据链接文件。

● 选择【使用 ODBC 数据资源名称】,则可以从下拉列表中选择一个数据源名称,也可以单击【新建】按钮创建一个新数据源。

● 选择【使用连接字符串】,可以输入一个

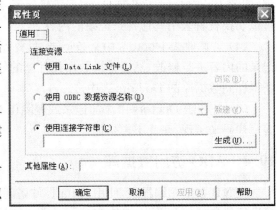

图 10-4-3   ConnectionString"属性质"

连接到数据源的字符串,或单击【生成】按钮打开如图 10-4-4 所示的"数据链接属性"对话框。若要连接的是一个 Access 数据库,就在【提供程序】选项卡中选择【Microsoft Jet 4.0 OLE DB Provider】选项,然后单击【下一步】,进入【连接】选项卡,如图 10-4-5 所示,在"选择或输入

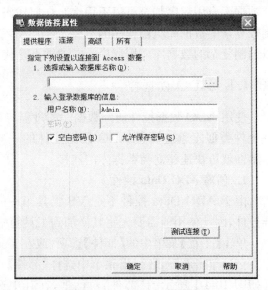

图 10-4-4   设置"提供程序"   图 10-4-5   设置"连接"数据库

数据库名称"下方的文本框中输入要连接的数据库文件名称和保存路径,或单击【…】按钮在外存储器中选择一个数据库文件。设置完成后,可以单击下方的【测试连接】按钮,测试一下是否能够与数据库成功连接。如果测试连接成功,就可以单击【确定】按钮关闭"数据链接属性"对话框回到"属性页"对话框,这时可以看到连接字符串已经自动生成好了。最后单击【确定】按钮,完成对 ConnectionString 属性的设置。

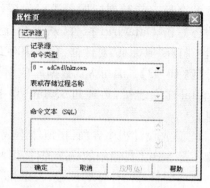

图 10-4-6　RecordSource"属性页"

(2) RecordSource:与数据库正确建立连接后,可通过 RecordSource 属性设置 ADO 数据控件要访问的数据记录来源。RecordSource 属性可以设置为数据库中的某张表,也可以设置为一条 SQL 语句,还可以设置为一个存储的查询过程。单击 RecordSource 属性设置项上的【…】按钮将打开如图 10-4-6 所示的记录源"属性页"对话框。首先选择【命令类型】,有多种命令类型可供选择,它们各自的含义见表 10-4-1。

表 10-4-1　数据源命令类型说明

命令类型	说明
8 - adCmdUnknown	缺省值,说明记录源为 SQL 语句
1 - adCmdText	说明记录源为 SQL 语句
2 - adCmdTable	说明记录源为表
4 - adCmdStoredProc	说明记录源为存储过程

例如,若选择命令类型为"2 - AdCmdTable",接下来就可以在"表和存储过程名称"的下拉列表中选择一张数据库表作为记录源。

(3) ConnectionTimeOut:用于限制与数据库建立连接的时间,单位为秒。若在规定的时间内不能与数据库成功建立连接就返回超时信息。

(4) MaxRecords:用于设置从查询中返回的最大记录数。

Adodc 控件的常用事件和方法与 Data 控件相同,在此不再赘述。

3. Adodc 控件绑定数据感知控件

Adodc 控件也需要通过绑定数据感知控件来显示和操作数据库中的数据。本章前一节中已经介绍了一些常用的数据感知控件,但这些控件只能显示单条记录中单个字段的值,若在一个控件中同时显示多条记录中多个指定字段的值就需要用到一些更为高级的数据感知控件。如 DataGrid、DataList 和 DataCombo 等,其中 DataGrid 是 Adodc 控件最常用的数据绑定控件。DataGrid 称为数据网格控件,该控件可以电子数据表的形式输出 ADO 记录集中多条记录中的多个指定字段值。

DataGrid 控件不是 VB 工具箱的标准控件,使用之前需要先将其添加到工具箱中。在工具箱中空白处单击【右键】,在弹出菜单中选择【部件】打开【部件】对话框,选中【Microsoft DataGrid Control 6.0(OLEDB)】后单击【确定】按钮,将 DataGrid 控件添加到工具箱。DataGrid 控件的图标和控件对象的外观如图 10-4-7 所示。

接下来，只需要设置 DataGrid 控件的 DataSource 属性为某个 Adodc 控件对象，运行程序后，系统会自动用 Adodc 控件获取的数据记录集填充 DataGrid 控件，并自动设置 DataGrid 控件的列标题为记录集的字段名。若对 DataGrid 控件的布局、列宽、列标题等进行设置，可以在设计状态右击 DataGrid 控件，从弹出菜单中选择

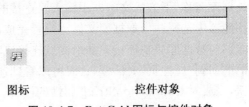

图标　　　　　　　　　　控件对象

图 10-4-7　DataGrid 图标与控件对象

"属性"打开"属性页"对话框，在其中对 DataGrid 控件的各项属性进行设置。

【例 10-3】　编写 VB 数据库应用程序，要求使用 Adodc 控件与【例 10-2】中的数据库 Hospital 建立连接，再通过 DataGrid 控件查看数据库中的表 Doctors 内记录的所有医生信息。

1. 首先设计程序界面：在窗体上放置一个 Adodc 控件和一个 DataGrid 控件，由于两控件都不是 VB 工具箱中的标准控件，因此使用前需要先将它们添加到工具箱中，再放置到窗体上。然后调整好两控件的位置、大小和字体。

2. 表 10-4-2 设置窗体及两控件的主要属性。

表 10-4-2　窗体及各控件的属性设置

对象	属性	属性值
Form1	Caption	出诊医生
Adodc1	Caption	选择出诊医生
	ConnectionString	Provider = Microsoft. Jet. OLEDB. 4. 0；Data Source = F:\DataBase\Hospital. mdb；Persist Security Info = False
	RecordSource	Doctors
DataGrid1	DataSource	Adodc1

（1）先设置 Adodc1 的 ConnectionString 属性，单击【…】按钮，打开 ConnectionString 的"属性页"对话框，选择【使用连接字符串】后单击【生成】按钮，打开"数据链接属性"对话框，先在"提供程序"选项卡中选择【Microsoft Jet 4.0 OLE DB Provider】，单击【下一步】，进入"连接"选项卡，再单击"选择或输入数据库名称"下方的文本框后的【…】按钮，在打开的对话框中选择 F 盘 DataBase 文件夹下的数据库文件"Hospital. mdb"。然后单击下方的【测试连接】按钮，测试一下是否能够与数据库成功连接。如果测试连接成功，就可以单击【确定】按钮关闭"数据链接属性"对话框回到"属性页"对话框，再单击【确定】按钮，完成对 ConnectionString 属性的设置。

（2）然后再设置 Adodc1 的 RecordSource 属性，单击【…】按钮，打开 RecordSource 的"属性页"对话框，选择命令类型为【2- adCmdTable】，再选择【表或存储过程名称】为表【Doctors】。

（3）接下来设置 DataGrid1 的 DataSource 属性为 Adodc1。

3. 运行程序，可以看到表 Doctors 中的记录自动填满了 DataGrid 控件，控件的第一行被自动设置为表 Doctors 的各字段名称，整张表以电子表格的形式呈现出来，如图 10-4-8 所示。

4. 从程序的运行效果可以看出：一般情况下，DataGrid 控件的默认外观对于它要显示的

图 10-4-8　初始运行界面

表来说并不合适,因此最好对 DataGrid 控件的显示效果再做一些手工调整。例如,如果程序只想查看各位医生的姓名、性别、所属科室、职称和挂号费这些信息,就可以对 DataGrid 控件显示的字段作一些修改。

(1)右击 DataGrid 控件,从弹出的菜单中选择【检索字段】命令,此时会弹出一个对话框询问"是否以新的字段定义替换现有的网格布局?",选择【是】则控件 DataGrid 将显示表 Doctors 的所有字段名称,如图 10-4-9 所示。

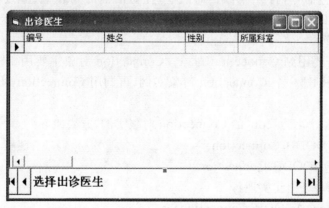

图 10-4-9　进入"检索字段"状态的 DataGrid

(2)再右击 DataGrid 控件,从弹出的菜单中选择【编辑】命令,此时从外观上看 DataGrid 的状态没有发生任何变化,但它已进入编辑状态。在"编号"字段上方右击鼠标,从弹出菜单中选择【删除】命令。DataGrid 控件上就只剩姓名、性别、所属科室、职称和挂号费五个字段了。编辑状态下还可以交换字段的位置、调整各字段所在列的宽度等操作。调整后的程序运行界面如图 10-4-10 所示。

图 10-4-10　调整后的运行界面

（3）若修改 DataGrid 控件上显示的字段名称，或者对控件的外观和功能作进一步的调整，可以右击 DataGrid 控件选择"属性"打开"属性页"对话框，根据程序需要对相应属性进行设置。

10.4.2　ADO 对象编程模型

ADO 对象提供了 VB 应用程序访问数据库需要的全部属性和方法，因此使用 ADO 对象编程模型可以不用数据控件而直接用程序代码对数据库进行访问。

一个典型的数据库应用程序访问数据库时通常会经过以下几个基本步骤：

（1）与数据库建立连接；

（2）打开记录集；

（3）操作记录集；

（4）关闭连接。

如何在程序中利用 ADO 对象来实现以上步骤呢？ ADO 对象模型中定义了一系列可编程的数据访问对象，其中 Connection、Recordset 和 Command 这三个对象发挥着核心的作用。只要通过程序代码创建这些对象的实例（语法格式与定义变量相似），就能操作这些实例实现对数据库的访问。

需要注意的是使用 ADO 编程模型前需先添加 ADO 对象类库的"引用"，方法是：执行【工程】菜单中的【引用】命令，打开"引用"对话框，在对话框的列表中选中【Microsoft ActiveX Data Objects 2.x Library】后，单击【确定】按钮。

1. 连接数据库

连接数据库需要用到 Connection 对象。Connection 对象主要用于建立与数据源的连接。先用程序代码创建一个 Connection 对象实例，再调用 Connection 对象的 Open 方法即可打开数据库。

例如，要创建一个名为"con"的 Connection 对象实例，方法如下：

Dim con AsADODB. Connection

Set con = NewADODB. Connection

也可以用下面一条语句实现：

Dimcon As New ADODB. Connection

　　　其中"ADODB"是 ADO 对象的名称。

　　　调用 Connection 对象的 Open 方法的语法为：

　　　　　Connection. Open ConnectionString，UserID，Password，OpenOptions

说明：

① 几个参数均为可选项；

② ConnectionString 包含建立到数据源的连接信息；

③ UserID 指定打开连接时使用的用户名；

④ Password 指定建立连接时使用的密码；

⑤ OpenOptions 设定如何打开连接。

几个参数中以 ConnectionString 最为重要，ConnectionString 可作为 Open 方法的参数，也可作为 Connection 对象的属性来设置，ConnectionString 包含的信息中有两个参数通常是必须设置的：

⑥ Provider：指定数据库接口提供者的名称，以识别所连接的数据库的类型

⑦ Data Source：指定所连接的数据库的名称，要提供数据库文件的名称和保存路径

例如，要调用"Con"的 Open 方法打开数据库文件"F：/DataBase/Hospital. mdb"，方法如下：

```
con. Open"Provider = Microsoft. Jet. OLEDB. 4. 0；"& _
    "Data Source = F：\DataBase\Hospital. mdb"
```

2. 打开记录集

记录集是查询数据库后返回的查询结果构成的数据集合。记录集用 Recordset 对象来表示。通过 Recordset 对象可以对数据库中的数据记录进行查找、添加、修改或删除等操作。打开记录集可以使用 Recordset 对象的 Open 方法。但在执行 Open 方法前，还是需要先创建 Recordset 对象的实例。

例如，要创建一个名为 rec 的 Recordset 对象实例，方法如下：

```
Dimrec As ADODB. Recordset
Setrec = New ADODB. Recordset
```

也可以用下面一条语句实现：

```
Dim rec As New ADODB. Recordset
```

调用 Recordset 对象的 Open 方法的语法为：

```
Recordset. Open Source，ActiveConnection，CursorType，LockType
```

说明：

① 几个参数均为可选项。

② Source 指定记录源，可以是数据库中一张表，也可以是 SQL 查询语句，还可以是一个存储查询过程

③ ActiveConnection 可以是合法的 Connect 对象实例的名称，也可以是包含 Connect-String 参数的字符串

④ CursorType 指定打开记录集时使用的游标类型。

⑤ LockType 指定打开记录集时使用的锁定类型。

例如，要打开前面已连接上的数据库 Hospital. mdb 中的表 Doctors，游标类型为 AdOpenDynamic（支持在记录集所有方向上移动），锁定类型为 AdLockPessimistic（编辑后立即锁定数据源中的记录，确保对记录的编辑成功），方法如下：

```
rec. Open"Doctors"，con，AdOpenDynamic，AdLockPessimistic
```

3. 操作记录集

表对应的记录集打开后，就可以访问并操作记录集中的数据记录了。

（1）显示记录

可以通过 Recordset 对象的 Field 属性访问记录中的各个字段。

例如：基于上例打开的记录集 rec，要将 Doctors 表中第一条记录中的医生姓名和职称打印到窗体上，可以使用如下代码：

```
Print rec. Fields("姓名")；rec. Fields("职称")
```

（2）浏览记录

浏览记录集中的记录可以通过以下几种方法来实现：

● MoveNext：将当前记录指针移到下一条记录。

- MovePrevious：将当前记录指针移到上一条记录。
- MoveFirst：将当前记录指针移到第一条记录。
- MoveLast：将当前记录指针移到最后一条记录。
- Move［n］［,start］：将当前记录指针向前或向后移动 n 条记录。

（3）查询记录：查询记录就是找出满足条件的记录集，主要有下面两种方法：

- 使用 Connect 对象的 Execute 方法执行 SQL 语句，返回查询结果记录集。
- 使用 Command 对象的 Execute 方法执行 CommandText 属性中设置的 SQL 语句，返回查询结果记录集。Command 对象通过已建立的连接发出命令，用于对数据源执行指定的操作，如数据的添加、删除、更新或查询。

例如：基于上例打开的记录集 rec，要进一步查询表 Doctors 中的所有外科医生，查询结果仍然放记录集 rec 中，如果用第一种方法可以使用如下代码：

Set rec = con. Execute("Select ＊ From Doctors Where 所属科室 = ' 内科 '")

若用第二种方法，可以使用下面的代码：

```
Dim com As New Command
com. ActiveConnection = con
com. CommandText = "Select ＊ From Doctors Where 所属科室 = ' 内科 '"
Set rec = com. Execute
```

说明：代码中使用的 SQL 语句的含义可参考本章下一节内容。

（4）添加记录：

添加记录使用 AddNew 方法，语法如下：

RecordSet. AddNew FieldList，Values

说明：FieldList 为一个字段或多个字段的名称，Values 为赋给字段的值，与 FieldList 提供的字段要一一对应。

需要特别的注意的是：用 AddNew 方法添加的记录必须用 Update 方法保存结果。

例如：基于上面打开的记录集 rec，要往表 Doctors 中增加一个医生记录，可以使用语句：

```
rec. AddNew
rec. Fields("编号") = "DC0021"
rec. Fields("姓名") = "张高程"
rec. Fields("性别") = "男"
rec. Fields("所属科室") = "眼科"
rec. Fields("职称") = "主治医师"
rec. Fields("挂号费") = 5
rec. Update
```

（5）删除记录

删除记录使用 Delete 方法，语法如下：

RecordSet. Delete

该语句可以删除当前记录，若删除符合某些条件的一组记录，可以在该语句后跟上对 Filter 属性的设置。

（6）修改记录

修改记录可以使用 Update 方法直接保存记录修改后的结果，语法如下：

RecordSet. Update FieldList，Values

4. 关闭连接

数据库访问完成后，可以使用 Connection 对象的 Close 方法断开与数据源的连接。但 Close 方法不能把已创建的 Connection 对象实例从内存中清除掉，还需要把它设置为 Nothing，才能彻底的从内存中删除它。

例如，要彻底的关闭以上使用的数据库连接 con，方法如下：

Con. Close
Set con = Nothing

10.5 SOL 结构化查询语言

SQL 是 Structure Query Language(结构化查询语言)的缩写，是操作关系数据库的工业标准语言。SQL 具有语言简洁、方便实用、功能齐全等优点。各种数据库管理系统都支持 SQL 或提供 SQL 接口。用户通过 SQL 提出一个查询，数据库就能返回所有与该查询匹配的记录。用户可以在 VB 的可视化数据管理器的"SQL 语句"窗口(如图 10-5-2)或数据库管理软件的 SQL 视图中输入 SQL 语句建立查询，也可以在各种高级语言的程序中嵌入 SQL 语句来实现数据库查询功能。

10.5.1 SQL 语句的基本组成

SQL 由命令、子句、运算符和函数等基本元素构成，这些元素生成的语句可以实现对数据库进行创建、更新、处理等各种操作。

1. SQL 命令

常用的 SQL 命令及功能见表 10-5-1。

表 10-5-1 常用的 SQL 命令

命令	功能
Create	创建新的数据表、字段和索引
Drop	删除数据库中的表或索引
Alter	修改数据库中表的字段设计
Select	在数据库中查找满足特定条件的记录
Insert	向数据库的指定表中添加一条或多条记录
Update	更新特定记录的字段值
Delete	删除指定表中指定条件的记录

2. SQL 的子句

常用的 SQL 子句及功能见表 10-5-2。

表 10-5-2 常用的 SQL 子句

子句	功能
From	指出记录来自于哪些数据表
Where	指定所选记录必须满足的条件

（续表）

子句	功能
Group By	将选定的记录分成特定的组
Having	说明分组需要满足的条件
Order By	按指定的次序将记录排序

3. SQL 的运算符

SQL 语句中常用的运算符有两类：一类是逻辑运算符；一类是比较运算符。

常用逻辑运算符有 And(与)、Or(或)和 Not(非)。And 表示两个表达式之间是"与"的关系，只有两个表达式的值同时为 True，逻辑表达式的值才为 True。Or 表示两个表达式之间是"或"的关系，只要任意一个表达式值为 True，逻辑表达式的值就为 True。Not 表示"非"，取表达式相反的逻辑值。

常用的比较运算符及含义见表 10-5-3。

表 10-5-3　常用的 SQL 比较运算符

比较运算符	含义	比较运算符	含义
>	大于	<	小于
>=	大于等于	<=	小于等于
=	等于	<>	不等于
Between	指定值的范围	Like	建立模糊查询
In	指定值所在的集合		

4. SQL 的函数

常用的 SQL 函数及功能见表 10-5-4。

表 10-5-4　常用的 SQL 函数

函数	功能
Avg	返回指定字段中所有值的平均值
Count	返回选定记录的个数
Sum	返回指定字段中所有值的总和
Max	返回指定字段中的最大值
Min	返回指定字段中的最小值

10.5.2　SQL 的常用语句

1. Select 语句

Select 语句是 SQL 语言中最常用也最重要的语句，其主要功能是从数据库中按指定条件获取数据记录。Select 语句中包括较多的选项和子句，这些选项和子句可以帮助 Select 语句完成多种功能。

Select 语句的基本格式为：

Select 字段名列表 From 表名［Where 查询条件］［Group By 分组字段［Having 分组条件］］［Order By 排序字段［Asc｜Desc］］

说明：

①"字段名列表"用于指定在查询结果中要包含的字段名称，若为多个字段，各字段名间需用逗号分隔。若查询结果要包含表中所有字段，可用通配符"＊"表示。若只是对一张表进行查询，字段列表中就只需指定字段名即可；若字段列表中的字段选自不同的表，则还必须在字段名前加上其所属表名作为前缀。若查询结果要包含的某字段想使用其他名称，可在该字段后用"As［新名称］"实现。

②"From 表名"指定要查询的表的名称。可以是多张表，各表之间用逗号分隔。

③"Where 查询条件"用于指定查询记录必须满足的条件。查询条件可以用 VB 的运算表达式或公共函数来表示，也可以用 SQL 特有的运算符来组成表达式。

④"Group By 分组字段"用于将查询结果中的记录按指定的分组字段进行分组统计。若分组后还需要按一定的条件对这些组进行筛选，最终只输出满足指定条件的组，可以使用"Having 分组条件"指定筛选条件。

⑤"Order By 排序字段"用于指定以哪个字段作为查询结果的排序关键字，排序字段可以是一个，也可以是多个字段的组合。Asc 表示升序排列，Desc 表示降序排列，缺省按升序排列。

例如：要查询表 Doctors 内所有的主任医师，查询结果要求显示"姓名"、"性别"、"所属科室"三个字段，可以使用语句：

Select 姓名，性别，所属科室 From Doctors Where 职称 = "主任医师"

例如：要统计表 Doctors 内各个科室的医生人数，查询结果要求显示"所属科室"和"人数"两个字段，可以使用语句：

Select 所属科室，Count（＊）As 人数 From Doctors Group By 所属科室

注意：输入 SQL 语句时各关键字间一定要有空格，否则语句就会因语法错误而不能被正确执行。

2. Insert 语句

Insert 语句用于向指定表中添加一条或多条记录，语句基本形式如下：

Insert Into 表名（字段名列表）Values（字段值表）

如果要添加的记录提供了表中所有字段的值，那么字段名列表可以省略。

例如，要往表 Patients 中添加一个病人的记录，该病人没有医保卡，但留下了其他信息，可以使用语句：

Insert Into Patients（编号，姓名，性别，出生年月，联系电话）Values（"PT0021"，"周舟"，"女"，"1992 - 4 - 24"，"13819824890"）

3. Update 语句

Update 语句用表达式的值替换指定条件记录的相应字段的值。语句基本形式如下：

Update 表名 Set 字段 = 表达式［，字段 = 表达式，…］Where 条件

例如：要将 Doctors 表中所有副主任医师的挂号费提高到 8 元钱，可以使用语句：

Update Doctors Set 挂号费 = "8"where 职称 = "副主任医师"

4. Delete 语句

Delete 语句用于删除指定表中指定条件的记录。语句基本形式如下：

Delete From 表名 Where 条件

例如，Patients 表中有位叫"刘胜利"的病人去世了，要从表中删除这位病人的记录，可以使用语句：

　　Delete From Patients Where 姓名 = "刘胜利"

5. Create 语句

Create 语句用于创建数据库、表、视图。

（1）用 Create 语句创建数据库的基本形式如下：

Create DataBase ＜数据库名＞

（2）用 Create 语句创建数据表的基本形式如下：

Create Table ＜表名＞（＜字段名 1＞ ＜类型＞［Not null］，＜字段名 2＞＜类型＞［Not null］，……＜字段名 n＞＜类型＞［Not null］）

（3）用 Create 语句创建视图的基本形式如下：

Create View ＜视图名＞［视图字段名表］As［Select 语句］

6. Drop 语句

Drop 语句用于进行表和视图的删除。

（1）Drop 语句删除表的基本形式如下：

Drop Table ＜表名＞

（2）Drop 语句删除视图的基本形式如下：

Drop View ＜视图名＞

10.5.3　SQL 查询语句的自动生成

　　利用 VB 的可视化数据管理器可以自动生成 SQL 的查询语句，操作方法如下：

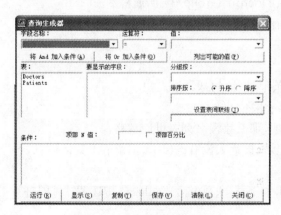
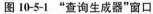

图 10-5-1　"查询生成器"窗口

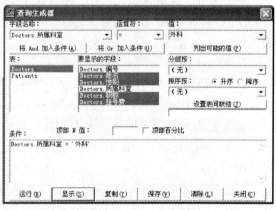

图 10-5-2　查询设置完成

　　（1）打开"可视化数据管理器"窗口，执行【文件】菜单中的【打开数据库】命令打开某个数据库，然后就可以执行菜单【实用程序】中的【查询生成器】命令，打开如图 10-5-1 所示的"查询生成器"窗口。

　　（2）在"查询生成器"窗口中，首先选择要查询的表，然后在"条件"下方的文本框中输入查询条件（查询条件也可以通过设置想要查询的字段名称、运算符和值再单击【将 And 加入条件】或【将 Or 加入条件】按钮来添加），接下来选择查询结果要显示的字段列表，最后单击【显示】按钮，即可生成查询语句。

　　例如，要查询数据库 Hospital 中表 Doctors 内所有的外科医生，查询结果要求显示"姓名"、"性别"、"职称"和"挂号费"四个字段，就可以进行如图 10-5-2 所示的设置。单击【显示】

按钮,会弹出如图 10-5-3 所示的查询语句消息框。

(3) 在"查询生成器"窗口中,单击【运行】按钮,会弹出"这是 SQL 传递查询吗?"提问消息框,选择【否】就能打开查询结果集窗口,如图 10-5-4 所示。

图 10-5-3　"属性页"对话框

(4) 在"查询生成器"窗口中,单击【复制】按钮,可以将生成的 SQL 语句复制到 SQL 语句窗口中,如图 10-5-5 所示。

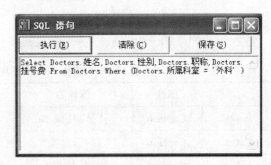

　　图 10-5-4　查询结果集窗口　　　　　　　**图 10-5-5　SQL 语句空口中的 SQL 语句**

10.6　综合编程实例

本节介绍一个简单的数据库应用程序,该程序模拟了某医院的挂号流程:

(1) 输入病人的编号或医保卡号,即可输出病人的全部信息,若该病人第一次在该医院看病,则需要再录入该病人的相关信息。若该病人留下的信息不全或某些信息有变动,可以对其进行修改。

(2) 接下来输入病人要挂的科室,即可给出该科室坐诊的全部医生信息

(3) 选择病人要就诊的医生后确定,即可在出诊医生和就诊病人间建立起对应关系。

程序的设计步骤如下:

1. 创建数据库

本章前例中已经建立了一个数据库 Hospital. mdb,数据库中分别有一个 Doctors 表和一个 Patients 表,可以直接拿来供本例使用。由于挂号的目的是为了在出诊医生和就诊病人间建立起对应关系,因此还需要在数据库中添加一个新的表,表名可以设为 Registration。表结构见表 10-6-1。

表 10-6-1　表 Registration 的字段设置

字段名称	数据类型	字段大小
编号	自动编号	长整型
医生编号	文本	30
病人编号	文本	30

2. 设计程序界面

新建一个 VB 工程,在 Form1 上画两个框架,再往第一个框架中加入 6 个标签、6 个文本框和 4 个按钮,往第二个框架中加入 1 个标签、一个文本框和 1 个按钮。Form1 及各控件的属性见表 10-6-2。设计完成的 Form1 界面如图 10-6-1 所示。

图 10-6-1 挂号初始界面

表 10-6-2 窗体 Form1 及其包含各控件的主要属性设置

对象	属性	属性值	对象	属性	属性值
Form1	Caption	挂号初始界面	Text6	Name	TxtTel
Label1	Caption	病历编号		Text	空
Label2	Caption	医保卡编号	Command1	Name	FindPatient
Label3	Caption	姓名		Caption	查看病人信息
Label4	Caption	性别	Command2	Name	AddPatient
Label5	Caption	出生日期		Caption	添加新病人
Label6	Caption	联系电话	Command3	Name	UpdatePatient
Text1	Name	TxtID		Caption	修改病人信息
	Text	空	Command4	Name	ReInput
Text2	Name	TxtCardID		Caption	重新输入
	Text	空	Label7	Caption	该病人要挂什么科
Text3	Name	TxtName	Text7	Name	TxtSection
	Text	空		Text	空
Text4	Name	TxtSex	Command5	Name	ViewDoctors
	Text	空		Caption	添加新病人
Text5	Name	TxtBirthday	Frame1	Caption	请输入病人的病历编号或医保卡编号
	Text	空	Frame2	Caption	请输入医生科室

再往工程中加入一个窗体 Form2,在 Form2 上画一个框架、两个按钮,再往框架中加入一个数据网格控件和一个 ADO 数据控件。Form2 及各控件的属性见表 10-6-2。设计完成的 Form2 界面如图 10-6-2 所示。

图 10-6-2　出诊医生列表

表 10-6-3　窗体 Form2 及其包含各控件的主要属性设置

对象	属性	属性值	对象	属性	属性值
Form2	Caption	查询医生列表	Frame1	Caption	请选择要就诊的医生
Command1	Name	Register	Command2	Name	Return
	Caption	确认挂号		Caption	返回初始界面

3. 输入程序代码

Form1 的程序代码如下：

```
Option Explicit
Dim cn_pt As ADODB. Connection
Dim rc_pt As ADODB. Recordset
Public patientID As String
Public section As String
' 在窗体激活事件里打开数据库连接和记录集,这样在窗体切换时也能被触发
执行
Private Sub Form_Activate()
Set cn_pt = New ADODB. Connection
Set rc_pt = New ADODB. Recordset
cn_pt. Open "Provider = Microsoft. Jet. OLEDB. 4. 0;" & _
Data Source = F:\DataBase\Hospital. mdb"
rc_pt. Open "Patients", cn_pt, adOpenDynamic, adLockPessimistic
Call ReInput_Click
End Sub
' 根据病历编号或医保卡号查找并显示病人信息
Private Sub FindPatient_Click()
rc_pt. MoveFirst
Do Until rc_pt. EOF
```

```
        If rc_pt.Fields("编号") = TxtID Or _
            rc_pt.Fields("医保卡号") = TxtCardID Then
            TxtID = rc_pt.Fields("编号")
            TxtName = rc_pt.Fields("姓名")
            TxtSex = rc_pt.Fields("性别")
            TxtBirthday = rc_pt.Fields("出生日期")
            TxtTel = rc_pt.Fields("联系电话")
            If IsNull(rc_pt.Fields("医保卡号")) Then
                TxtCardID = "无医保卡"
            Else
                TxtCardID = rc_pt.Fields("医保卡号")
            End If
            Exit Do
        End If
        rc_pt.MoveNext
    Loop
    If rc_pt.EOF Then
        MsgBox"找不到该病人信息,如果这是一个新病人,"& _
"请将他的个人信息添加到数据库中!"
    End If
End Sub
'添加新的病人信息
Private Sub AddPatient_Click()
    rc_pt.AddNew
        rc_pt.Fields("编号") = TxtID
        rc_pt.Fields("医保卡号") = TxtCardID
        rc_pt.Fields("姓名") = TxtName
        rc_pt.Fields("性别") = TxtSex
        rc_pt.Fields("出生日期") = CDate(TxtBirthday)
        rc_pt.Fields("联系电话") = TxtTel
    rc_pt.Update
    MsgBox"病人资料已入库,请继续挂号"
End Sub
'修改病人信息
Private Sub UpdatePatient_Click()
    rc_pt.Fields("编号") = TxtID
    rc_pt.Fields("医保卡号") = TxtCardID
    rc_pt.Fields("姓名") = TxtName
    rc_pt.Fields("性别") = TxtSex
    rc_pt.Fields("出生日期") = CDate(TxtBirthday)
```

```
        rc_pt. Fields("联系电话") = TxtTel
        rc_pt. Update
        MsgBox"病人资料已修改,请继续挂号"
    End Sub
    '清空文本框,准备为下一个病人挂号
    Private Sub ReInput_Click()
        TxtID = ""
        TxtCardID = ""
        TxtName = ""
        TxtSex = ""
        TxtBirthday = ""
        TxtTel = ""
        TxtID. SetFocus
    End Sub
'切换到出诊医生列表
    Private Sub ViewDoctors_Click()
        patientID = TxtID
        section = TxtSection
        Form1. Hide
        Form2. Show
    cn_pt. Close
    End Sub
Form2 的程序代码如下:
    Option Explicit
    Dim cn_dt As ADODB. Connection
    Dim rc_dt As ADODB. Recordset
    Dim rc_rg As ADODB. Recordset
'在数据网格控件中给出病人所挂科室对应的所有出诊医生信息
    Private Sub Form_Activate()
        Set cn_dt = New ADODB. Connection
        Set rc_dt = New ADODB. Recordset
        Set rc_rg = New ADODB. Recordset
        Dim str1 As New ADODB. Recordset
    cn_dt. Open"Provider = Microsoft. Jet. OLEDB. 4.0;"& _
    Data Source = F:\DataBase\Hospital. mdb"
        rc_dt. CursorLocation = adUseClient
        rc_dt. Open"Select 编号,姓名,职称,挂号费 from Doctors where 所属科室 = '"
_ & Form1. section &"'", cn_dt, adOpenDynamic, adLockPessimistic
        Set DataGrid1. DataSource = rc_dt
        rc_rg. Open"Registration", cn_dt, adOpenDynamic, adLockPessimistic
```

```
        End Sub
'确认挂号,在医生和病人间建立起对应关系,并提示挂号费是多少
    Private Sub Register_Click()
        Dim Charge As String
        Dim doctorID As String
        doctorID = DataGrid1.Columns("编号").CellText(DataGrid1.Bookmark)
        rc_rg.AddNew
            rc_rg.Fields("医生编号") = doctorID
            rc_rg.Fields("病人编号") = Form1.patientID
        rc_rg.Update
        Set rc_dt = cn_dt.Execute("Select * From Doctors where 编号 = '"& _
        doctorID &  "'")
        Charge = rc_dt.Fields("挂号费")
        MsgBox"挂号成功,请支付挂号费用"& Charge &"元"
    End Sub
'返回初始界面,为下一个病人挂号
    Private Sub Return_Click()
        Form2.Hide
        Form1.Show
        cn_dt.Close
    End Sub
```

习 题

1. VB 常用的两个数据控件是什么,二者分别有什么特点?

2. VB 常用的数据感知控件有哪些,如何将数据控件与数据感知控件绑定起来?

3. 什么是记录集? 怎样从数据库中获取满足指定条件的记录集?

4. 如何用 ADO 编程模型打开 D 盘根目录下的某个数据库文件 Medical。

5. 编写数据库应用程序,对药品库中的药品进行管理,要求能够根据药品名称查询库存药品的基本情况,添加新入库的药品,删除淘汰的药品。

参考文献

[1] 海滨,赵宁.Visual Basic 程序设计教程.北京:高等教育出版社,2011

[2] 牛又奇,孙建国.Visual Basic 程序设计教程.苏州:苏州大学出版社,2010

[3] 孙建国,海滨.Visual Basic 实验指导书.苏州:苏州大学出版社,2010

[4] 董鸿晔,计算机程序设计,北京:中国医药科技出版社,2006

[5] 龚沛曾,杨志强,陆慰民.Visual Basic 程序设计教程.北京:高等教育出版社,2007

[6] 杨秦建,王春红主编,Visual Basic 大学基础教程,北京:电子工业出版社,2009

[7] 周猛.Visual Basic 6.0 程序设计.北京:中国铁道出版社,2007

[8] 刘炳文.Visual Basic 程序设计教程.北京:清华大学出版社,2006

[9] 陆汉权,冯晓霞,方红光.Visual Basic 程序设计教程.杭州:杭州大学出版社,2006

[10] 宁爱军.Visual Basic 程序设计教程.北京:人民邮电出版社,2009

[11] 陈明锐.Visual Basic 程序设计及应用教程.北京:高等教育出版社,2008

[12] 仲维俊等,Visual Basic 6.0 完全自学手册.北京:机械工业出版社,2006

[13] 谭浩强主编,张玲,谢琛编著,Visual Basic 程序设计(基础版).北京:华夏出版社,2005